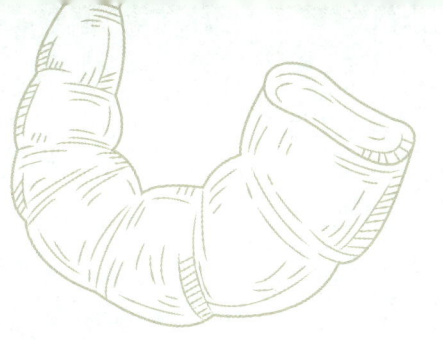

中餐概论

刘广伟　编著

中国教育出版传媒集团

高等教育出版社·北京

图书在版编目（ＣＩＰ）数据

中餐概论/刘广伟编著. --北京：高等教育出版社，2024.9
ISBN 978-7-04-062091-7

Ⅰ．①中…　Ⅱ．①刘…　Ⅲ．①中式菜肴-烹饪-高等职业教育-教材　Ⅳ．①TS972.117

中国国家版本馆 CIP 数据核字（2024）第 071975 号

ZHONGCAN GAILUN

策划编辑	陈　瑛	责任编辑	陈　瑛　张曦卓	封面设计	贺雅馨	版式设计	杨　树
责任绘图	易斯翔	责任校对	张　薇	责任印制	刘弘远		

出版发行	高等教育出版社	咨询电话	400-810-0598
社　　址	北京市西城区德外大街 4 号	网　　址	http://www.hep.edu.cn
邮政编码	100120		http://www.hep.com.cn
印　　刷	天津鑫丰华印务有限公司	网上订购	http://www.hepmall.com.cn
开　　本	787 mm× 1092 mm　1/16		http://www.hepmall.com
印　　张	16.75		http://www.hepmall.cn
字　　数	360 千字	版　　次	2024 年 9 月第 1 版
插　　页	1	印　　次	2024 年 9 月第 1 次印刷
购书热线	010-58581118	定　　价	45.80 元

前　言

　　中餐，在我国传统文化中，以其传播广泛、体量内涵丰富而颇具影响力。中餐，是中国的一张靓丽的名片，是世界认识中国文化的一扇窗口。在构建人类命运共同体的进程中，中餐具有独特的作用。中餐，不仅蕴含丰富的民族文化，更是彰显中华文明的重要载体。中餐既是文化品牌，又是经济品牌。对外可以传播民族文化，对内可以带动农业与食品产业发展，满足人民食温饱、食安全、食健康的"三食"需求，提升人们生活的幸福感，提高人民健康水平。

　　只有全面认知中餐，建构完整的中餐理论体系，才能更好地彰显中餐的巨大价值，更好地继承和发展中餐文化。改革开放以来，中餐的理论研究主要经历了两个阶段。一是以 1980 年《中国烹饪》创刊为标志，以"烹饪"为研究主体，强调中餐的技术性内涵，构建烹饪知识体系；二是以 2001 年《饮食文化研究》创刊为标志，以"饮食文化"为研究主体，强调中餐的文化性内涵，构建饮食文化知识体系。虽然二者都是对中餐客体的认知，但烹饪研究集中在技术领域，范围太窄，而饮食文化研究集中在文化领域，范围广泛，它们都没有完整准确地反映出中餐全貌。

　　我认为中餐是以中国传统烹饪、发酵、碎解技艺制作食物和箸食的整体范式。想要完整、全面地认知中餐，就应实现两个拓展：一是将"中餐＝烹饪"这种单一技术的理念，拓展为"中餐＝烹饪＋发酵＋碎解"的理念。也就是说，把"一盘菜"拓展为"一桌食物"，餐桌上的所有产品，包括茶、酒、生食等，都属于中餐范畴。二是将"中餐＝制作＋产品"的传统理念，拓展为"中餐＝制作＋产品＋吃事"的理念。中国特有的以箸取食方式、围坐文化、餐饮礼仪、吃事审美风格、"肌食耦合""以食疗疾"理念等，都是中餐不可或缺的重要组成。

　　本书以"建构中餐整体知识体系"为宗旨，将中餐的内涵分为六章论述，从总论、食材、工艺、产品、体系、吃事等角度，予以分别诠释，由此构成一个体系。这个体系具有整体性、系统性、创新性三大特色。1978 年，我初读孙中山先生的《建国方略》，其中有关中餐的论述给了我很大的启发，使我了解了建构中餐理论体系的必要性和艰难性。在老师的教导下，我确定了"知'知难行易'而不惧"，要在建构中餐理论体系方面做出自己的贡献的想法。46 年间，我站在前人的肩膀上，一直致力于推进孙中山先生百年前提出的"知难行易"的中餐问题，本书的付梓可谓一个见证，请各位读者对力有未逮之处给予谅解并予以斧正。

刘广伟

2024 年 6 月 3 日

目　录

二维码资源目录

第一章

总论

什么是中餐？中餐是以中国传统烹饪、发酵、碎解技艺制作食物和箸食的整体范式。中餐不仅包括烹饪产品，还包括酒、茶、生食等发酵、碎解产品；不仅包括生产制作过程，还包括圆桌合欢、长幼尊卑有序、箸食自取、五觉审美、五味调和、多样丰富、尊重个性需求、以食物偏性养生等中餐吃事过程。

中餐历史久远。山西芮城西侯度文化遗址曾发现距今180万年的烧骨，云南元谋猿人遗址曾找到距今170万年的炭屑，这都比先前认知的南非奇迹洞人类最早用火早了七八十万年之久。早在3 300年前商晚期的甲骨文中，就已经有了大量关于食物和吃事的记载。其后中餐几经发展，食材不断丰富，技法不断增多，产品不断丰盛，理论不断繁茂，最终形成了在全世界首屈一指的大餐体系。

中餐内容丰富。中餐不仅烹饪产品的数量居世界首位，还拥有数量众多的发酵产品和生食产品，成为人类文明的一项重要成果。中餐不仅包括琳琅满目的产品，还包括极其丰富的食材、多层级的制作技法及多姿多彩的吃事方法。

中餐体量宏大。中餐不仅有加工技术体系、产品体系，还有菜系体系、产品编码体系、标准体系、品牌体系和吃事方法体系。每个体系都有自己的特色、自己的创建和自己的闪光点，众多体系构建在一起，就形成了浑然一体的中餐整体体系，蔚为大观。

中餐文化博大深邃。天人合一的哲学思想，和而不同的处世理念，尊老崇礼的道德秩序，都可以在中餐中找到源头根基。中餐是一种食物生产方式，也是一种食物利用方式。中餐不仅是一种个体的饱腹充饥必须，还是一种社会性的生活必须。中餐不仅包括制作，也包括食用。中餐的制作和食用是不可分割的整体，它们是一个事物的两个方面，谁也脱离不开谁。

一百多年前，中国民主革命的先行者孙中山先生在《建国方略》中曾写道："我中国近代文明进化，事事皆落人之后，惟饮食一道之进步，至今尚为文明各国所不及。中国所发明之食物，固大盛于欧美；中国烹调法之精良，又非欧美所可并驾。"[①] 这既是对中餐特点的概括，又是对中餐优点的总结。

事物的价值是在对比中体现出来的。放眼世界，人类有6 000多年的文明史，2 000多个民族，近200个国家，80亿人口，人类的生存与发展离不开吃事，没有吃事就没有人类。但是，真正能够吃出风格的国家并不多。世界上有持续、普及的正餐风格，并在国际上有知名度的大餐系有14个。其中亚洲最多，有7个，即中餐、日餐、韩餐、泰餐、马来餐、印度餐、土耳其餐；欧洲有5个，即意餐、法餐、西班牙餐、德餐、俄餐；北美洲有1个，即墨西哥餐；南美洲有1个，即巴西餐；非洲、大洋洲暂无。在这个大餐系名单中，一些发达国家并没有入选，如美国、加拿大、澳大利亚等国家，这是因为饮食文化需要数百年的积累，短时间内无法形成成熟的大餐系；一些欠发达国家也没有入选，这是因为只有解决温饱问题才有余力去研究饮食文化，处于缺食阶段的国家无力形成大餐系，如非洲的一些国家；还有一些国家的餐饮风格形成的时间不短，也具备一定的特色，但由于传播不广、世界影响力不够，也没有入选，如黎巴嫩、越南、希腊、荷兰、摩洛哥、埃及等国家。

---

① 孙中山．建国方略．北京：中国长安出版社，2011.

在上述 14 个大餐系中，中餐独树一帜，据 iiMedia Research（艾媒咨询）调查数据，中国境内现有餐饮企业大约 880 万家，其数量居世界之首。在中国境外，中餐同样以其多样性、养生性而受到各国人民的喜爱，海外中餐厅总数超过 20 万家，其传播指数、受欢迎指数拔得 14 个大餐系的头筹。

中餐体系如此发达，学术界对中餐的论述也多如牛毛，但其中不免存在偏颇的现象。例如，仅仅将中餐定位于"中国风味的餐食菜肴"，而忽略了与菜肴并列的诸般吃事；或只局限于介绍烹饪产品，而缺少了发酵、生食这两个重要的产品体系；或以饮食文化代替中餐，重古轻今，重虚轻实；或只局囿于技术层面，未重视中餐的品牌价值；或只着眼于本土中餐，忽视了在全球范围还有数十万家中餐馆为中餐传播做出努力……所有这些，都是把中餐看窄了，看偏了，看老了，看虚了。由此，本书力求从食材、工艺、产品、体系、吃事、标准、品牌、今古等维度，对中餐进行整体、全面的梳理和认知，而梳理的路径和结果，就是构建一系列的体系。例如，在中餐加工前构建了食材划分维度体系，在加工中构建了中餐工艺体系，在加工后构建了中餐产品体系，在吃事上构建了五觉双元审美体系，让中餐认知走向科学化，定位于它本应有的位置。

中餐定义

第一节　本章相关名词解释

一、核心名词

中餐：是以中国传统烹饪、发酵、碎解技艺制作食物和箸食的整体范式。

二、相关名词

食事：人类获取、利用食物的现象和活动。

吃事：人类摄入食物的现象和活动。

食物：可供食用的物质（多指自然生长的）。

饮食：摄入食物，包括喝入液体食物。

范式：可以作为典范的形式和样式。

中餐特征：中餐与其他国餐相比的特点。

中餐多样性：中餐产品品类与数量的丰富性。

中餐养生性：中餐对食物偏性的认知与利用。

中餐箸食性：中餐使用筷子辅助进食的方式。

中餐贡献：中餐对人的生存和社会进步等方面的推动作用。

中餐价值：中餐能够满足主体需要的效益关系。

中餐作用：中餐能够满足社会需要的功能。

中餐交流：中餐与他餐之间的相互补充。

汉胡、明番：指汉朝传入中原的食物多以胡字命名，明朝传入的食物多以番字命名。

食物谋取之事：获得食物的现象和活动。

食物野获之事：获得野生食物的现象和活动。

食物采摘之事：获得植物性食物的现象和活动。

食物狩猎之事：用器械获得动物性食物的现象和活动。

食物采集之事：获得矿物性食物的现象和活动。

食物捕捞之事：获得水域中食物的现象和活动。

食物驯化之事：人工控制野生可食物繁殖的现象和活动。

食物种植之事：人工控制野生可食植物繁殖的现象和活动。

食物养殖之事：人工控制野生可食动物繁殖的现象和活动。

食物菌植之事：人工控制野生可食微生物繁殖的现象和活动。

食物加工之事：对食物进行发酵、烹饪、碎解的现象和活动。

食物烹饪之事：以加热的方式增加食物利用效率的现象和活动。

食物发酵之事：以微生物的作用增加食物利用效率的现象和活动。

食物碎解之事：以非热的物理方式增加食物利用效率的现象和活动。

食物利用之事：食物转化为肌体的现象和活动。

第二节　中餐历史

对比世界各国的餐系，中餐最引以为傲的就是其源远流长的历史。当今有一些国家，如美国，虽经济发达，但其餐饮只有 300 年的历史。有些国家的餐饮历史虽长，但是在发展过程中却出现了文明传承的断代，例如，当今埃及的餐饮和数千年前的古埃及餐饮并非一个体系。遍观世界四大文明古国，有三个都出现了餐饮文明断代的情况，唯有中餐从古至今一以贯之。

中餐的历史记载，可以分成非文字记载和文字记载（包含数字载体）两部分。非文字的记载，有距今两三万年前山顶洞人厚达数米的灰烬兽骨遗址，有距今 5 000~7 000 年仰韶文化遗址出土的人面鱼纹彩陶盆，有距今 5 000~7 000 千年前河姆渡文化遗址出土的人工栽培稻谷，还有距今 2 000 年的汉代画像砖上篆刻的烹饪场景（见图 1-1）等；文字记载（包含数字载体）的中餐历史就更加丰富多彩，从距今 3 000 多年的甲骨文（见图 1-2）、金文，到今天的书报刊及数字化的音像典籍中，都有大量有关食物和食事的记录。

图 1-1　汉代画像砖·烹饪

图1-2　商卜辞中有关饮食的文字①

中餐不仅历史悠久，而且丰富多彩。本书把它们梳理成四个部分：中餐食材的历史变迁、中餐器具和技法的历史变迁、中餐产品的历史变迁和中餐吃事的历史变迁。

一、中餐食材的历史变迁

食材是餐系的支撑和基础。"五谷为养，五果为助，五畜为益，五菜为充"，《黄帝内经·素问》中，对中餐食材及其功效给予了明确的分类。

中国先秦时期的五谷，有多种不同的说法，其中比较主流的说法是黍、稷、稻、菽、麻五种粮食作物。黍为黄米，稷为小米，稻为稻谷，菽为大豆，麻为芝麻。在中国南方地区，占据统治地位的主粮是稻谷；而古代的北方地区，最主要的粮食作物是稷，即小米。作为今天的主粮之一的小麦，起源于西亚及地中海东岸地区，在中国商代已经出现在中原，至隋唐以后，才成为黄河流域最重要的粮食作物。

猪是中餐中最早驯养的家畜食材。甲骨文中的"家"字，就是一个宝盖（表示与室家有关）下边养着一只豕（猪）。其余如牛、羊、马、犬、鸡等家畜、家禽，也先后进入了中餐的食材范畴。由于牛是耕田的主要劳力，马用于作战，犬的主要功能是看家护院及放牧，都在不同时代、不同地区分别受到保护，因此中餐历史中最主要的动物性食材，还是猪、羊、鸡。

蔬菜水果中，葵、薤（藠头）、菘（白菜）、芥菜、芹菜、葑（芜菁）、莱菔（萝卜）、莲藕、韭菜、芋头、竹笋、茭白、莼菜、葫芦等蔬菜，葱、姜等调料，甜瓜、枣、栗子、桃、杏、梅、李子、梨、柑橘、枇杷等水果，都原产中国或在中国有着数千年的栽培历史，成为中餐丰富的原料之一。

食事是文明的基础，食物的交流归根结底是文明的交流。在中餐的发展历史上，曾经有过多次与食材有关的交流。其中大的交流至少有三次，其食材被称为汉胡系

---

①　徐海荣. 中国饮食史（卷一）. 北京：华夏出版社，1999：6.

列、明番系列、民洋系列。现如今，很多粮食、蔬菜、瓜果的名称中仍冠有"胡""番""洋"等称呼，就是这些交流留下的名称标记。

中外食材交流的第一个高潮是在西汉时期。这一交流带来了大量的汉胡系列食材。汉武帝时期，张骞出使西域，带回了葡萄、胡桃（核桃）、石榴、胡瓜（黄瓜）、胡蒜（大蒜）、胡豆（蚕豆）、旱芹、胡椒、胡荽（香菜）、砂糖等食材。这些食材有不少名字前带有一个"胡"字，传入西汉首都长安后，又从长安传至内地，极大地丰富了中餐餐桌。

番是明代中国对外邦的称呼。明末清初，又一次掀起了食材交流的高潮。这一时期引进的食材，大多带有一个"番"字，所以也被称为明番系列。这一时期引进的食材品种主要有番茄、番薯（红薯）、番椒（辣椒）、玉米、花生、土豆、苦瓜、香蕉、菠萝、向日葵等。正是由于引进了玉米、番薯、土豆等高产食材，人们的粮食生产压力得以减轻，人口得以稳定繁衍，数百年间，人口数量就从明末的不到一亿增加到清末的四亿。辣椒等蔬菜的引进，丰富了中餐风味，奠定了川菜、湘菜、楚菜、黔菜、赣菜等嗜辣菜系的味型特征。

表 1-1 为汉胡、明番食材交流情况。

表 1-1 汉胡、明番食材交流情况

系列	品种	传入时期	原产地
汉胡系列	石榴	秦汉	西亚
	胡瓜（黄瓜）	秦汉	印度
	胡蒜（大蒜）	秦汉	中亚
	旱芹	秦汉	地中海
	胡荽（香菜）	秦汉	地中海
	胡桃（核桃）	秦汉	西亚
	胡豆（蚕豆）	秦汉	西亚、地中海
	苜蓿	秦汉	西亚
	芸薹	秦汉	欧洲、中亚
	葡萄	秦汉	西亚
	扁桃	秦汉	西亚
	胡椒	秦汉	印度
	砂糖	秦汉	印度
明番系列	菠萝	明	巴西
	南瓜	明	墨西哥到中美洲一带
	苦瓜	明	印度尼西亚
	土豆	明	南美洲
	向日葵	明	南美洲
	玉米	明	墨西哥
	花生	明	南美洲
	番薯（红薯）	明	南美洲
	番椒（辣椒）	明	墨西哥
	西葫芦	明	北美洲南部

清代末年至民国时期，中华国门被洋人的坚船利炮打破，各种洋货蜂拥而入，如洋火（火柴）、洋车（人力车）、洋船（动力船）、洋枪（现代枪械）等，随之而来的还有一批冠有"洋"字的食材，这些食材被称为民洋系列。"洋字辈"食材主要有洋葱、洋白菜（卷心菜）、洋姜（菊芋）、西葫芦、菜花、苹果、洋梨、美洲葡萄、草莓、木瓜、西洋参、啤酒等。和前两次大的食材交流一样，民洋系列的食材，也大大丰富了中餐餐桌。

除了上述三次大的食材交流之外，这种中外食材交流实际上一直在进行。例如，西瓜原产非洲，宋金时期传入中原；菠菜原产尼泊尔，隋唐五代时期传入中国。特别是自20世纪80年代开始，中国进入了改革开放的高速发展期，琳琅满目的外国食材随之而来，其规模并不亚于上述三次大的食材交流。据统计，今天国人日常食用的蔬菜有160多种，在这些蔬菜中，中华原产的和从域外引入的几乎各占一半。

历史上的食材交流并不是单向的，在交流的过程中，稻谷、豆腐、茶叶、白酒、酱油等具有中国特色的食材，也随着中餐的传播扩散到世界各地，让人类的饮食更加丰富多彩。

二、中餐器具和技法的历史变迁

俗话说，工欲善其事，必先利其器。中餐最终形成世界领先的地位，与食物加工工具的进化、中餐制作技艺的进化，具有因果关系。而工具和技艺二者之间，又是相互促进、相辅相成的关系，共同成就了中餐大业。

从食物加工工具看，在黄河流域新石器时代的半坡遗址中，已经出现了加工谷物的碾盘、碾棒，在长江流域的新石器时代文化遗址中，则发现了舂米的石臼、陶臼、木杵。这是南北种植不同的粮食作物品种所致。春秋时期，石磨出现，于是，在"粒食"的基础上，增加了"面食"。考古发现，粮食粉碎加工器具，至唐代已十分健全，中餐产品种类因此更为丰富。

对于肉食、蔬菜类的加工，在春秋战国时已出现了专门的厨具——金属制作的刀和俎。俎是案板，刀是切割工具。专业工具的出现，给食不厌精、脍不厌细提供了物质基础。到如今，可以集劈、砍、剁、切、碾于一体的中式厨刀，在世界餐坛上仍别具一格。

和世界各餐系的发展历程一致，中餐最早的烹饪传热介质是火，最早的烹饪技艺是烤。最早的烤法很简单，就是将兽肉穿到木棒上或用泥包裹起来，放到火堆上或火塘中烤熟。进入新石器时代，出现了用烧热的石板做炊具"石烙"和将烧热的石头投入水中煮熟食物的"石烹"。在多次的餐饮实践中，人们学会了制作陶器。陶器可以储水，可以架在火上烧煮食物，中餐技法中的"煮法"由此诞生。

中餐器具中最早可见的蒸器，是距今6 000年左右西安半坡新石器遗址中出土的陶甑。它分为上下两节，下节空足是盛水的地方，上节用来盛米，米水之间有箅子隔开。甑的出现，说明了中餐增加了一种新的烹饪技法——气传热的"蒸法"。图1-3为殷墟妇好墓出土的巨型炊蒸器。

图 1-3 殷墟妇好墓出土的巨型炊蒸器

中餐中最具特色的技法——炒法，迄今为止仍是中餐的独门绝技。许多学者认为它出现在北宋，即随着当时铁锅的出现而火遍中华。其实中餐炒法最迟在春秋时期就已出现[1]。据考证，河南新郑出土的春秋时期墓葬中的"王子婴次之燎炉"，就是一种专门作煎炒之用的炊具。先秦文献中已经出现关于炒的技法，汉代杨雄所著《方言》里，已经出现了原始的炒字。只不过到了北宋时期，由于炼铁技术的进步，铁的产量大增，铁锅大量进入民间，加之豆油、麻油等烹调油的加入，炒法才得到普遍应用。其后，炒法日益细化，翻炒、爆炒、湿炒、干炒、煸炒、生炒、熟炒、抓炒等技法相继问世。迄今为止，包括烤、蒸、煮、炸、炒在内的中餐技法，已经高达40余种，数量位居世界各大餐系之首。

中餐技法的丰富程度堪称世界第一，但是它并不故步自封，而是不断吸收其他餐系技法充实自己。例如，古代的烙法是由西北民族吸收而来的，当代的微波技法、分子烹饪技法都是由西餐技法吸取而来。

三、中餐产品的历史变迁

中餐产品可以分为烹饪产品、发酵产品和生食产品3个部分。烹饪产品又可以分成主食产品和副食产品，即我们平常说的饭和菜。据《礼记·内则》记载，黍、稷、稻、粱、白黍、黄粱、稻等粮食制品都属于饭的序列。后来居上的麦，也是饭的重要组成部分。菜就更多了，各种各样的凉菜、热菜、汤菜、荤菜、素菜加在一起，数以万计。发酵产品主要有三类，一类是酒、茶等饮品；另一类是醋、酱油、腐乳等直接食用的调味品；还有一类是火腿、臭鳜鱼等烹饪食材。生食产品是凉拌菜、水果拼盘等只经过碎解，没有经过烹饪、发酵的餐饮产品。

数千载以来，中餐产品经历了一个从少到多、从粗到精的过程。

先秦时期，囿于生产力限制，中餐产品没有这么复杂，往往是有饭无菜或饭菜合一，即使是被称为中餐里程碑的"周代八珍"（周代王室享用的八种珍贵食品），其中的淳熬、淳母分别是用旱稻、黍米做成的盖浇饭，糁是用牛、羊、猪肉和稻米混合煎成的糕饼，都是饭菜合一的产品。这一时期佐饭的副食，则更多的是羹——民众的菜羹和贵族的肉羹。

到了秦汉时期，尤其是汉代，伴随着经济的发展，中餐产品开始走向繁荣。据记载，汉代面点品种大致可以分为汤饼、蒸饼、胡饼3类。其中，蒸饼是用发酵的

---

① 姚伟钧，刘朴兵．中国饮食史．上册．武汉：武汉大学出版社，2020：116．

面粉蒸制而成的；胡饼由西域传入中原，即今天的烧饼；汤饼又可分为煮饼（类似于羊肉泡馍）、水溲饼（煮面片）、水引饼（面条）3 种。东汉末年出现了被呼作馒头的包子，人头大小，用酒发酵，说明了当时面粉发酵技术已经成熟。随着肉类食材的增加，汉代的菜品逐渐增多，出现了鳢鲑（鱼肚酱）、五侯鲭等创新菜品。豆腐是汉代的一大发明。豆腐并非单一款式的食品，它的出现，为中餐增加了一个颇具特色的品类。

经过魏晋南北朝的发展，隋唐时期的中餐继续走向繁荣。首先是烹饪原料的增多。据晚唐韩鄂《四时纂要》记载，当时的主要蔬菜就有冬瓜、瓠、越瓜、茄、芋、葵等 35 种。麻油等食用油大量应用于烹饪也始于唐。其次是加工方法的进步。可以直接食用的肉脯出现于唐代，以冷食制作拼盘也始于唐代。唐代一位法名梵正的尼姑，用酱肉、肉干、鱼酢、酱瓜等制作的冷食拼盘"辋川图小样"，将唐朝诗人王维的辋川别墅二十景收入盘中，显示了其精湛的刀工和冷盘拼摆技艺。

宋元时期，面食产品走向精细化。据《东京梦华录》等书记载，仅馒头（即今天的包子），就有羊肉小馒头、独下馒头、灌浆馒头、四色馒头、生馅馒头、杂色煎花馒头、糖肉馒头、羊肉馒头、太学馒头、笋肉馒头、鱼肉馒头、蟹肉馒头、假肉馒头、笋丝馒头、裹蒸馒头、菠萝果子馒头、糖饭馒头等近 20 种。水煮类面食更多，见于记载的就有罨生软羊面、铺羊面、插肉面、抹肉面、拨刀鸡鹅面、炒鸡面、丝鸡面、桐皮面、卷鱼面、炒鳝面、盐煎面、三刀面、疙瘩面、冷淘面、齑淘面等近 50 种。有宋一代，中餐原料得到很大扩展，动物的内脏、血、头、角、尾、蹄都可入馔，花果开始进入菜肴。杭州名菜蟹酿橙就是水产和水果结合而成的，流传至今。从宋代开始，素菜成了一个独立的菜系，出现了素蒸鸭、玉灌肺等一批形味俱佳的素菜产品。

明清时期，中餐产品走向顶峰。番薯、玉米、土豆、花生、番茄、南瓜、辣椒等食材的引进，不仅让国人吃饱了肚子，进入人口高速发展期，还改变了一些地区的口味习惯。满点汉菜的出现，奠定了当代中餐的基本格局。粥是极具中餐特色的产品。明代粥品繁多，仅高濂《饮馔服食笺·粥糜类》一书，就载有芡实粥、莲子粥、竹叶粥、山药粥、枸杞粥、扁豆粥、绿豆粥、仙人粥、口数粥等 38 种粥品。明后期，齐鲁、姑苏、淮扬、川蜀、京津、闽粤等风味开始形成，鲁、川、维扬（淮扬）、粤四大菜系的说法开始出现。由于菜品众多，清代的宴席非常发达，一些以餐具命名，如八大碗、十大碗等，更多的是以主材和制法命名，如烧烤席、燕菜席、鱼翅席、鱼唇席、海参席等，一台宴席只用一种食材作为主料的全羊席、全猪席、全鱼席开始出现。清晚期，西餐开始进入中国，西餐的原料、制法、产品乃至吃法，促进了中餐产品的丰富和创新。

中餐产品中还有两个不可或缺的品种：酒和茶。中国是茶的故乡，有着悠久的种茶、制茶和饮茶历史。先秦时期，国人将茶叶作为一种蔬菜，用煮制的茶汤就饭。到了三国时期，在煮好的茶水里还要放些葱、姜、橘子调味，煮茶类似煮粥。隋唐时期，饮茶之风从江南扩展到北方中原地区。两宋时期，茶风劲吹，在皇室和士大夫阶层的带动下，斗茶成了全民时尚，但此时的茶依然是煮制，直到明代，泡茶时代方才到来。

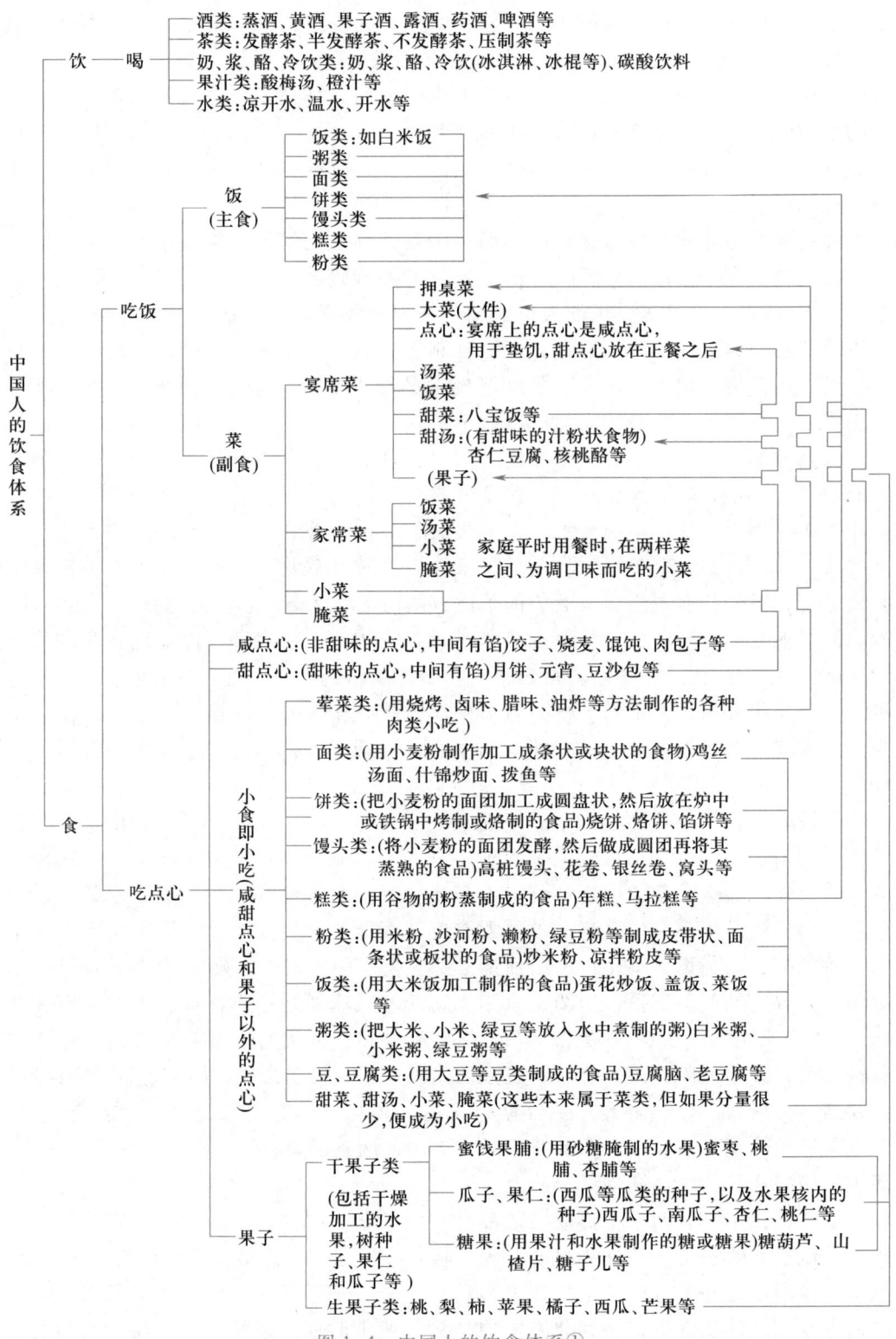

图1-4　中国人的饮食体系①

---

①　徐海荣. 中国饮食史. 卷一. 北京: 华夏出版社, 1999: 14.

从茶的成品论，隋唐时期，成品茶只有粗茶、散茶、末茶和饼茶四种类型，只有原料老嫩、茶形紧碎之别，制作方法基本相同，都是蒸青不发酵茶。宋元时期，炒青茶出现，香片茶（花茶）开始流行。到了民国时期，茶才分五类：绿茶、红茶、青茶、紧压茶、窨茶。其中，绿茶不经发酵，红茶属于发酵茶，青茶属于半发酵茶。每类中都有知名品牌，如西湖龙井、祁门红茶、安溪铁观音等。

中餐酿酒的历史可以追溯到原始社会末期。考古学家曾在山东莒县大汶口墓葬中，发现距今 4 000 年的酿酒工具。殷商时代，纣王曾"以酒为池，悬肉为林……为长夜之饮"。秦汉时期，配制酒有了较大发展，出现了供节日饮用的屠苏酒、椒柏酒、菖蒲酒、雄黄酒、菊花酒、茱萸酒等节令酒和用于防疾养生的药酒。隋唐宋元时期，红曲的发明及蒸酒法的出现使酿酒技术发展出现飞跃，酒从传统的米酒升华为度数更高的黄酒，几乎一统天下。明清以来，随着烧酒（白酒）技术的崛起，工业生产的葡萄酒、啤酒开始登上国人餐桌，中餐的酒类饮料开始步入一个新的时代。

四、中餐吃事的历史变迁

上面所述的食材、技法、食具和餐饮产品，都属于食物生产的范畴。而一个完整的餐系，不仅包括食物生产，还应包括食物利用。吃理念、吃方法、吃审美、吃俗吃礼，都属于食物利用的范畴。

从吃理念来看，中餐与世界其他餐系最大不同处，就是和字当先。这个和，包括了天人之和、五味调和及共饭之和。

天人之和是中华民族古老的哲学观，也是中餐吃理念的核心内容。比较世界其他餐系，中餐特别强调对食物元性的认知，特别强调对人体体性的认知，认为不同的食物具有温热寒凉等不同的偏性，不同的偏性食物适用于不同的肌体。中餐理念还特别强调对进食时节的认知，认为不时不食，进食的数量、种类一定要适应不同的季节。这些"特别强调"组合在一起，使得中餐非常注重养生性，因为进食的作用不仅是充饥，还有化肌、防疾、致疾和疗疾。

五味调和是中餐吃事的第二个特色。中餐制作，实际上是一个五味调和的过程。中餐特别强调口味的适中平衡。中餐圣祖、商代厨师宰相伊尹曾说过，经过精心烹饪而成的美味之品，应该达到《吕氏春秋》中这样描述的高水平："久而不弊，熟而不烂，甘而不哝，酸而不酷，咸而不减，辛而不烈，淡而不薄，肥而不腻。"中餐是世界上最为丰富的餐系，这种丰富，是在和而不同的基础上实现的。

共饭之和是中餐吃事的第三个特色。在吃制式上，最早的中餐是一种聚餐制，全家老小乃至一个族群的成员，共同围着一个火塘烘烤食物，聚而食之。之后逐渐变成先秦、秦汉时期的分餐制——人们按照尊卑等级跪坐在不同的荐席上，面前放着食案，分餐而食。魏晋时代，北方少数民族使用的"胡床（一种折叠椅）"开始进入中原地区，改变了人们的坐姿。到了隋唐五代，出现了更加舒适的高足大椅，杯、盘、碗等食具可以摆在桌上。时至宋代，因饮食市场的繁荣，名菜佳肴琳琅缤纷，一人一份的进食方式已不适应人们在一餐中追求多种风味的需要，共餐合食终于走向普及。

　　共餐合食不仅是一种追求多种风味的需要，更是一种饮和食德思想的体现。合食制一改分餐制的冷清和长条形餐桌的单调，早期的四仙桌、八仙桌和后期的圆形餐桌，可以把亲朋们聚在一起，大家有菜同吃，有话同说，有酒同敬，和乐融融。因而，中西餐宴席的氛围区分明显：西餐西装革履，彬彬有礼；中餐欢快火热，家庭气氛十足。

　　正因为气氛火爆，所以作为制衡，中餐特别讲究餐桌上的饮食礼仪。在举行宴会时，即使是家庭宴会，座位也要分尊卑主次，敬酒要依照宾客的身份地位区别先后。

　　中餐餐具也别有特色。中餐餐叉出现于新石器时期，比西方的现代餐叉早问世几千年。筷子的起源很早，在商代晚期，已有青铜制造的箸（筷子的早期名称）问世，商纣王的餐具中也有象牙箸（《韩非子·喻老》"昔者纣为象箸"）①。到了宋代，为了行船避讳，箸改称为筷。这种颇具中餐特色的食具沿用到当代，至今仍是中餐乃至东方餐饮中最具特色的餐具。

　　进入近现代，特别是改革开放以来，中餐的食材、技具、产品和吃事都发生了天翻地覆的变化。这些将在以后章节予以详细解说。

思考题

1. 中餐形成后，经历了哪些方面的变迁？
2. 中餐食材中，有哪些是原产的，哪些是交流而来的？
3. 食材中的"汉胡明番"指的是什么？
4. 中餐中的金属厨具出现于哪个历史时期？
5. 炒法兴盛于哪个朝代？原因是什么？
6. 汉代面点中的汤饼、蒸饼、胡饼分别对应当代哪些面食品种？
7. 中国的酿酒史起源于哪个历史时期？
8. 为什么说和字当先是中餐的基本理念？它主要包括哪些方面的内容？

第三节　中餐特征

　　中餐最鲜明的特色有三个：一是箸食性，二是多样性，三是养生性。

一、箸食性

　　箸食性实际是文化性，包括箸食、圆桌围食等饮食器具、饮食形式，也包括诸多的食礼食俗。箸食即用筷子助食，是其中的"形象代表"。

---

　　① 韩非子. 韩非子·喻老. 北京：中华书局，1985：8.

（一）助食器具

不用刀叉而使用筷子取食助食，是中餐最显眼的外部特征。

其实，中国人最早的助食工具是手，后来改成了匕匙，这比西餐刀叉早了几千年。大约3 000年前，国人才放下匕匙，改用筷子作为最主要的助食器具。这种改变，首先是由于早年的中餐多以粒状、糊状形态出现，箸比手和匕、匙更便于助食；其次是因为筷子的用料更广泛，制作起来也更简易；最后，用筷子取食助食，体现了中国哲学和中国智慧。

乍看筷子就是两根细长的小棍，实际上它集中了材料学、力学、人体工程学等诸多科学原理。从文化和哲学层面来说，筷子更具有深层次的含义。首先，筷子形状前圆后方，象征着天圆地方，这是古代中国人对世界的基本理解。其次，手持筷子时，拇指食指在上，无名指小指在下，中指在中间，为天地人三才之象，体现了中国人对人和世界关系的理解。最后，筷子中蕴含中国太极和阴阳的理念。中国哲学认为，太极是一，阴阳是二。筷子的一分为二，代表着万事万物都是由两个对立面组成的；筷子的合二为一，代表着阴与阳的结合，也意味着人类只有合作，才能产生一个完美的结果。

（二）餐厅用具

中餐厅往往有两个非常明显的标志，一个是高悬的红灯笼，另一个是圆形的餐桌。喜庆，合欢，是中餐的精神追求。

民以食为天，在中国人看来，能够吃上饭、吃饱饭、吃好饭，就是一种天大的喜事。因此，在庆典场所才会出现的红灯笼，被当成了中餐厅的标志。而中餐代表性的承载用具——圆形餐桌，则从文化和哲学层面对中餐进行着解读。

中餐的饮食方式从分食到共食，承载用具从矮案到方桌最终定位于圆桌，实际上是中国哲学、中国文化在餐饮方面的体现。圆桌可以让食者围桌而食、同桌共食，大家不分彼此围绕着一个中心，共同展现家人间、亲友间、同事间其乐融融的氛围。

（三）餐桌食礼

各国都有餐桌食礼，中餐的餐桌食礼体现的是长幼有序的儒家文化。

中餐餐桌食礼的核心是"让食"，在进食时礼让尊者。因此，在桌次、座次安排上，中餐宴会和西餐宴会有明显的区别。聚会用餐，特别是正式宴请之前，主办人须花费心思安排好桌次和座次。中餐的桌次高低以距主桌位置的远近而定。一般是以主人的餐桌为基准，右高，左低；近高，远低。

同桌座次的安排规矩就更多了，一般是以主人的座位为中心，右上左下，具体还有右高左低、中座为尊、面门为上、观景为佳、临墙为好、临台为上、各桌同向、以远为上等一系列礼仪规范。这些看似繁琐的座次安排，是中餐有序、让食思想的具体体现。

（四）民间食俗

和食礼一样，在中餐的食事过程中，也有大量的食俗充斥其间。具体可分为地域食俗、宗教食俗、事件食俗、年节食俗等。

地域食俗。中国地大物博，所谓五里不同风，十里不同俗，不同地域的食俗各具特色，代表着不同地区民众对餐饮的不同认知。例如，在粤菜、桂菜、闽菜流行的地区，把喝汤作为一餐的开始，而在中国其他地区，"上汤"则代表一餐的结束。又如，在广大的中国北方地区，羊汤是过冬御寒的食物，而在江苏徐州地区，则有三伏天全民喝羊汤的习俗。

宗教食俗。宗教食俗是指不同宗教体系里独特的饮食习俗。例如，佛教规定僧人食素，不食五荤，不食有异味的食品，不饮酒，并有过午不食的规范；伊斯兰教倡导有所食有所不食，形成了一定的饮食禁忌。这些食俗，在中国信教人群和一些少数民族的民众中体现鲜明。

事件食俗。事件食俗是指以饮食活动贯穿于事件中的习俗，如婚嫁、生日、小孩满月、盖房、搬家、丧礼、祭祀等事件的食俗。例如，国人婚嫁新人多喝喜茶、吃喜糖、喜蛋、喜饼、喜面，以示喜庆；老人过生日要吃长寿面；丧礼中的菜肴数量只能是单数，不能是双数；等等。

年节食俗。年节食俗分为节日食俗和节令食俗两个部分。节日食俗中的祭典和宴请活动，是食俗文化最集中、最有特色、最富情趣的活动。节令食俗实际是一种节气食俗，二十四节气和三伏、三九等节气认知，是中国传统文化的一个重要组成部分。节令食俗把美食与国人对物候的认知结合在一起，成为"不时不食"的实践性展示。

中国的年节多姿多彩，大多有与之相连的特定吃食。例如，除夕之夜阖家团圆吃年夜饭，清明节吃青团，端午节吃粽子，中秋节吃月饼，等等。这些都表达了人们对团聚、安康的美好祝愿。

二、多样性

和世界其他餐系相比，中餐的另一大特色就是多样性。中餐的多样性包括原材料的多样性、调味料的多样性、技法的多样性和产品的多样性，是一个 3+1 的结构。其中，原材料、调味料、技法的多样性是原因，产品的多样性是结果。产品的多样性由前三个多样性而来。

（一）原材料的多样性

和世界上的几大餐系相比，中餐原材料的多样性名列前茅，不但小麦、水稻这样世界通用的谷物，白菜、萝卜这样世界通用的蔬菜，牛肉、鸡肉这样世界通用的肉类，鱼肉、虾类这样世界通用的水产，尽被中餐收入其中，而且一些世界其他餐系少见少用的食材，如北美洲很少食用的鲤鱼，大洋洲很少食用的兔类，以及大量的野生菌类，都是中餐中宝贵的原材料。

中餐原材料之所以具有多样性有三个原因：一是地貌的多样性；二是食材引进的世界性；三是食材利用的物尽其用性。

中国的地大物博是中餐原材料多样性的基础。从陆地和水域的面积看，中国是个不折不扣的大国，且以地貌的多样性而著称。从气温看，从北到南，从寒温带跨越到热带，有大于 60℃ 的温差；从地势看，从东至西，从沿海到青藏高原，平均海拔落差有 4 000 多米；从地貌看，在约 960 万平方千米的陆地上，草原、沙漠、平原、丘陵、江河湖泊、森林、沼泽、高原、山地，形态多样；从水域看，约 1.8 万千米的大陆海岸线，约 473 万平方千米的海域，海洋食物资源非常丰富。地貌的多样造就物产的多样，物产的多样带来食材的多样。据统计，中餐常用的原材料有 2 000 多种，常用的调味料多达 100 多种。

中国虽然地大物博，但是在食材的引进上并不保守。历史上曾出现过汉胡、明番、民洋和改革开放后几次食材引进交流的大潮。翻阅历史档案，一些在当今中餐中大放光彩的食材，如红薯、玉米、西瓜、西芹等，都不是原产自中国。开放和引进让中餐原材料的丰富度名列世界前茅。

对食材的物尽其用是中餐具有原材料多样性的第三个原因。将中餐食材与外餐食材稍作对比，就会发现中餐不仅食材用料广泛，而且会将一些餐系中不会使用的动植物及一些食材中无法利用的部分，如动物的内脏、头、尾，植物的外皮、根须，进行精心处理，使之成为美味佳肴。

(二) 调味料的多样性

据统计，中餐常用的调味料品类多达 100 多种，其中包括赋甜的蔗糖、蜂蜜，赋咸的食盐、酱油，赋酸的食醋、酸汤，赋苦的莲子、香菜，赋鲜的虾油、蟹子，赋辣的辣椒、芥末等，其多样性居世界各大餐系之首。

和食材比较，调味料看似不大重要，但实际上它们是食物口味的最终确定者，和食者的味道满足息息相关，也和食者的健康紧密相连。例如，四川地处盆地，冬季阴冷寒湿，居民湿症频发，而一些辣味的调料恰恰能够起到除湿发汗的作用，麻辣味道由此成为川菜的主要味型。也正是这个原因，一些地处湿地的中国内陆省份，如贵州、湖南、湖北、江西，莫不以辣椒作为菜系的基本调味料。

调味料多样性产生的原因同食材基本一致：地貌的多样性+引进的世界性+食者的需求性，造就了调味料的多样性。

(三) 技法的多样性

中餐的多样性还表现在技法的多样性上。中餐技法包括烹饪技法、发酵技法和生食技法，其中仅烹饪技法就有 5 个大类、40 余个小类。

中餐七大烹饪技法是空气传热介质的烤制技法、水传热介质的煮制技法、汽传热介质的蒸制技法、油传热介质的炸制技法、锅传热介质的炒制技法、多种传热介质的复合技法。遍观世界各大餐系，没有一个餐系具有中餐这样多样的技法类别，尤其是炒制技法，更成为中餐的独门绝技。中餐菜品锅气足、味道美，炒制技法功不可没。

上述 7 种技法只是中餐烹饪技法的大的分类，细分起来，各种技法都有更多的分类，如烤法可以细分为烤、熏等，煮法可以细分为浸、焯、煮、灼、焖、涮、炖、熬、烧等，蒸法可以细分为粉蒸、清蒸、扣蒸、旱蒸、盗汗蒸、包蒸、槽蒸、酿蒸、汽锅蒸、果盅蒸等，炸法可以细分为干炸、淋炸、醉炸、清炸、浸炸、油焖等，炒法可以细分为炒、爆、煎、酥、熘、糟、煸、扒、煨、烩等。

中餐技法的丰富多彩,不仅表现在它的技法众多,还表现在它具有多个层级。一些餐系只有一两个层级的技法,如炸技,西餐只有一种炸,变化的只有时间和温度,而中餐的炸,要分为清炸、软炸、干炸、酥炸、松炸、脆炸、香炸、卷包炸等,有的要裹封挂糊,有的要先行蒸制或煮制,有的要进行复炸,林林总总、琳琅满目。

据最新研究成果,中餐的烹饪技法不是一个平行的结构,而是一个具有三个层级的结构。其中第一层级即上述七大类烹饪技法,由于它们是以传热介质的不同和有无来分类的,所以又叫热介级;第二层级是以对温度和时间的把控来分类的,所以又叫热量级;第三层级是以烹饪产品的嗅觉、视觉、味觉、触觉、听觉五种感觉为区分标志的,所以又被称为感观级。

在烹饪技法之外,中餐还有发酵技法和生食技法。它们和烹饪技法一起组成了中餐技法体系。因为中餐烹饪技法众多且层级丰富,所以一些技法名称在外文中没有对应词汇,只能音译,无法意译。这也从另一方面说明中餐技法的丰富多样。

（四）产品的多样性

中餐产品的多样性建立在食材的多样性、调味料的多样性、技法的多样性的基础之上。前三个多样性是原因,产品的多样性是结果,没有前面三个多样性就没有产品多样性的存在。

一般认为,中餐的产品有 30 000 款之多。这其中包括原生性的"定式菜",也包括广传远播且适应传播地民众口味的"变式菜"。遍观世界,没有一个餐系的产品像中餐这样丰富多彩。仅一个川菜,就"一菜一格,百菜百味",其中主要的味型就有 24 种之多。其他各菜系在口味方面也是各具特色。例如,一个"辣"就分为川菜的麻辣、黔菜的酸辣、湘菜的鲜辣、陕菜的油辣、赣菜的干辣……这些各具特色的辣,造就了数以千计的辣味产品。

论及中餐产品多样性的原因,除了多样性的食材、多样性的调味料、多样性的技法之外,还有两大因素:一个是地广人多,另一个是传播广远。

地广人多是指中国国土面积位居世界第三,人口数量长时间位居世界第一。这种国土体量和多样性的地貌,这种人口体量和多样性口味需求,是中餐产品多样性的坚实基础。如今,中国本土有 34 个菜系,110 个流派,1 200 个以上的著名厨艺门派,每个菜系、流派、门派都有各自的经典产品。这是世界上任何国家、任何餐系无法比拟的,是中餐最突出的特色与优势。

传播广远是指中餐是全世界传播最广的餐系。"有人居处必有中餐",世界上的多数国家都能见到中餐的身影。实践证明,一个餐系要想在本土以外的地方扎根,必须要在食材、口味等方面做出调整,以"变式菜"的方式赢得当地消费者的青睐。这种变化的结果就是中餐出现了诸多的变式产品,它们和定式产品一起,让中餐的产品数量达到一个惊人的量级。

三、养生性

中餐的第三大特色是它的养生性。养生既是中餐吃事的手段，也是中餐吃事的目的。

中餐的养生性来源于中国对人体和食物元性的认知。这一认知源于 3 000 年前，其理论基础是东方传统医学对人体元性的认知、对食物元性的认知、对进食时节的认知，并就此形成了对吃事方法的认知。

中餐养生性理论认为，吃事养生性的前提是对个体差异性的认可，发现了个体的差异性，以食物顺应它，以吃事顺应它，方能达到以进食促进人体健康、延长寿命的目的。这是有别于当代西方人体结构理论、食物元素理论的另一种认知体系。这一认知体系指导了中餐实践。

（一）对食物元性的认知

在对食物成分的认知上，西方现代科学体系是以物种来分类，以营养素进行成分认知的。中餐对食物的分类更深入一层，越过物种，直指本质。中餐认为食物具有平性、偏性两种类别，其中，平性食物是指性质平和的食物，是人类充饥的主力军；偏性食物是指具有温、热、寒、凉四种性质的食物，它们蕴含的温、热、寒、凉属性，除了用于充饥之外，还分别对人体产生不同的调疗作用。

中国有两个行业十分强调利用食物的偏性，一个是中医，另一个是中餐，它们各有特色，各有成绩。其中，中餐特别强调食物对人体的养生作用，不同性质的食材可以发挥不同的效用，所以要辨物而食。在中餐的日常应用中，平性食物食用数量最多，其次是温性、热性食物，寒性、凉性食物的食用数量最少。但是在针对某些特定人群的药膳产品中，这种食材应用比例又反了过来，偏性食物，尤其是具有寒热性质的强偏食物，反而被大量应用。

在中餐的制作方面，还有两个和中医十分相似的地方，那就是对食材变性的认知和对食材的组合应用。中餐理论认为，通过加工手段可以改变食物的性格，例如藕，若生食是寒性性格，煮熟后则变为温性性格，可用于养胃。此外，不同性格的食物在一起烹饪，便如同中医用药配伍中的"君臣佐使"，可以形成"组效应"，其色、香、味、养可以相增、相减、相消、相杀，对人体产生不同的效用。

（二）对人体元性的认知

食物的色、香、味、性千变万化，但归根结底，食物是给人吃的，因而在中餐制作中特别强调"适客"。这里的适客有两层含义：一层含义是制作加工的产品，要适应食用者不同的口味需求；还有一层含义是制作加工的产品，要适应食用者不同的肌体需求。这后一层适客的含义更接近中餐的养生本意。

中国传统医学理论总结了人体九个不同体征：平和体征、气虚体征、阳虚体征、阴虚体征、痰湿体征、湿热体征、气郁体征、血瘀体征、特禀体征。同时食者还具有八个个体差异：遗传差异、性别差异、年龄差异、体性差异、体构差异、运动量差异、心态差异和疾态差异。中餐的养生性就是针对这九种不同的体征和八种人体差异，分别食以不同性格的食物，从而让食者达到健康、长寿的目的。

在中餐对人体元性的认知中，蕴含着对地域气候的认知，对不同地域的人有不同的饮食习惯和饮食要求的认知。例如，四川人喜爱麻辣口味，是因为四川气候潮湿，吃麻吃辣可以驱赶体内的湿气；西北地区的人喜欢喝粥，是因为那里气候干燥，需要多喝粥补充人体流失的水分；西南地区的民众喜欢吃鱼腥草，因为鱼腥草能去火消炎，对长期食辣的人来说，是天然的去火药。

（三）对进食时节的认知

在中餐对养生性的认知中，有一个认知颇具特色，那就是对进食时节的认知。对进食时节的认知有两层意思：一层是指要注意食物的季节性特点；另一层是指要注意进食的时间。

中餐对食物的季节性特点早有关注，早在两千多年前，中国的先贤孔子就提出过著名的"不时不食"观点，即依照时节选用食物，不应时令的食物不吃。原因是大自然是有季节的，不同季节有不同的物产品种，即使是同一种物产品种，在不同时节也具有不同的营养成分，如"三月茵陈四月蒿，五月当成柴火烧"。只有与季节相符的食物，才能最大限度地为人体提供有益的补给和营养。

进食时间也是如此。中餐养生理论中对进食时间的论述也很多，如对一日三餐间隔时间要合理分配，晚餐的进食时间不宜离睡眠太近，等等。上述这些理论观点，反映了中餐的养生性与进食时节关联紧密。

（四）对吃事方法的认知

中餐对吃事方法的养生性认知，最主要的是对吃事三阶段的认知。中餐以外的餐系，对吃事阶段的关注主要集中于"吃中"这一个阶段，而当代中餐理论将关注点扩展为三个阶段，即吃前阶段、吃中阶段和吃后阶段。

吃前阶段是指进食之前的这一阶段。中餐理论强调，这一阶段的吃事要点是"吃前三辨"，即在吃前要辨别人体状况，辨别食物状况，辨别吃事时节。

吃中阶段是指人体进食的阶段。和其他餐系比较，中餐理论将进食时的食物数量、食物种类这两个关注维度扩展为七个关注维度的耦合，即进食时的数量耦合、种类耦合、频率耦合、温度耦合、速度耦合、顺序耦合、生熟耦合，从而全面地把控吃事。

吃后阶段是指进食后的阶段。中餐理论强调，人的进食是一个往复循环的过程，不能一吃了事，在进食后还要有两个查验标准，一是查验食后人体释出物，如大便、小便、头屑、肤油、眼屎、耳屎；二是查验食后人体体征变化，如呕吐、腹痛、息倦、舒适等近期变化，以及高、矮、胖、瘦的远期变化，以此来检验上一顿或上一段时间吃得是否正确。

从更大的范围说，中餐吃事还包括对吃病的认知，对吃疗的认知，对五觉双元食事审美的认知等。这些我们会在之后的章节给予详述。

思考题

1. 中餐具有哪三大特性？
2. 中餐的箸食性的本质是什么？
3. 说说中餐多样性产生的原因。
4. 中餐的多样性表现在哪几个方面？
5. 中餐的养生性表现在哪几个方面？
6. 为什么中餐特别强调食者的个体差异？

第四节　中餐贡献

贡献是指做了有利于社会、人民和国家的事。总结一下，从古至今，中餐起码做出了五大贡献，它们是民生贡献、社会贡献、经济贡献、文化贡献和品牌贡献。

一、民生贡献

一个餐系对本民族最大的民生贡献，就是让这个民族得到养育，得以繁衍，实现民族的不断延续。从这个意义上说，中餐的贡献天下第一。

从有文字记载的资料看，中国一直是世界上人口名列前茅的国家。战国时期、秦代时人口已经达到 2 000 万；西汉后期升至 6 000 万；西晋为 3 500 万；南北朝时期为 5 000 万；隋朝为 5 600 万至 5 800 万；唐朝开元盛世，人口高达 8 000 万至 9 000 万；五代十国为 3 000 万；北宋时期，宋 12 600 万，辽 900 万，西夏 300 万，总计约 1.38 亿；南宋时期，宋 8 060 万，金 5 600 万，西夏 300 万，总计约 1.4 亿；元朝为 8 500 万；明朝万历年间人口达到约 2 亿；清朝道光年间的人口数量达到 4.3 亿；中华人民共和国成立后，人口数量更是大规模跃升，截至 2022 年这一数字是 14.1 亿，位居当时的世界第一位。

上述只是横切面的人口统计数据，即某一时间段中华大地上养育的人口数量，如果从总体看，这一数据还要扩大若干倍。中华大地上有史以来共养育了多少人，迄今并没有一个确切的统计数据，但是我们可以用世界人口数据来推算。据美国人口资料局（Population Reference Bureau，PRB）的专家 Hanb 的研究，自人类诞生以来，地球上总共生活过 1 076 亿人，而中国人口在全球的占比，少则 1/5，多则 1/3，那么，自从中华文明诞生以来，中餐先后养育的人口竟高达 216 亿至 360 亿，这是一个多么让人震惊的数字！

中餐不仅养育了数百亿的人口，还为当代人提供了幸福和健康。中餐关系到当今国人的基本需求、身体健康和消费安全。据统计，在现代中国城乡居民家庭消费中，1/3 以上还是食品消费；在城市化的进程中，人们的生活节奏越来越快，当今大城市居民在外就餐（含外卖送餐）的比例已经超过 30%，并呈逐年上升趋势。

中餐不仅美味，还十分注重养生，注重食物和吃法的健康。健康的最终检验标杆是寿期，据世界卫生组织（World Health Organization，WHO）统计，当今世界预期寿命最长的地区是中国香港①。

二、社会贡献

一个行业有没有价值，首先要看的就是它的社会贡献。中餐的社会贡献表现在它的就业贡献、转型贡献和他业贡献等方面。

就业贡献。餐饮业是劳动密集型产业，也是吸纳农村富余劳动力的重点行业。目前，中餐业每年新增就业岗位约 160 万个，从业人员总数已超过 4 000 万人，占服务业就业总人口的 8%。餐饮业用工需求非常旺盛，岗位多、起点低、包容性强，没有性别、年龄限制，就业灵活，这些优势是其他行业所不具备的。

有调查显示，中餐业吸纳的劳动力，农村户籍的接近 95%，中学及以下学历的接近 90%。中餐业承载了庞大的就业群体，对安置劳动力、提升社会就业率、扶贫帮困、维护社会稳定作用巨大。

转型贡献。餐饮业是第三产业的重要组成部分。服务业的发展水平，是衡量经济发达与否的重要指标。一个国家服务业占总就业的比例和国民经济的比重如果未超过 50%，就很难进入经济发达国家之列。

目前发达国家的服务业已经达到"三个 70%"的水平，即服务业占经济总量的70%，国内生产总值（Gross Domestic Product，GDP）增长的 70% 来自服务业，服务业吸纳 70% 的就业人口。

据测算，每投资 100 万元，第一产业可增加 400 个就业岗位，第二产业可增加700 个就业岗位，第三产业可增加 1 000 个以上就业岗位。由此可见，加快产业结构调整，大力发展第三产业，尤其是餐饮业，不仅可以拉动内需，而且可以增加大量就业机会，缓解就业压力，促进社会稳定、经济繁荣。在这方面，中餐业做出了比其他产业更加突出的贡献。

他业贡献。中餐是一个体量巨大的行业，搞好了，不仅可以促进自身的发展壮大，还可以带动和促进其他行业的发展。

种植、养殖业的产品绝大多数是中餐业的原料，中餐业的需求决定着上游行业的生产方向和产能。中餐业所需要的大量的茶、酒、饮料，更是直接带动了这些行业的发展。

当代中餐业需要大量的食用机械和助食工具，大到冷库、智能厨房，小到餐盘、筷子、餐巾纸，都是工业产品，都关系到工业企业的生存与发展。

餐饮业的经营场所多处于城区闹市，它的经营成果，与房地产行业、水电行业、交通运输行业关系密切。

旅游的六大要素是"吃、住、行、游、购、娱"，"吃"排在第一位。从消费支出比例上分析，旅游中的餐饮支出一般占总支出的 15%。丰富的美食是吸引游客的必备条件，发展餐饮业是提升旅游总体水平的重要手段。

---

① 世界卫生组织. 世界卫生统计（2020）：为可持续发展目标监测健康. 上海：上海交通大学出版社，2020.

旅游资源可分为两大类，一类是自然旅游资源，另一类是人文旅游资源。地方风味美食兼具自然旅游资源与人文旅游资源的双重因素。由于地理环境、社会环境不同，各地形成了独特的饮食文化。这是当地劳动人民长期以来的文化积淀，也是一个地区独特的文化标志。各菜系的烹调技艺和风味与当地人文、自然景观相互映衬，成为吸引游客来当地旅游的重要资源。参加美食节，品尝地方风味美食，已成为游客旅游活动中的一项重要内容，表现出很大的发展潜力，为带动旅游发展做出了贡献。

三、经济贡献

经济发展孕育了行业，行业又回过头来反哺经济发展。这种情况在中餐业表现得极其明显。中餐业对经济的贡献巨大，表现在促进投资、增加 GDP、增加税收等多个方面。

促进投资。由于中餐业具有市场需求旺盛、入行门槛低、现金流稳定、投资回报期较短等特点，适宜采用规模化、连锁化、实体经营等的运作模式，规模可大可小，投资期限可长可短，更让中餐业成为聚集资金的投资宝地，成为中小企业创业的热土。凭借着不断提升的刚性需求，中餐业具有较强的稳定性和抗御风险的能力，对整个经济的稳定发展，人们生活质量的提高，整个社会走向共同富裕，起到了巨大而显著的作用。

提升 GDP。中餐业是服务业中发展最快的行业之一，连续十几年保持两位数增长，对拉动中国 GDP 增长的贡献有目共睹。2023 年我国餐饮业的产值已高达 5 万亿元人民币[①]，这其中绝大多数为中餐所创造，由此可见中餐在国民经济发展中发挥了重大作用。

中餐业的发展除了自身对社会做出贡献外，还能够带动相关产业的发展与进步，促进国民经济健康发展。从宏观层面来说，中餐业上游连接着第一产业（包括农、林、牧、渔等与自然资源和生物生长相关的行业），有利于增强第一产业生产的后劲，提高第一产业生产的社会化和专业化水平；下游能够带动第二、第三产业的整体发展，有利于优化产业结构，促进市场充分发育。

大力发展中餐业，还可以为城市带来人流、物流、资金流，凝聚城市人气，促进居民消费，丰富人民生活，活跃消费市场，提升城市影响力，成为城市经济增长的重要力量。

增加税收。据测算，中餐业综合税负在 7.1% 左右，净利润率是 8%～10%，也就是说，餐饮业在保持微利情况下，为国民经济持续发展做出了很大贡献。

四、文化贡献

构建文化强国，必然要弘扬中华传统文化。中国饮食文化是各族人民在长期的生产和生活实践中创造积累的物质财富及精神财富，饮食文化涉及食材、食具、菜品、技法、服务、经营、管理、礼仪、审美、养生、宗教、民俗、人生观、文学创作等多个领域，深厚广博，异彩纷呈。中餐具有以下四大文化内涵。

多样性的选材观，蕴含和谐文化。国人讲究"天人合一""道法自然"，这些哲

---

① 国家统计局．中华人民共和国 2023 年国民经济和社会发展统计公报［R］．2023.

学思想在中餐里都可得到充分的体现。中餐使用的食材有 1 万多种、烹饪技法有 40 多种、口味有 200 多种、菜品有 3 万种左右，多样性是中餐最鲜明的特性。

中餐的选材非常丰富，俗语称："山中走兽云中燕，陆地牛羊海底鲜"，几乎所有能吃的东西，都可以作为中餐的食材。食材的选择关系到菜品的质量，中餐食材的选择特别注重时令适合、区域适宜、品种选择、部位区别。例如，淮扬菜有"刀鱼不过清明，鲥鱼不过端午"的说法，这讲的是时令。再如，北京烤鸭需用北京特有的填鸭做成，这是对材质品种的要求。选料是中国厨师的首要技艺，是做好一道菜品的基础。每种菜品所需的原料包括主料、配料、辅料、调料等，都有很多讲究，概括而言就是"精""细"二字。所谓"精"，是指所选取的原料，要考虑其品种、产地、季节、生长期等特点，以新鲜肥嫩、质料优良为佳；所谓"细"，则是指厨师选料的标准，既源于经验和条件，又有科学依据。

菜品的典故性，蕴含历史文化。中餐的很多菜品附着着生动的历史故事或美丽的传说，成就中餐的历史与文化，诸多菜品故事串联起来，就是一部中华民族发展的历史。一个美妙的菜名，既是菜品自身的一个有机组成部分，也是菜品生动的广告词。菜名也给人以美的享受，它通过听觉或视觉的感知传达给大脑，从而产生一连串的心理效应，起到菜品的色、香、味、形之外的作用。

进食方式的讲究，蕴含礼仪文化。中餐以筷进食，灵巧双手，启迪小脑；圆桌共餐，体现和谐融洽的气氛；讲究座次，强调礼仪，长幼有序。中餐宴席对于季节、菜式、器皿、座次、酒水等都很有讲究。在近 3 000 年前的周代就已形成一套相当完善的中餐食礼制度；到先秦，对饮食礼仪已经有了非常严格的要求。《礼记·曲礼》中的"虚坐尽后，食坐尽前"，说的是在一般情况下，要坐得比尊者长者靠后一些，以示谦恭；而在进食时要尽量坐得靠前一些，靠近摆放馔品的食案，以免不慎掉落的食物弄脏了座席。这种食礼，数千年来由上到下一以贯之，体现了中华民族的礼仪观和价值观。

食疗的饮食理念，蕴含保健文化。食疗又称吃疗，包含饮食防病、调理、治未病的一套理论，是中国人的发明。人们通过饮食调理，驱寒、防暑、避邪、调疾，还可以减肥、护肤、护发等。食疗是中国独有的一种养生行为，已经影响到周边的许多国家。食疗是中医保健文化的核心，也是中餐文化的基础。中餐的很多原材料和调料也是中草药，如八角、茴香等。中餐将原材料进行巧妙搭配，起到调节人体生态平衡的功用。例如，在焖牛肉中加入黄芪，可以起到益气补虚、健脾养胃的作用。这种以食物和进食方法作为日常防病、调养、养生的理念，既体现了人类养生保健的需求，也是中餐现代化的发展方向。

中餐是一种文化语言，它可以传递民族文化，也可以传递民族价值观。中餐是一种"世界语"，其他国家的人民也能接受，并品出其中的味道与文化。从这个意义上来说，中餐也是一个全球公共产品。

文化强国离不开餐饮文化。中餐中蕴含的菜品文化、筵席文化、服务文化、营销文化等，可以提高餐饮企业的知名度，提高产品和服务的附加值，为企业带来更大的效益，更可作为传播中华民族价值观的绝佳载体，对中国形象做出贡献。

要全面认知中餐，除了明确中餐正面的文化价值之外，也要看到中餐文化的不足之处，主要体现在"以稀为贵"和"以丰为贵"两个方面。

"以稀为贵"，是指盲目崇尚珍稀动植物食材。这个错误的观念不仅对人体健康产生危害，而且威胁到了生态平衡。近年来国家依法严厉打击以食用或者其他目的的非法购买野生动物的犯罪行为，坚决革除滥食野生动物的陋习。

"以丰为贵"，是指请客吃饭点菜时宁多勿寡、宁奢勿俭，这样的行为会造成严重浪费。"光盘行动"的推广和《中华人民共和国反食品浪费法》的施行，让勤俭节约的中华民族传统美德在新时代获得新的生机。

中餐文化是中华文化的重要组成部分，也是国人引以为傲的国际名片，只有正视不足并加以改正，才能够去芜取精，使中餐文化更加璀璨夺目，推动中餐蓬勃发展。

五、品牌贡献

20世纪80年代，被誉为品牌资产鼻祖的美国人大卫·艾克提出了"品牌价值"的概念。品牌是一种识别标志、一种精神象征、一种价值理念，是品质优异的核心体现。那么，中餐是一种什么样的品牌呢？

中餐是世界性的知名品牌。将中餐定位于世界知名品牌，是说它如同历史上的丝绸，如同今天的高铁，如同美国的大片、日本的动漫、法国的香水，可以代表一个国家在国际上的形象。中餐走出国门的历史并不是很长，始于19世纪中叶，但在海外传播速度非常快，200年间就发展到20余万家中餐厅，遍布于世界各个角落。迄今为止，没有任何一种中国文化或产品有如此广泛的传播速度和深度。从"黄焖鸡"在美国开旗舰店，到"兰州拉面"在日本注册商标，从创意"煎饼果子"火爆美国街头，到改良版"锅包肉"俘获俄罗斯人民，各国民众对中国美食的认可度越来越高。从中国味道到世界美食，从飘香到扬名，是中国美食品牌的塑造，更是世界对中国文化的认同。中餐是足以令国人骄傲的世界知名品牌。

中餐是世界性的文化品牌。中餐的文化属性独具特色，不仅具有浓郁的文化禀赋，而且蕴含着中华民族的哲学观和价值观。中国饮食文化直接影响到日本、蒙古、朝鲜、韩国、泰国、新加坡等亚洲近邻国家，是东方饮食文化圈的轴心。与此同时，它还影响到欧洲、美洲、非洲和大洋洲等更加遥远的地区。此外，像中国的素食文化、茶文化、酱、醋、面食、药膳、陶瓷餐具和大豆制品等，都惠及全世界数十亿人。总之，中餐是一种大视野、深层次、多角度、高品位、广影响的世界性的文化品牌。

中餐是世界性的公用品牌。公用品牌也称公共品牌，是国家、民族的共有品牌，品牌的权益不属于某个机构、企业和个人。公用品牌的打造需要广泛协同，需要长期的积累。中餐诞生于中国境内，传播服务于全球。中餐的公用品牌特性，让它不仅是一个惠及中国人的公用品牌，还是一个正在惠及全人类的公用品牌，是中华各族人民在数以万年计的生产和生活实践中，在食源开发、食具研制、食品调理、营养保健和饮食审美等方面创造、积累并影响世界的物质财富及精神财富。

中餐品牌的内涵和外延都极其丰富。中餐品牌的内涵是菜肴，大约有30 000款；中餐品牌的外延是食材，包括主料、调味料、辅料，也包括茶、酒等饮料。中餐品牌的外延，还包括极具东方特色的吃事方法，特色鲜明的餐具、食具，饱含儒家思想的食礼、食俗，以及极富养生性的吃事认知。

中餐品牌不是一个单独的品牌，而是一个品牌体系。它可以分为七个层级：餐系品牌、风格品牌、菜系品牌、流派品牌、企业品牌、个人品牌和产品品牌。餐系品牌只有一个，那就是中餐，它是中国的国家名片。风格品牌有 4 个，是对中餐风格的大的地域划分。菜系品牌有 39 个，包括川菜、鲁菜、粤菜等 34 个国内菜系品牌，以及欧洲中餐、美洲中餐等 5 个海外菜系品牌。流派品牌有 110 个，流派是指菜系下面不同的风味派系，如苏菜系中的淮扬流派、金陵流派、苏锡流派等。个人品牌包括中餐企业家品牌和工匠品牌，中餐企业家品牌包括餐饮企业家品牌、食材企业家品牌和食具企业家品牌；工匠品牌是指掌握某种产品风格的厨艺大师、发酵大师及师门，当代知名的中餐门派品牌在 1 200 个以上。企业品牌包括餐饮企业品牌、发酵企业品牌、食材企业品牌、中餐器具企业品牌等。产品品牌是中餐品牌的塔基，包括菜肴品牌和食材品牌。其中菜肴品牌如宫保鸡丁、糖醋鲤鱼，食材品牌如马家沟芹菜、郫县豆瓣等。菜肴品牌大多是公用品牌，也有少数私用品牌，如大董烤鸭；食材品牌既有公用品牌，也有私用品牌。

中餐品牌，对内可以拉动农业和食品业的发展，推动食品业走向正循环，提高食品的质量，保障国民健康；对外可以带动中国文化走出去，传播中华民族的价值观。随着"一带一路"倡议的不断深化，随着中国综合国力的不断提高，我们在讲好中国故事方面正面临着挑战，也正在寻找新的文化表达方式，而中餐品牌就是特别好的传播载体。

中餐是世界知名品牌，这无可置疑，但从品牌现状来看还有很多不足，突出表现在小、弱两个方面。从海外看，中餐馆数量虽多，但是多而不强，多数处于"1.0 版"的发展阶段；从国内看，迄今为止，尚没有一个中餐企业取得世界性的品牌地位。树立中餐的世界知名品牌概念，建立中餐品牌打造体系，可以把中餐品牌擦得更亮，让它发挥更大、更积极的作用。

中餐品牌体系

中餐品牌价值

思考题

1. 中餐的五大贡献分别是什么？
2. 为什么说中餐的民生贡献巨大？
3. 中餐的经济贡献体现在哪几个方面？
4. 中餐的文化贡献体现在哪几个方面？
5. 为什么说中餐是一种世界性的品牌？
6. 如何辩证地看待中餐？

第五节　中餐价值

中餐为中华民族的生存和延续立下了莫大功劳，对社会发展做出了杰出贡献，对世界食事产生深远影响，那么，又该如何评价它的价值呢？答案是：中餐是中国创造，中餐是第一国粹，中餐是一张响当当的国家软实力名片。

一、中餐是中国创造

为了应对百年未有之大变局，当今的中国正在从"中国制造"向"中国创造"转变和进军。提起中国创造，很多人认为，只有网络、生物、光能等高科技领域，才有中国创造，中餐与其无关。其实，这是一个误区，中国独特的餐饮文化、餐饮产品就是地道的中国创造。

中餐伴随中华文化的发展已有数千年的历史，传承着一代又一代国人的智慧。中餐具有鲜明的个性，独特的风味，以及特有的操作技术，是世界主要大餐系之一。中餐具备创造的内涵，具备原创、版权、品牌、标准、研发五大要件，因此可以说，中餐不仅具有鲜明的中华文化的特征，是典型的中国符号和中国名片，也是典型的中国创造。

事实证明，中国创造的中餐在世界上受到了广泛的欢迎。1850 年，美国有了第一家中餐馆，170 年之后，中餐已经风靡了海外。海外老一代的中餐业者，大多是"业余选手"，但他们却可以靠开中餐馆谋生，足见中餐的内在价值和中国创造的魅力。

中国创造的底蕴，让中餐在世界上的发展一片光明。有专家预测，"中国制造"向"中国创造"的历史转变过程，是中餐在海外布局和扩张的良机，每年有大约 1 000 亿美元的海外中餐市场待我们去开疆拓土。

当然，要实现中餐的全球大发展，海外中餐必须要进行三个方面的升华：一是从"业余选手"向"职业选手"升华；二是从"谋生阶段"向"产业阶段"升华；三是从"低端市场"向"高端市场"升华。在这个转变进程中，会有更多优秀的餐饮企业和餐饮人走出去，走向广阔的国际市场，去征服世界更多族群的味觉，获得更多的财富。

在这个创造凸显价值的时代，"中国创造"的中餐，有着更加美好的未来。

二、中餐是第一国粹

国粹是指一个国家固有文化中的精华。例如，西班牙的斗牛表演、阿根廷的探戈、日本的茶道、巴西的足球、法国的时装表演等，都是我们熟知的异国国粹。中国历史悠久，国粹众多，其中誉满中外的京剧、武术、书法、中医药，被世人称为中国的"四大国粹"，其余的还有国画、刺绣、剪纸、围棋、古琴等。这种传统的国粹认知中并没有中餐。

中餐可以是国粹吗？当然可以。国粹是一个民族、一个国家传统文化里面最具独特性的文化符号。作为中国国粹，首先，要起源于中国，其次，要在这片土地上红火发展，再次，还要是中国传统文化中的精华，具有丰富、独特的文化内涵。这三个标准，中餐完全符合。

笔者认为，中餐不仅是国粹，还是第一国粹。它能够力压群雄，位列第一，主要有以下五个理由。

第一，中餐文化是在世界范围内传播最广的中国文化。一个国家的文化特征，不是自己说了算，而是要从世界的角度被认识，以及被其他国家或民族认知，才最有说服力。从这个角度来看，中餐是被世界接受最广的中国文化。《中国国家形象全球调查报告 2016—2017》显示，"中餐成为海外受访者眼中最能代表中国文化的元素。谈及中国文化的代表元素，海外受访者首选中餐（52%），其次是中医药（47%）和武术（44%）。"①

相对于衣着服饰、孔儒思想、文化典籍等，中国饮食文化在国外受众中的接受度更高，是具有"共有知识"特征的文化。共有知识是指"行为体在一定的社会环境中共同具有的理解和期望"。海外的中餐在与不同的文化交流与互动过程中，强化了受众对中国饮食文化的认同。从全世界的范围看，给中餐的肯定多于其他中国国粹。

第二，中餐的体验感最美好。中餐不仅是一个饮食的过程，更是一个人生美好的体验。从审美的角度来看，中餐把"五觉审美"发挥得淋漓尽致，一款经典的佳肴，给人带来的是非常美好的享受，常常令人终生难以忘怀。相比中医药、武术、书法、京剧，中餐与人们的生活息息相关，更加能够融入人们的日常生活中。

第三，中餐产品的存量最多。中餐有约三万款的产品存量，多样性的食材、多样性的调味料、多样性的技法让中餐的产品数量居于世界各餐系之首。

第四，中餐的生命力最强。从时间的维度来看，几千年来，中餐不仅没有衰落，反而不断适应时代、自我调整、不断发展。中餐是鲜活的，具有广泛的大众需求和创新动力，所以它的生命力不容置疑。再优秀的文化，如果没有生命力，最终只能到博物馆安家。

第五，中餐一直在与时俱进。中餐是中华饮食文明的积累与沉淀，是华夏文明的见证者，中餐产品不是食古不化的，相反，它一直在与时俱进。从古至今，中餐一直在不断吸取外来餐饮的长处，根据当时民众的餐饮需求，对自身做出种种增补和调整。难能可贵的是，在接踵而至的新食材、新食具、新技法面前，中餐在吸取长处的同时，仍能保持自己的特色，表现出了一种强大的文化自信。

传播最广、体验美好、产品丰富、生命力强、与时俱进，由此，我们可以得出这样的结论：中餐是国粹。

三、中餐是中国名片

随着中国走向现代化，越来越多的"中国路""中国桥""中国港""中国通信"在世界面前亮相，被世人称为"中国名片"。中餐也是一张响当当、金闪闪的"中国名片"。如果说上述路、桥、港代表了国家的硬实力，那么中餐则是国家软实力的体现。

软实力，实际上就是指文化实力，是一个国家除了单一经济实力外涉及的文化方面的力量。在代表精神和文化力量的软实力方面，我们和发达国家还有差距，而中餐就是走向世界并使中国文化获得广泛认可的一种途径。"夫礼之初，始诸饮食"，中餐文化是大文化，是中国文化的优秀代表，是世界三大饮食流派之一，是国家软实力的重要组成。有人说，有水的地方就有人，有人的地方就有中国人，有

① 李智．文化外交：一种传播学的解读［M］．北京：北京大学出版社，2005.

中国人的地方就有中餐馆。这其实是一种文化软实力的硬性体现。

放眼当下，中国的国家形象呈现出双重特征。一方面，中国历史悠久，古代长期保持着拥有强大国力的状态，被视为"文明之地"和"先进之地"。自改革开放以来，中国经济实力不断增强，积极参与国际事务，在危机与灾难中主动承担起国际责任，"负责任大国"的国家形象在国际上得到认可。另一方面，由于西方文化在国际上占主导地位，中国文化话语权有所缺失，中国的国家形象在一定程度上被扭曲，这对中国国家形象的建立与国家发展产生了损害。而中餐文化在海外的传播和发展，直接或者间接地进行了文化传播，有益于中国国家形象的建构。

如今世界正处于多极化、经济全球化、社会信息化、文化多样化发展过程中，各种文化交流、交融更加频繁，进一步显现出文化软实力在综合国力竞争中的战略地位。哪个国家占据了文化发展的制高点，拥有强大的文化软实力，就能在激烈的国际竞争中赢得主动、占得先机。例如，美国借助好莱坞梦工厂、迪士尼乐园、肯德基、麦当劳等，将其价值观和文化影响力渗透到全球，对提升美国的国际影响力起到了积极的促进作用。因此，中餐对于提升中国国际影响力的作用也不可小视。

在打造软实力方面，许多国家把美食作为文化出口的途径，并在国际上努力推广。韩国政府 2009 年投资 240 亿韩元推动"韩餐世界化战略"，当时的第一夫人金润玉亲自上阵，担任"韩餐世界化推进委员会"名誉会长，在《纽约时报》刊登大幅"韩国拌饭"广告。日本成立了"日本料理海外普及和推进机构"。法国农业部、经济与财经部等均成立了各种推广、推介法国美食的下属专业机构，法国总统表示要积极推动将法国美食列入世界文化遗产，让法餐成为全球餐饮的领导者。

虽然中国的 GDP 在 2010 年已经超过日本，成为世界第二大经济体，硬实力举世瞩目，但是对应而言，在软实力的打造方面尚有一定差距。我们在进行软实力竞争的时候，应该充分认识到中餐的价值和潜力，设立国家餐饮海外推广战略研究机构，出台国家餐饮软实力的整体战略规划，在文化、旅游、侨务、商务、外交等部门设立美食推广机构，设立中餐对外的国家窗口，支持和扶持现有海外中餐企业的发展，鼓励更多的国内优秀中餐企业走出去，提升海外中餐的品质和形象，培育世界级的中餐跨国品牌。

中餐是一张响亮的中国名片，用中餐打造国家软实力，将事半功倍。

思考题

1. 说中餐是中国创造，是因为它具备了哪五个要件？
2. 为什么说中餐是第一国粹？
3. 说中餐是"中国名片"，其主要依据是什么？
4. 为什么说用中餐打造国家软实力，将事半功倍？

中餐两大优势

第二章

中餐食材

　　食材是一个餐系的根本。巧妇难为无米之炊，缺少了丰富多样的食材，纵有高超的烹饪技法，也难以打造出一个产品众多、美味荟萃、具有世界性影响的餐系。

　　中餐的丰富多彩，首先得益于食材的丰富。据统计，中餐常用的食材就有 2 000多种，加上各地方特有的食材，总体数量还要翻上几倍。而中餐食材的丰富性，又得益于辽阔的国土面积和多样性的地貌。

第一节　本章相关名词解释

一、核心名词

食材：做饭、做菜用的原材料。

二、相关名词

地貌：地球表面各种形态的总称。

中国地貌：中国的地理形态，呈明显的三级阶梯特征。

食材分类：根据某种特点分别归类食材。

食材营养成分分类：根据元素的特点分别归类食材。

食材食物元性分类：根据元性的特点分别归类食材。

食材商品性质分类：根据商品的特点分别归类食材。

食材加工状况分类：根据加工的特点分别归类食材。

食材烹饪运用分类：根据烹饪时的特点分别归类食材。

食材来源分类：根据来源的特点分别归类食材。

食材化学介入分类：根据化学介入的特点分别归类食材。

食材生物属性分类：根据生物性的特点分别归类食材。

植物性食材：烹饪、发酵、碎解食物时的植物原料。

动物性食材：烹饪、发酵、碎解食物时的动物原料。

微生物食材：烹饪、发酵、碎解食物时的微生物原料。

矿物性食材：烹饪、发酵、碎解食物时的矿物原料。

人造食材：人工制造的非天然的可食用物质，包括化学合成食材和细胞繁殖食材。

平原食材：生长在平原地带的烹饪、发酵、碎解用原料。

丘陵食材：生长在丘陵地带的烹饪、发酵、碎解用原料。

山地食材：生长在山区地带的烹饪、发酵、碎解用原料。

盆地食材：生长在盆地地带的烹饪、发酵、碎解用原料。

河湖食材：生长在河湖水域的烹饪、发酵、碎解用原料。

海洋食材：生长在海洋水域的烹饪、发酵、碎解用原料。

单地貌食材：仅在单一地貌生长的烹饪、发酵、碎解用原料。

多地貌食材：可以在不同地貌生长的烹饪、发酵、碎解用原料。

食材元性：食材中所蕴含的原本的特性。

平性食材：没有偏性的中餐原料。

偏性食材：具有显著温、热、寒、凉特性的中餐原料。

寒凉性食材：具有寒凉特性的中餐原料。

温热性食材：具有温热特性的中餐原料。

转基因食材：把某种生物中的基因转入另一种生物中进行重组，从而产生出来的具有特定遗传性状的食物。

反季食材：不适合当前季节生产的可食植物。

拒食食材：国家法律规定禁止食用的珍稀动植物及其他不健康食材。

拒烹：拒绝烹饪珍稀野生动植物。

裸烹：烹饪食物时不用化学合成物。

食材烹饪性格：食物受热后不同特质的展现。

第二节 中国地貌与中餐食材

地貌是食材产生的基础条件。对于一个餐系来说，地貌决定食材，食材激发技艺，食材和技艺共同打造产品。从这个意义上说，食材是产品之祖，而食材的种类和品质又来源于地貌，地貌是食材的母亲。因此，要了解中餐，就必须先了解中餐食材；要了解中餐食材，又必须了解养育中餐食材成长的中国地貌。

中国的陆地地貌从东到西分成三级"台阶"。西部海拔高，东部海拔低，呈三级阶梯状逐级下降。其中第一级阶梯主要分布在青藏高原，平均海拔在 4 000 米以上，珠穆朗玛峰海拔 8 848.86 米，为世界第一高峰，号称"世界的第三极"。隆起的青藏高原深刻影响着中国的气候：它的存在加强东亚季风，形成中国东部的湿润气候；造成中国西北部干旱，形成沙漠；加强高原季风环流，造成四川盆地的梅雨季节。青藏高原以北以东的内蒙古、新疆、黄土高原、四川盆地和云贵高原，海拔 1 000~2 000 米，是中国地势的第二级阶梯。大兴安岭—太行山—巫山—武陵山—雪峰山一线以东至海岸线，多为平原和丘陵，平均海拔在 500 米以下，是中国地势的第三级阶梯。

第三阶梯以东以南，是中国大陆架的延伸。渤海、黄海、东海、南海互相连成一片。四大海域跨温带、亚热带和热带，自北向南呈弧状分布，不同的海水温度和品质，养育了丰富多彩的海水食材。

除了三大阶梯之外，中国的地貌还可以分为陆地、水域两大类型。陆地又可细分为平原、盆地、丘陵、山地、高原五种形态，其中山地 320 万平方千米、高原 250 万平方千米、盆地 180 万平方千米、平原 115 万平方千米、丘陵 95 万平方千米。水域可以细分为河湖、海洋两种形态。河湖以淡水为主，海洋全部为咸水。

中国陆地面积约 960 万平方千米，约占世界陆地总面积的 1/15，居世界第三

位。大陆海岸线 1.8 万多千米，岛屿岸线 1.4 万多千米，内海和边海的水域面积约
470 多万平方千米。中国领土南北跨越的纬度近 50 度，从南到北跨热带、亚热带、
暖温带、中温带、寒温带气候带，外加青藏高寒区。东西跨越经度 60 多度，最东端
的乌苏里江畔和最西端的帕米尔高原相差 5 个时区。这种辽阔的领土面积加上多种
地貌，造成了中国的气候复杂多样，有温带季风气候、亚热带季风气候、热带季风
气候、热带雨林气候、温带大陆性气候和高原山地气候等气候类型。

表 2-1 为各省级行政区温度带和地貌。

表 2-1　各省级行政区温度带和地貌

气温/地貌	第三阶梯	第二阶梯	第一阶梯	备注
青藏高原区	西藏 青海			包括四川、甘肃一部分地区
寒温带				包括黑龙江北部一部分地区
中温带	内蒙古 宁夏		黑龙江 吉林 辽宁	黑龙江北部属于寒温带；辽宁南部属于暖温带；宁夏南部属于暖温带
暖温带	新疆 山西 陕西 甘肃		北京 天津 河北 河南 山东 江苏 安徽	新疆北部属于中温带；甘肃西北部属于青藏高原区，甘肃东北部属于中温带；陕西北部属于中温带，陕西南部属于亚热带；河南、江苏、安徽南部属于亚热带
亚热带	重庆 四川 云南 贵州		上海 江西 湖南 湖北 浙江 福建 广东 广西 香港 澳门 台湾	台湾南部属于热带
热带			海南	

中国地貌类型的丰富性，有利于因地制宜发展农、林、牧、副多种经营形式，
从而形成了中餐食材、产品的丰富性。平原地区植物资源丰富，高原草场牛羊肥美，
河湖海洋的水产丰盛，丘陵山林里食物物种繁多……以谷物食材论，中国南方地区
江河湖泊密布，宜于种稻；北方地区干燥低温，宜于种麦。所以形成了"南水北
旱""南米北面"的食材差异，造就了泡馍、拉面、饺子、烧饼和米饭、米线、米
糕这两种不同的主食格局。以副食论，由于江浙地区湿润的气候、丘陵地形及酸性
的土壤特别适合毛竹的生长，所以浙江靠山吃山，盛产竹笋；而黄海北部水生资源
丰富，当地民众靠海吃海，在这里开展渔业捕捞、人工养殖，生产了大量的鱼类、

海参、鲍鱼、海胆等海产食材。

就食材的生长地区而论，有些食材只生长在一种地貌之中，如牦牛只生长于青藏高原，大黄鱼只生长于黄海南部和东海，我们将其称为单地貌食材。而另外一些食材可以跨地貌生长。如肉鸡，在平原、丘陵、山地、盆地都可生长；又如大马哈鱼和河豚，在江河中产卵在海洋中成长，横跨淡水、海水两种地貌。这种食材，我们将其称为多地貌食材。还有一种多地貌食材，如鸭子、蛙类，可以在水陆两大地貌中两栖成长，它们是一种更广谱的跨地域食材。

依据地貌，我们可以将食材分为平原食材、丘陵食材、山地食材、盆地食材、高原食材、河湖食材和海洋食材。

冲浪活海参

一、平原食材

平原是地面平坦或起伏较小的一个较大区域，主要分布在江河两岸和濒临海洋的地区。

中国平原占国土总面积的 12%，约 115 万平方千米。东北平原、华北平原、长江中下游平原是中国的三大平原，全部分布在中国东部的第三级阶梯上。还有一些平原，如珠江三角洲平原，面积只有 4 万平方千米，但是出产的食材非常丰富，从食材角度，我们也将其归属于平原食材范畴。

东北平原又称松辽平原，位于大、小兴安岭和长白山之间，北起嫩江中游，南至辽东湾，南北长约 1 000 千米，东西宽约 400 千米，面积达 35 万平方千米，海拔大多低于 200 米。东北平原是中国面积最大的平原，土地肥沃，耕地广阔，是中国主要的粮食产区。

华北平原是中国东部大平原的重要组成部分，大部分海拔 50 米以下，面积约 31 万平方千米。华北平原位于黄河下游，西起太行山脉和豫西山地，东到黄海、渤海和山东丘陵，北起燕山山脉，西南到河南的桐柏山和大别山，东南至苏、皖北部，与长江中下游平原相连，延展在北京、天津、河北、山东、河南、安徽和江苏 5 个省、2 个直辖市地域。华北平原属暖温带季风气候，四季变化明显。南部淮河流域处于向亚热带过渡地区，其气温和降水量都比北部高。平原年均气温 8~15℃，冬季寒冷干燥，农作物大多为两年三熟，南部一年两熟，也是中国重要的产粮地区。

长江中下游平原大部分海拔 50 米以下。其中游平原包括湖北江汉平原、湖南洞庭湖平原和江西鄱阳湖平原；下游平原包括安徽长江沿岸平原、巢湖平原及江苏、浙江、上海间的长江三角洲。长江中下游平原地势低平，河网纵横，是我国著名的鱼米之乡。

平原是中国地貌版图中很重要的一个地貌形态，贡献了丰富多样的食材，主要有谷物类、畜类、禽类、蔬菜类、果品类、菌类、昆虫类、矿物类等。

平原谷物类食材主要有小麦、谷子、玉米、水稻等。中国的四大粮食主产区全部位于平原。东北平原是中国的商品粮基地；华北平原产出丰富的谷类食材；长江中下游平原盛产水稻；珠江三角洲平原地处温热带，土壤肥沃，河道纵横，水稻单位面积产量在中国名列前茅。四大主食之外，一些补充型、经济型粮食作物，如大豆、高粱、小米、红薯等，在平原地区也广有种植。

　　平原畜类食材主要有猪、牛、羊、驴等。平原人口密集，且是粮食主产区，对畜类产品的需求旺盛，且有充足的饲料来源。其中，猪的养殖可追溯到先秦时期，在 20 世纪 90 年代中后期更是取得了极大的发展，目前已经形成东北平原、华北平原、长江中下游平原、西南地区和华南地区五大主产区。平原的牛、羊养殖主要集中在河套平原牧区、东北平原的辽宁、华北平原的河南等地。除上述三大畜类之外，其他平原畜类养殖量较少，但出现了一批有特色的食材。例如，驴肉的市场普及率没有猪、牛、羊肉高，而华北平原的河北保定等个别区域驴肉产销旺盛，并借此打造出驴肉火烧等名牌产品。三大平原都有独特的代表性畜类食材品种，如华北平原的黑猪、红牛、槐山羊、鲁西黄牛、南阳牛、河北阳原驴等，都是优良畜类品种。

　　平原禽类食材主要有鸡、鸭、鹅、鸽子、鹌鹑等。华北平原的山东、河南、安徽等地，珠江三角洲平原的广东等地，都是较大的家禽产地。平原鸡的品种主要为白羽肉鸡、黄羽肉鸡及肉杂鸡三类，鸭有北京鸭、攸县麻鸭、连城白鸭、建昌鸭、金定鸭、绍兴鸭、莆田黑鸭、高邮鸭等品种。鹅肉消费存在着明显的区域特征，不同地区居民消费者偏好差异较大，长江中下游平原和珠江三角洲平原的居民喜食鸭肉、鹅肉，东北平原的籽鹅、豁眼鹅，长江三角洲太湖地区的太湖鹅，珠江三角洲平原的阳江鹅等，都是优质的肉鹅品种。肉鸽产销以广东最多，长江中下游平原的江苏、上海次之。禽蛋生产集中在山东、河南、河北、辽宁、江苏、湖北、安徽、四川、吉林、黑龙江、湖南、山西 12 个省份，年产量均在百万吨以上。

　　平原蔬菜类食材种类繁多。中国平原地区种植蔬菜的历史源远流长，但是受到气温限制，蔬菜食材的供应季节性很强。进入工业化社会以来，为了克服这种弊端，先是以塑料大棚生产蔬菜，从 20 世纪 90 年代开始，逐渐转换到以节能日光温室和遮阳棚蔬菜生产为主，使得广大地区实现了蔬菜的全年生产。如今，平原地区栽培的蔬菜主要集中在八大科，包括十字花科的萝卜、芜菁、白菜、甘蓝、芥菜，伞形科的芹菜、胡萝卜、小茴香、芫荽，茄科的番茄、茄子、辣椒，葫芦科的黄瓜、西葫芦、南瓜、笋瓜、冬瓜、丝瓜、瓠瓜、苦瓜、佛手瓜，豆科的菜豆、豇豆、豌豆、蚕豆、毛豆、扁豆、刀豆，百合科的韭菜、大葱、洋葱、大蒜、韭葱、金针菜、石刁柏、百合，菊科的莴苣、莴笋、茼蒿、牛蒡、菊芋，藜科的菠菜、甜菜。

　　当今中国平原果品类食材种植，已成为继粮食、蔬菜之后的第三大农业种植产业。以品种论，苹果、香蕉、柑橘、梨、葡萄仍是平原地区的主要种植品种，东北平原、华北平原主产梨、苹果、沙果、核桃、红枣、黑枣、柿、桃、板栗、葡萄。河北满城磨盘柿、宣化牛奶葡萄、赞皇金丝大枣、山西吕梁红枣均为区域特色产品。长江中下游平原、珠江三角洲平原水果种类繁多，主要有柑、橙、葡萄、西瓜、桃、猕猴桃、香蕉、菠萝、木瓜、龙眼、贡柑、荔枝、柚子、樱桃和枇杷。

　　平原菌类食材有蘑菇、黑木耳、银耳、香菇、金针菇、油菇、桦树菇、猴头菇等。东北平原野生菌质量极高，已经成为东北的特色商品，名气较大的有木耳、猴头菇、榛蘑、元蘑，其他可食用的菌类有松茸、榆黄蘑、鸡油蘑、羊肚菌、扫帚蘑及各种牛肝菌等上百种。华北地区多以人工大棚养殖菌类，河北平泉市是华北最大的食用菌生产基地。长江三角洲平原和珠江三角洲平原气候湿润，降水充沛，食用菌种类有金针菇、平菇、香菇、白玉菇、真姬菇、茶树菇、灵芝、草菇、毛木耳、南雄红菇、仁化竹荪、松乳菇、云芝等。

中国平原地区还有一种特殊的昆虫类食材，主要有蝉蛹、蚂蚱、竹虫、蝗虫、土笋、葛麻虫、蜂蛹、龙虱等。东北平原和华北平原的民众喜食蝗虫、蚕蛹、蝉和豆天蛾幼虫，长江中下游平原人们爱吃蚕蛹，珠江三角洲平原一带捕食龙虱。

平原矿物类食材以盐为主，有海盐、井盐、岩盐、池盐等。东北平原、华北平原和长江中下游平原，如辽东的复州湾、营口、金州、锦州和旅顺，以及山东、两淮等地，都有著名的海盐产地。

二、丘陵食材

丘陵为五大陆地基本地形之一，是指地球岩石圈表面形态起伏和缓，绝对高度在 500 米以内，相对高度不超过 200 米，由各种岩类组成的坡面组合体。

中国的丘陵主要有东南丘陵、江南丘陵、江淮丘陵、浙闽丘陵、两广丘陵、湘西丘陵、山东丘陵、辽东丘陵、川中丘陵、黄土丘陵等，总面积约 100 万平方千米。其中东南丘陵、辽东丘陵、山东丘陵面积较大，被称为三大丘陵。

丘陵一般分布在山地与平原或高原与平原的过渡地带。丘陵地区降水较充沛，适合各种经济树木和果树的栽培生长，适合养殖，对发展多种经济十分有利。长江以北的江淮丘陵地区盛产梨，黄河以北的黄土丘陵地区主产苹果，长江以南的丘陵主要种植水稻、红薯、玉米、大豆及林木和林下经济作物，如竹笋、菌菇等。

丘陵地区的食材主要有谷物类、畜类、禽类、蔬菜类、果品类、菌类、矿物类。

丘陵谷物类食材主要有水稻、玉米、高粱、谷子、马铃薯、甘薯、木薯及山药。东南丘陵气候温润，其间的山间盆地和河谷平原多辟为农田，水稻可一年三熟，是重要的水稻产区之一。辽东丘陵自然条件优越，农业发达，盛产玉米、水稻、高粱等作物。山东丘陵水资源相对较少，以生产玉米、高粱为主，其他如糜子、谷子、花生、小豆等杂粮，也有较大面积种植，近年来水稻产区也在不断扩大。

丘陵畜类食材主要有猪、牛、羊、驴等。丘陵山区植被丰富，利用林地、果园等进行种草生态养殖，既合理利用了林地、果园等自然资源，又能够解决养殖的污染问题，符合畜牧业可持续发展的要求。辽东丘陵畜类良种较多，其中驰名中外的有金州马、复州牛、新金猪、庄河绒山羊、大连奶山羊等。东南丘陵的华中两头乌猪、安徽定远猪、江淮水牛，山东丘陵的山地绵羊、青山羊、沂蒙黑猪等，都是驰名华夏的优质食材。

丘陵禽类食材主要有鸡、鸭、鹅。丘陵区域禽类养殖以放养模式为主，采取林下放养的较多。此举充分利用山地丘陵的优势，林牧结合，便于生态化养殖，因此成品肉质鲜美。辽东丘陵的庄河鸡，湘西丘陵的山地土鸡，山东丘陵的新泰花鸡、莱芜黑鸡、沂南肉鸭，东南丘陵的仙居鸡等，都是当地的优良品种。

丘陵蔬菜类食材丰富多样，主要种植品种有黄瓜、西红柿、芸豆、青椒、芹菜、韭菜、油菜、生菜、茼蒿、茄子、苦瓜、豆角、香菜、西葫芦等。丘陵地区主要以大众化蔬菜种植为主，有些地区还利用自己的地貌特长，开展特色品种蔬菜的种植。例如，辽东丘陵就种有刺五加、桔梗、东风菜、短果茴芹、龙牙楤木、蹄盖蕨等特色蔬菜，以及朝鲜落新妇、卵叶风毛菊、荚果蕨等珍稀驯化山野菜，极大地丰富了中餐的菜篮子。东南丘陵具备良好的气候条件，蔬菜作物生长条件较好，秋冬菜、夏季反季节菜、丘陵特色无公害菜种植基地发展速度较快。山东丘陵蔬菜种植业具有一定规模，是无公害蔬菜种植基地，也是保障中国北方蔬菜供应的主要区域之一。

丘陵果品类食材南北品种差异较大。辽东丘陵的秋白梨、冻秋子梨、孤山杏梅、榛子、板栗、大扁杏、朝阳山杏仁、软核杏为特色品种。山东丘陵作为中国温带果木的重要产地，以烟台苹果、莱阳梨等闻名全国，素有"水果之乡"的美誉。东南丘陵温度高，降水多，因地制宜广植柑橘、甘蔗、龙眼、菠萝、荔枝、芒果等水果树种，为中餐提供了优质的水果食材。

丘陵菌类食材资源品种丰富。东南丘陵整个区域森林覆盖率都比较高，是中国重要林特产品生产基地，主要出产鸡枞菌、芦菇、蛹虫草、竹荪等珍稀菌类。辽东丘陵温度、光热等自然条件优越，香菇、滑子菇、木耳平菇、白灵菇等菌类食材栽培广泛，还有榛蘑、黄蘑、冻蘑、羊肚菌等野生菌类。山东丘陵地区的林下食用菌种植已走向产业化发展，广泛种植木耳、蘑菇、山鸡菇、山菇等菌类食材。

三、山地食材

山地是指海拔在 500 米以上的高地，是陆地五大地貌之一。中国山地人口数量和耕地面积分别占全国的 1/3 与 2/5，山地粮食产量占全国的 1/3。

山地以山系状态存在，中国是多山之国，主要山系有天山—阿尔泰山系、帕米尔—昆仑—祁连山系、大兴安岭—阴山山系、燕山—太行山系、长白山系、喀喇昆仑—唐古拉山系、冈底斯—念青唐古拉山系、喜马拉雅山系、横断山系、巴颜喀拉山系、秦岭—大巴山系、乌蒙—武陵山系、东南沿海山系、台湾山系、海南山系。

比起平原、丘陵等地貌，山地的自然条件相对恶劣。海拔 3 500 米大致就是中国山地森林的上限；海拔 5 000 米是多数山地的雪线，积雪经年不化，一般的动植物很难生存。但是这不等于山地就不出产食材，各山脉高度不一，有七八千米的高山，也有两三千米高的中山，还有数百米至一千米左右的矮山。同是一座高山，从山顶到山脚，其高低落差也很明显。这种多样的自然条件反倒有利于人们打造别具特色的食材。总体来看，谷物类、畜类、禽类、蔬菜类、菌类、果品类食材，在山地中不仅全部具有，还都有自身的特色。

山地谷物类食材往往具有产量低、质量高的特点。除了谷子、玉米等耐旱、耐寒的谷物以外，祁连山区的湟水和大通河中下游谷地及北坡的山麓，普遍种有春麦、青稞，一年一熟；天山托木尔峰南坡地区的阿克苏大米已有数百年的种植历史，从清代就出产向朝廷进贡的贡米；隶属于台湾山系的台东县出产的关山米，透明度好，垩白面积小，富含维生素 B 和醣类等，蛋白质含量达 6%，也是有名的山地谷物食材。

山地畜类食材丰富。以大兴安岭为例，这里的林地有 730 万公顷，森林覆盖率高达 74.1%，在浩瀚的绿色海洋中繁衍生息着马鹿、驯鹿、驼鹿、梅花鹿、野猪、雪兔、狍子等寒温带野生动物，在漫长的年代中为国人提供了营养丰富的食材。伴随着环保意识的提高，多数野生动物已经退出了中餐食材的谱系，随之而来的是山地养殖潮的兴起，山地猪、山地牛、山地鹿的养殖，让中餐食材品种的丰富程度登上了一个新的台阶。在中国其他山区，海南山地的鹿产品买卖堪称红火；燕山山区的黄牛食材，一头牛的纯利润能达到几千元人民币；山羊的饲养，更是遍布中国广大山区。

山地禽类食材的主要养殖品种是鸡。山地养鸡和工厂化养鸡的最大不同点是更凸显鸡的原生性，山地鸡多为本地鸡种，散养，食用天然饲料，成长期长，肉质优异。山地鸡的代表品种有广西青脚麻鸡、成都麻鸡、台湾黑鸡、陕南乌鸡等。

山地蔬菜的种植是弱项，原因是其自然条件不大适合蔬菜生长。但是随着近年种植技术的发展，大白菜、莴笋、茄子、辣椒、四季豆等，都开始有了山地种植。其中许多是绿色蔬菜。

山地在果品食材种植方面颇有建树。山地土地贫瘠，用水不便，但是适于栽种果树，许多山地都有自己的品牌水果食材。天山地区号称瓜果之乡，历史上从西域传来的葡萄、胡麻、甜瓜、核桃、苜蓿等，均是通过这里传入中国的。托木尔峰南部的温宿县，仅果树种类就有十多种，苹果、核桃、葡萄、桃子、杏、梨、沙枣、樱桃、楸子、红枣等应有尽有。华北燕山山区则盛产板栗、核桃、梨、山楂、葡萄、苹果、沙果、杏等干鲜果，其中板栗、核桃、山楂驰名中外。

从广义的食物看，口服中草药也属于食物范畴，因为它们都是通过消化器官进入，都作用于人体健康，因此中草药也是山地食材中一个重要的组成部分。广西十万大山中肉桂叶、土茯苓、红杜仲、玉郎伞、白芷、砂仁、黄精、高山龙、川芎、大芦、土甘草，新疆天山托木尔峰南北坡的贝母、紫草、天仙子、黄精、荆芥、益母草、大黄、野蔷薇、党参、金莲花、雪莲、灵芝，东北大兴安岭地区的人参、黄芩、赤芍、苍术、柴胡、南沙参、黄芪、金莲花、玫瑰花、藜芦等，大多在中餐药膳食材中发挥着重要作用。

在山地植物性食材中，还有一种必须提及的饮品食材，这就是茶叶。黄山毛峰、武夷岩茶、庐山云雾茶、云南普洱茶、台湾冻顶茶，都是山地食材中的精品。

野山菌是一类无法人工培育、在自然界完全处于野生状态下的山地菌类食材。它们通常生长在人迹罕至的深山老林中，是真正意义上的原生态、纯天然食品。其中知名珍品有黑松露、羊肚菌、牛肝菌、松茸、鸡油菌、鸡枞菌、黑虎掌菌、松菇等。

四、盆地食材

盆地即盆状地形，主要特征是四周高、中部低，是五大基本陆地地形之一。塔里木盆地、准噶尔盆地、柴达木盆地和四川盆地被称为中国的四大盆地。

塔里木盆地是中国最大的内陆盆地，盆地中的塔克拉玛干沙漠也是中国最大的沙漠。准噶尔盆地呈三角形，其中多风蚀地形，沙漠面积较小。柴达木盆地在青藏高原上，海拔 2 600~3 100 米，是中国地势最高的盆地，东南多盐湖沼泽。四川盆地是中国著名的红土盆地，是中国各大盆地中形态最典型、纬度最南、海拔最低的盆地。

盆地多分布在多山的地表上，内部相对平缓，适合人类居住和食材生产；外部多为高山，适合山地食材的种养。盆地的食材种类，主要有谷物类、畜类、禽类、蔬菜类、果品类、菌类、矿物类等。

谷物类食材在不同盆地中的发展状况比较悬殊。四川盆地地处四川省中部，属亚热带季风气候，温暖湿润，四季分明，无霜期长，降水量充沛，日照较少，水力资源丰富，岷江、沱江等几十条河流自西北向东南流灌全境，河网密度大，覆盖面广。中间的平原土层深厚，土壤肥沃，为农作物的生长提供了良好的自然条件。四川盆地水稻种植广泛，其次是小麦和玉米。主粮之外，红薯、木薯、马铃薯、山药和芋头等根茎类食材也广泛种植于四川盆地。随着农业技术的推广和普及，过去不大种粮的塔里木盆地、准噶尔盆地、柴达木盆地，如今也种植了小麦、玉米、水稻等粮食作物及根茎类食材。

盆地畜类食材主要有猪、牛、羊等。其中四川盆地畜类食材以猪为主，牛次之；塔里木盆地、准噶尔盆地、柴达木盆地则以羊为主。四大盆地中，四川盆地得益于气候的原因，适宜养殖业发展，培育和引进了一批畜肉类优良品种，主要有成都成华猪、重庆黑猪、杜洛克种猪、长白种猪、大白种猪、二元母猪、成都麻羊、黄牛等。塔里木盆地、准噶尔盆地、柴达木盆地以绿洲农业生态养殖为主。准噶尔盆地的福海大尾羊（阿勒泰羊）、柴达木山羊以肉质鲜美、没有膻味驰名。塔里木盆地的沙雅县是世界最大的胡杨林覆地，由于气候适宜，成为当地农民养殖马、鹿的集散地。

盆地禽类食材主要有鸡、鸭等。四川盆地有山地乌骨鸡、石棉草科鸡、筠连白羽乌骨鸡、旧院黑鸡、藏鸡、峨眉黑鸡、四川麻鸭、青脚麻鸡等优良品种。塔里木盆地、柴达木盆地以引进养殖草原鸡、三黄鸡为主。

盆地蔬菜类食材的生产，同样差异较大。四川盆地蔬菜品种资源丰富，芥菜、萝卜、菜豆、豇豆、南瓜、辣椒、莴笋和芋头种植广泛。由于具有气候优势，在四川盆地，许多根菜类、叶菜类蔬菜均可露地越冬生产。准噶尔盆地南缘，被国内外誉为番茄的最佳产地。柴达木盆地以大棚蔬菜种植为主，品类有限，主要为茄果类。

盆地果品类食材受盆地气候的惠及，特色品种较多。塔里木盆地南部气候温暖，无霜期超过 200 天，瓜果资源丰富，著名的有库尔勒香梨、库车白杏、阿图什无花果、叶城石榴、和田红葡萄等。准噶尔盆地葡萄、甜瓜品种在全国独树一帜。四川盆地的水果品种多种多样，橘子、橙子、梨、枇杷、李子、柚子、芒果、雪梨、水蜜桃、樱桃均有出产。其中奉节脐橙、江津广柑、梁平柚、长寿沙田柚、巴南五布红柚、丰都三元红心柚等，是驰名全国的品牌食材。

菌类食材在各盆地间同样分布不均。四川盆地菌类较多，茶树菇、凤尾菇、猴头菇、杏鲍菇、羊肚菌、松露等菌类食材种植广泛，被誉为"中国菌乡"。塔里木盆地产有白柄马鞍菌、香覃等菌类食材。经过科研人员的努力，柴达木盆地的羊肚菌也已成功种植。

盆地矿物类食材主要是盐，其储量丰富，品种多样。柴达木盆地有中国最大的天然盐湖，其天然结晶盐以钾盐为主，晶大质纯，盐味醇香，是理想的食用盐。柴达木盆地的食盐不仅品质佳，储量也大，初步勘探结果为 600 多亿吨，占全国探明储量的一半以上。四川盆地井盐资源丰富，考古显示，先秦时期此地已开始制盐，传承至今。

五、高原食材

高原是指海拔高度在 500 米以上，地势相对平坦或者有一定起伏的广阔地区。高原是五大基本陆地地形之一。

中国有四大高原，集中分布在地势第一、第二阶梯上，分别是黄土高原、内蒙古高原、青藏高原、云贵高原。其中青藏高原地势高，平均海拔在 4 000 米以上，多雪山、冰川。内蒙古高原是蒙古高原的一部分，海拔 1 000~1 400 米。黄土高原是世界著名的大面积黄土覆盖的高原，由西北向东南倾斜，海拔 800~2 500 米，沟壑纵横，植被少、水土流失严重均为世界所罕见。云贵高原地形崎岖不平，海拔 1 000~2 000 米，多峡谷及典型的喀斯特地貌。

高原独特的冷凉性气候，高寒、低温、强紫外线的环境，打造出高原食材产品天然、绿色、生长期长的特色。由于各个高原的高度、位置、成因、气候和受外力侵蚀作用不同，高原的地貌特征各异，土壤类型丰富，生长的食材也多种多样。高原食材主要有谷物类、畜类、禽类、蔬菜类、水果类、菌类、昆虫类、矿物类等。

高原谷物类食材主要有莜麦、青稞、藜麦、玉米、高粱、小米、小麦等。高海拔地区自然条件特殊，昼夜温差大，氧气含量低，只有生命力强悍的谷物才能正常生长。青稞是居住于青藏高原人民的"生命之粮"，至今已有 3 500 年的种植历史。内蒙古的莜麦、小麦、玉米种植广泛，在谷物品种选择上发挥农牧结合优势，在保障粮食供给的基础上还能保障家畜的饲草料供给。黄土高原冬寒夏暖，四季分明，独特的气候条件促成小麦、玉米、谷子、高粱、燕麦、荞麦等广泛种植，各类小杂粮丰富。云贵高原海拔高，大部分地区热量不足，热月平均温度低，无绝对无霜期，谷物难以成熟，主要以种植耐寒的青稞为主。

高原畜类食材主要有牛、羊、猪等。高原地区相对于其他地貌区具有高海拔地区特有的气候环境，严格的环境条件反倒选择孕育出一批适合生存的优质畜类食材。青藏高原的畜类食材有牦牛、黄羊、藏猪等；内蒙古高原的优质畜类食材有苏尼特羊、乌珠穆沁羊、敖汉细毛羊、科尔沁牛、通辽肥牛等；黄土高原的优质畜类食材有平凉红牛、固原黄牛、滩羊、八眉猪、马身猪等；云贵高原的优质畜类食材有滇南小耳猪、撒坝猪、乌金猪、迪庆藏猪、保山猪、独龙牛、腾冲槟榔江水牛、邓川牛、文山牛、龙陵黄山羊、圭山山羊、云岭山羊等。

高原禽类食材主要为鸡。高原海拔高，温差大，环境因素导致禽类养殖成本高，原生地方品种反倒容易成活。高原特色鸡种有青藏高原的藏鸡，云贵高原的茶花鸡、瓢鸡、大围山微型鸡、武定鸡、西双版纳斗鸡、尼西鸡、云龙矮脚鸡、盐津乌骨鸡、独龙鸡、兰坪绒毛鸡，黄土高原的静原鸡、边鸡、略阳鸡、正阳三黄鸡，内蒙古高原的边鸡等。

高原蔬菜类食材受垂直气候影响明显，高原白天气温高，光合速率快，夜间气温较低，呼吸消耗少，瓜果、蔬菜含糖量高。天然凉棚式的高原地貌，让蔬菜病虫害较少，蔬菜在生产中很少使用或不使用农药，绿色健康。高原蔬菜类食材的品种主要有根茎类的萝卜、胡萝卜、土豆，叶菜类的大白菜、小白菜、芹菜，茎菜类的莴笋，果菜类的黄瓜、番茄、辣椒、茄子、西葫芦、豇豆等。

高原水果类食材也深受地貌影响。高原早春气温回升快，物候期早，昼夜温差大，有利于果实花青素的形成、糖分的积累和酯类物质的转化，果实转色快、着色好，成熟早且品质好。品种主要有柑橘、猕猴桃、苹果、梨、桃子、杏等。青藏高原的特产品种有贵德长把梨、乐都软梨、民和冬果梨、金川雪梨、巴塘苹果和米林苹果等；云贵高原有黄松咩、多衣、达良果、坨盘、野葡萄、西番莲；内蒙古高原有野山楂、山荆子、秋子梨、蔷薇果；黄土高原有洛川苹果、祁县酥梨。

高原菌类食材品种丰富。冷凉型气候非常适宜松茸、白菌、獐子菌、香菇、赤松茸、双孢蘑菇、金针菇、滑子菇、海鲜菇、羊肚菌、白灵菇、姬菇、黑木耳等中低温型食用菌的生长。在青藏高原、云贵高原，对于珍稀菌菇类食材大多采用野生采集方式获取，也有一部分采用人工菌植的方式生产。

高原昆虫类食材主要有蝗虫、竹虫、水蜻蜓、蚂蚱、蚕蛹、蜈蚣、蜂蛹等。昆虫蛋白质含量高、蛋白纤维少、营养成分易被人体吸收，是一种良好的动物蛋白质来源。在云贵高原一些地区还设有"吃虫节"。每年农历六月初二，是仡佬族的吃虫节；哈尼族的吃虫节也称"捉蚂蚱节"，该节日不仅增加了食材品种，还驱除了稻田虫害。

高原矿物类食材主要有湖盐。高原深处，湖水洁净，有机干扰物含量极低，所产湖盐天然纯净，对人体有益的微量元素丰富。青海高原湖盐素有"大青盐"的美誉。内蒙古高原有着非常多的盐湖，产量较大的盐湖主要有三个，分别是：锡林郭勒的额吉淖尔盐湖、阿拉善盟的吉兰泰盐湖和雅布赖盐湖。黄土高原的山西运城解池和陕西定边盐湖，都曾为中华文明的形成提供了重要的物质保障。

六、河湖食材

河流是陆地表面线状水流，湖泊是陆地表面面状水域。中国河流、湖泊众多，这些河流、湖泊不仅是中国地理环境的重要组成部分，而且蕴藏着丰富的动植物资源。

中国的淡水资源总量为2.8万亿立方米，占全球水资源总量的6%，仅次于巴西、俄罗斯和加拿大，名列世界第四位[①]。其中流域面积超过1 000平方千米的河流就有1 500多条，面积在1平方千米以上的天然湖泊就有2 800多个。按照河流径流的循环形式，有注入海洋的外流河，也有与海洋不相沟通的内流河。湖泊数量虽然很多，但在地区分布上很不均匀。总的来说，东部地区，特别是长江中下游地区，分布着中国最大的淡水湖群；西部以青藏高原湖泊较为集中，多为内陆咸水湖。不同河流、湖库生物区系和物种多样性有明显差别，一般环境优越、发育历史悠久的大河、大湖中生物资源极为丰富，鱼类种类、挺水植物、浮叶植物、沉水植物、底栖动物种类繁多。

表2-2为中国主要河流的数据。

---

① 施小明. 中国饮用水安全：现状与展望［J］. 中国疾病预防控制中心周报. 2020.

表 2-2　中国主要河流简表①

河流名称	长度/千米	流域面积/平方千米	年平均流量/立方米・秒$^{-1}$
外流河			
太平洋水系			
黑龙江	4 444	1 855 000	10 800
松花江	2 309	556 800	2 330
嫩　江	1 490	280 000	824
乌苏里江	905.1	87 000	2 000
绥芬河	258	10 059	41.5
图们江	490.4	22 800	268
鸭绿江	816	64 471	922
辽　河	1 390	219 000	400
滦　河	833	47 000	152
海　河	1 050	318 200	717
黄　河	5 464	795 000	1 774.5
洮　河	673	25 500	168
大黑河	235.9	17 600	13.6
汾　河	716	39 000	8.91
渭　河	818	134 800	200
沂　河	574	17 325	111.3
淮　河	1 000	187 000	1 972.3
长　江	6 363	1 800 000	30 441
雅砻江	1 637	128 444	1 914
大渡河	1 062	77 700	1 490
岷　江	735	133 500	2 850
嘉陵江	1 119	159 710	2 165
乌　江	1 037	87 920	1 650
澧　水	388	18 496	553
沅　江	1 033	89 163	2 158
资　水	653	28 100	797
湘　江	817	92 300	2 261
汉　水	1 532	174 000	1 792
赣　江	751	81 600	2 054
钱塘江	484	42 000	1 281
瓯　江	338	17 900	615
闽　江	559	60 992	1 980
九龙江	258	14 741	446
韩　江	470	34 314	942
浊水溪	186	3 155	165
下淡水溪	159	3 257	228

①　中华人民共和国年鉴．河流和湖泊．北京：新华出版社，2022.

续表

河流名称	长度/千米	流域面积/平方千米	年平均流量/立方米·秒$^{-1}$
外流河			
太平洋水系			
珠　江	2 214	453 700	10 654
柳　江	773.3	57 173	1 865
郁　江	1 152	79 207	1 700
桂　江	438	18 790	569
北　江	468	38 362	1 260
东　江	523	2 532	5 700
鉴　江	233.8	9 445	270
南渡河	97	1 444	180
元江—红河	677	74 000	1 534
澜沧江	2 130	165 000	2 354
印度洋水系			
怒　江	1 540	137 800	2 229
雅鲁藏布江	2 229	239 200	5 224
北冰洋水系			
额尔齐斯河	633	57 000	377.35
内流河			
乌伦古河	821	43 000	33.93
伊犁河	442	56 700	371
玛纳斯河	324	19 800	40.27
阿克苏河	449	31 000	195
塔里木河	2 421	435 500	1 290.6
喀什噶尔河	507	81 800	61.9
叶尔羌河	1 037	50 763	235.5
和田河	1 090	48 870	35.6
车尔臣河	813	24 692	22.67
格尔木河	468	17 860	2.42
疏勒河	550	39 000	31.5
黑　河	821	142 900	18.07

　　中国境内河流非常丰富，大多起源于高原，自西向东流。众多河流中比较知名的有长江、黄河、黑龙江、海河、淮河、珠江、雅鲁藏布江、澜沧江、怒江、辽河等。河流中的鱼类食材种类繁多，有鲤鱼、鲫鱼、鲇鱼、黄颡鱼、赤眼鳟、红鲌鱼、鲂鱼、乌鳢、鳜鱼等，河流植物主要各类挺水植物、浮游藻类等。

　　中国湖泊众多，按面积排前十位的湖泊是青海湖、鄱阳湖、洞庭湖、太湖、色林错、呼伦湖、洪泽湖、纳木错、南四湖、博斯腾湖。

　　与河流相比，湖泊流动性较差，含氧量相对较低，生态系统由水陆交错带与敞水区生物群落所组成。湖泊里面植物有很多种，大多是水生植物，常见的有睡菜、泽泻、沼芋、蛙食草、水芋、水葫芦、睡莲、荷花、萍蓬草、水芙蓉、宽叶慈菇、布袋莲、鸭舌草、野慈菇等，可食动物主要是鱼、虾、贝类等。

长江。长江是中国的第一长河，流域河川如网，湖泊众多，鱼类的品种、产量均居全国首位，占全国产量的 60% 以上。现有水面约 1.3 亿亩，接近全国淡水总面积的 1/2，其中可供养殖的面积约 5 000 万亩。长江水系有鱼类 400 余种，其中纯淡水鱼 350 种左右，占全国淡水鱼种类总数的 24%，其中鲤形目和鲈形目占半数以上。长江金沙江段鱼类有裂腹鱼等；川江有 190 余种鱼类，主要经济鱼类有 60 多种，如鲤鱼和铜鱼；长江中下游水域盛产四大家鱼（鲢鱼、草鱼、青鱼和鳙鱼）及鲤鱼、鳡鱼、鲌鱼、鳊鱼、鲂鱼、赤眼鳟、长吻鮠、鲇鱼、鳜鱼等。近些年，长江鱼类以淡水人工养殖为主，天然捕捞量不高。

黄河。黄河是中国的第二大河流，干流有鱼类 120 余种，干流中纯淡水鱼类有 98 种。上游鱼类有鲤、鳅两科的裂腹鱼、雅罗鱼、条鳅等，中下游主要种类有鲤鱼、鲫鱼、赤眼鳟、东北雅罗鱼、鲇鱼、刺鮈、黄河鮈、平鳍鳅鮀、多鳞铲颌鱼等，特有鱼类有北方铜鱼、裂腹鱼等，黄河鲤鱼被视为中国的一种珍肴，历来为人们所称道。

黑龙江。黑龙江是中国最北的一条大河，在中国境内和国界上的流程为 2 965 千米。主要支流有松花江、乌苏里江和呼玛河等，主要湖泊、水库有呼伦池、松花湖、兴凯湖、镜泊湖和五大连池等。有鱼类约 100 种，主要种类为青鱼、草鱼、鲢鱼、鲤鱼、鲫鱼、翘嘴鲌、青梢红鲌、鲂鱼、鳡鱼、鳜鱼；冷水性鱼类较多，包括七鳃鳗、哲罗鱼、细鳞鱼、白鲑、狗鱼、江鳕，以及特有种类施氏鲟、鳇、银鲫，还有著名的洄游性鱼类大马哈鱼。

珠江。珠江流域由西江、北江、东江和珠江三角洲河网组成。以西江为主干流，全长 2 214 千米。西江上源分为源于云南的南盘江和源于贵州的北盘江，北江源于江西信丰县的西溪湾，东江源于江西寻邬县的大竹岭。珠江有鱼类食材 300 余种，主要鱼类有广东鲂、鳊鱼、鲥鱼、中华海鲇、鲮鱼、梅童鱼等，经济鱼类有鲤鱼、鲫鱼、鲢鱼、鳙鱼、草鱼、鲮鱼、鳊鱼、鲂鱼、赤眼鳟、卷口鱼、倒刺鲃等，特有鱼类有须鲫、似鳡、叶结鱼、斑鳠和赤魟。

辽河。辽河位于中国东北地区的南部，流经河北、内蒙古、吉林和辽宁，注入渤海，全长 1 370 千米，上游为东、西辽河两大支流。辽河有鱼类 90 余种，其中既有七鳃鳗和杂色杜父鱼这类冷水性鱼类，也有南方常见的黄鳝、沙塘鳢和刺鳅。主要经济鱼类有鲤鱼、鲫鱼、雅罗鱼、鲇鱼、白鱼、草鱼，常见鱼类有黄颡鱼、鲌属、鳊鱼、鲂鱼、赤眼鳟、马口鱼、乌鳢、鳙鱼、鲈鱼、银鱼、鲮鱼等。

海河。海河是华北境内的大河，发源于河南省北部，全长 1 050 千米。主要支流有白河、永定河、大清河等，最大的附属水体是白洋淀，面积为 366 平方千米，另有已建水库 1 000 余座。鱼类约 100 种，重要经济鱼类有鲤鱼、鲫鱼、鲇鱼、黄颡鱼、赤眼鳟、鲌鱼、鲂鱼、乌鳢、鳜鱼等。

淮河。淮河发源于桐柏山，流经河南、安徽两省，在江苏注入洪泽湖，最后由三河通过高宝湖进入长江，全长 1 000 千米，淮河水系的湖泊很多，主要有洪泽湖、高宝湖等。水库有佛子岭水库、梅山水库等。鱼类有 80 余种，主要有鲤鱼、鳜鱼、鲫鱼、鲢鱼、鳊鱼、鲂鱼、鳡鱼、鲶鱼、鲦鱼、鳝鱼、鳅鱼、黄颡鱼、江黄颡、鳙鱼、淮王鱼等。

雅鲁藏布江。雅鲁藏布江是中国西藏的一条大河，全长 2 229 千米。鱼类结构简单，主要有三大族群：裂腹鱼、高原鳅、鮡鱼。上中游和下游的鱼类区系有着明显的不同，上中游有 17 种鱼类，下游有 16 种鱼类，上下游共有的种类仅 1 种。

澜沧江。澜沧江发源于青海南部，经西藏东部和云南西北部，在云南西双版纳傣族自治州流出国境。澜沧江全长 2 130 千米，有各种高原鱼类栖息在沿江水系之中，除了高原特有的湟鱼、黑鱼、大嘴鱼（花鱼）之外，也有小鳞红尾鲤鱼，还有极具商业价值的鱼类，分别是倒刺鱼、淡水鲨、黄貂鱼、面瓜鱼、红尾巴鱼等。

怒江。怒江是中国西南地区一条重要的河流，地处青藏高原东南缘和横断山脉纵谷地带，地形和气候复杂，水资源丰富，物种分化强烈。怒江流域有特有鱼类 18 种，包括国家二级保护鱼类后背鲈鲤、长丝黑鮡等，重点保护鱼类 7 种，分别是贡山裂腹鱼、贡山鮡、短体拟鳋、缺须盆唇鱼、云纹鳗鲡、怒江裂腹鱼、半刺结鱼。其他保护鱼类 8 种，分别是角鱼、巨鮡、扁头鮡、短鳍鮡、长丝黑鮡、黄斑褶鮡、突吻沙鳅、怒江间吸鳅。

青海湖。青海湖是中国目前最大的湖泊，为高原咸水湖。湖面海拔 3 193 米，面积 4 340 平方千米，湖水平均深约 21 米，最大水深 32.8 米。青海湖是个高原湖泊，水温较低，水质营养物质少，所以鱼的种类不多，只有 5~6 种，最著名的就是青海湖裸鲤，又称湟鱼，是青海湖里最多的鱼类，此外还有高原鳅，如硬刺高原鳅、隆头高原鳅、梭形高原鳅等。

鄱阳湖。鄱阳湖位于江西省北部、长江南岸，是中国第一大淡水湖，也是中国第二大湖。面积为 2 933 平方千米的鄱阳湖自古便是富饶的淡水鱼库，湖区共有 140 种鱼类，将近占长江水系中鱼类品种数的一半，占江西省鱼类品种数的 68.29%，主要有鲤鱼、鳊鱼、鲂鱼、鲩鱼、鲢鱼等。其中中华鲟、白鲟是国家一级保护动物，鳓鱼是已被列入中国濒危动物红皮书中的保护鱼类。水生植物有水葫芦、大藻、水芹菜、李氏禾、浮萍、水蕹菜、豆瓣菜、马蹄莲、慈姑、荸荠、芋、泽泻、菱角、芡实等。

洞庭湖。洞庭湖地处长江中游荆江南岸，地跨湘、鄂两省，面积为 2 432 平方千米。湖中盛产鲤鱼、鲫鱼、鳙鱼、鲢鱼、鳊鱼、鳜鱼、银鱼、凤尾鱼和虾、蟹、龟、鳖、鳝、鳗、鳅、蚌等百余种水产，还生长着珍稀的白鳍豚。洞庭湖中最大的鱼类是鲟鱼，重达二三百千克；最小又最名贵的是银鱼。洞庭湖的"湖中湖"莲湖，盛产驰名中外的湘莲，颗粒饱满，肉质鲜嫩，历代被视为莲中之珍。

太湖。太湖位于江苏省南部，北临江苏无锡，南濒浙江湖州，西依江苏宜兴，东近江苏苏州。太湖湖泊面积为 2 425 平方千米，湖中主要有鲤鱼、鲫鱼、鳊鱼、鲂鱼、鲌鱼、鲚鱼、银鱼、鳗鱼、鳓鱼、东方鲀、草鱼、青鱼、鲢鱼和鳙鱼等鱼类。水生植物有睡莲、菱角、芡实、莲藕等。

南四湖。南四湖位于山东省南部微山县，是微山湖、昭阳湖、独山湖、南阳湖这 4 个相连湖泊的总称，由于微山湖面积比其他三湖要大，习惯上统称微山湖，全湖面积为 1 097.6 平方千米。南四湖有鱼类 78 种，虾、贝、鳖等 20 余种，主要有翘嘴红鲌、鲢鱼、鳙鱼、草鱼、鲂鱼、鳜鱼和河蟹等，水生经济植物 74 种，主要有莲藕、芡实、菱角等。

呼伦湖。呼伦湖位于内蒙古自治区呼伦贝尔草原西部的新巴尔虎右旗、新巴尔虎左旗和扎赉诺尔区之间，呈不规则斜长方形，长轴为西南至东北方向，面积为2 339平方千米，平均水深为5.7米，蓄水量为138.5亿立方米。呼伦湖是内蒙古第一大湖，水生动植物资源丰富，有多种藻类、芦苇和浮萍。底栖动物有杜氏蚌和淡水螺等，湖中盛产鲤鱼、鲫鱼、白鲢、鲶鱼等30多种鱼类和白虾。

洪泽湖。洪泽湖位于江苏省西部淮河下游，苏北平原中部西侧，淮安、宿迁两市境内。湖水面积约2 069平方千米，是江苏省第二大淡水湖。水生资源丰富，湖内有鱼类近百种，以鲤鱼、鲫鱼、鳙鱼、青鱼、草鱼、鲢鱼等为主。水生植物主要有莲藕、芡实、菱角等。

博斯腾湖。博斯腾湖位于新疆，是中国最大的内陆淡水吞吐湖，水域面积为1 646平方千米。湖中鱼类组成比较简单，只有几种鱼类，以扁吻鱼（大头鱼）和塔里木裂腹鱼（尖嘴鱼）为主。通过多次引种，目前经济鱼类有草鱼、青鱼、鳞鱼、团头鲂、三鱼鲂、黄尾密鲴、细鳞斜颌鲴、鳜鱼、鲤鱼、鲫鱼、赤鲈等。

纳木错。纳木错位于西藏中部，是西藏第二大湖泊，也是中国第三大咸水湖。湖面海拔4 718米，形状近似长方形，东西长70多千米，南北宽30多千米，面积约为1 961.5平方千米。湖中产细鳞鱼和无鳞鱼，以及鲤科的裂腹鱼和鳅科的条鳅。

除了出产水生动植物以外，陕西、山西、甘肃、青海、新疆、内蒙古、黑龙江等地的很多咸水湖还盛产池盐（湖盐），其中最大的是柴达木盆地的察尔汗盐池。青海的茶卡盐池、甘肃的吉兰泰盐池、山西的解池也都是著名的池盐产地。

七、海洋食材

海洋是地球上最广阔的水体的总称。地球表面被各大陆地分隔为彼此相通的广大水域称为海洋，海洋的中心部分称作洋，边缘部分称作海，彼此沟通组成统一的水体。中国海岸线绵延曲折，大陆岸线长约1.8万千米，岛屿岸线长约1.4万千米，内海和边海的水域面积约470万平方千米。

中国位于亚洲大陆的东部，面向太平洋。毗邻中国大陆边缘的渤海、黄海、东海、南海互相连成一片，跨温带、亚热带和热带，自北向南呈弧状分布，是北太平洋西部的边缘海。以上四海域因紧邻中国大陆，属于中国的近海，是中国的四大海域。根据《联合国海洋法公约》的规定，中国主张管辖的海域面积约为300万平方千米，这其中包括了内海、领海、毗连区、专属经济区和大陆架。

中国近海包括渤海、黄海、东海和南海。其中渤海是中国最北端的海域，被山东半岛、辽东半岛和华北平原环绕，仅东部以渤海海峡与黄海相通，是一个半封闭的大陆架浅海，海水平均深度约18米，面积约7.7万平方千米。黄海位于中国大陆与朝鲜半岛之间，北在鸭绿江口，南以长江口北角到韩国济州岛的西南角连线与东海分隔，西北以辽东半岛南端的老铁山角到山东半岛北岸的蓬莱角连线与渤海分隔，为一半封闭的浅海，海水平均深度约44米，面积约38万平方千米。东海位于中国大陆与台湾岛及日本九州岛和琉球群岛之间，北与黄海相连，南以广东省南澳岛到台湾岛南端连线与南海分隔，是一个比较开阔的边缘海，海水平均深度约370米，面积约 77 万平方千米。南海位于中国南部,南接大巽他群岛的加里曼丹岛,东邻菲律宾群岛,西面是中南半岛和马来半岛。南海海域辽阔,海水平均深度约 1 212 米,最深达到 5 559 米,面积约 350 万平方千米。

中国四大海域的食材主要有鱼类、浮游生物、底栖动物类等。据统计,近海渔场面积约为 146 万平方千米,共有鱼类约 1 700 种(南海近 1 000 种,东海 440 多种,黄海、渤海 250 种),其中经济鱼类约 300 种,高产鱼类近 80 种。现已开发的渔场共有 64 个,其中较大的有 21 个。从南至北点数,南海多暖水性鱼类,如鲐鲹、金枪鱼、鲣鱼和海龟;东海、黄海多温水性鱼类,如带鱼、大黄鱼、小黄鱼和鲳鱼等;渤海有丰富的冷水性鱼类,如太平洋鲱鱼、高眼鲽、牙鲆、鲽鱼、对虾和毛虾等。此外,中国沿海还有牡蛎、蛏子、蚶蛤、扇贝、鲍鱼等贝类资源,黄海、东海近岸有海带、紫菜等藻类养殖。

渤海。渤海的一大特点是每年有黄河水流入,水质肥沃,营养盐含量高,饵料生物十分丰富,是多种鱼、虾、蟹、贝类繁殖、成长的良好栖息场所。渤海浮游植物年生产量 1.4 亿吨,鱼类年生产量 49 万吨,原有经济鱼类约 300 种,近年由于生态污染和过度捕捞等原因,经济鱼类显著减少。主要经济鱼类有小黄鱼、带鱼、鲐鱼、鲅鱼、黄姑鱼、鳓鱼、太平洋鲱鱼、鲳鱼、鳕鱼等。此外,还有金乌贼、枪乌贼等头足类。浮游生物多为广温性低盐种,主要有中国毛虾、太平洋磷虾和海蜇等。底栖动物资源十分丰富,可供食用的贝类资源主要有牡蛎、贻贝、蚶、蛤、扇贝和鲍等,虾、蟹资源有中国对虾、鹰爪虾、新对虾、褐虾和三疣梭子蟹。棘皮动物刺参的产量也较大。

黄海。黄海生物区系属于北太平洋区东亚亚区,为暖温带性,其中以温带种占优势,但也有一定数量的暖水种。海洋游泳动物中鱼类占主要地位,共约 300 种,主要经济鱼类有小黄鱼、带鱼、鲐鱼、鲅鱼、黄姑鱼、鳓鱼、太平洋鲱鱼、鲳鱼、鳕鱼等。由于黄海海底主要以软泥为主,所以鲛鳒鱼、鲽鱼、鳗鱼等底层鱼类资源颇为丰富,而大黄花鱼、带鱼、鲅鱼等洄游性鱼类也很出名。以北纬 35°30′ 为界,黄海分为两片区域,北部的虾、贝种类较多,南部则鱼类丰富。从烟台到青岛的黄海北部海域,海底地形起伏曲折,因而洋流复杂多变,暗流较多,大规模鱼群较少,但虾、蟹、螺、贝等海鲜繁多,像著名的"虾中之王"对虾、毛蚶的"升级版"魁蚶、有"海蛎子"之称的牡蛎,都以这里出产的为上品。黄海北部还盛产面条鱼、黄鲫鱼、竹荚鱼等中小型鱼类。青岛以南的黄海南部海域的海底地势平坦,又有黄海暖流和沿岸流两股洋流常年在此盘旋,使这里形成了天然的优良渔场,也是大黄花鱼、带鱼、鲱鱼、鲐鱼等洄游性鱼类每年北上产卵的必经之路。此外,鳗鱼、黄姑鱼、鲽鱼等鱼类,都是这里的明星鱼种。

东海。东海海底平坦,水质优良,又有多种水团交汇,为各种鱼类提供了良好的繁殖场所。东海有鱼类约 700 种、虾类 100 多种、蟹类 130 多种及近 200 种贝类,并以大黄鱼、小黄鱼、带鱼和墨鱼为主要渔产。丰富素饵和优良越冬条件,使得东海自古就是中国最主要的良好渔场,东海海鲜产量比黄海和渤海大,喜冷或者喜温的鱼、虾、贝类都可以在东海存活,因此盛产大黄鱼、小黄鱼、带鱼、墨鱼、沙丁鱼、鲥鱼、黄鲫、凤鲚、龙头鱼、马面鲀、褐毛鲿、东海带鱼、大花黄鱼、三疣梭子蟹等，其中东海带鱼被公认为最佳。热带水域的带鱼，由于水温高，生长速度快，导致肉质松垮，而东海带鱼是冷水带鱼，长得慢但肉厚紧致。东海的经济虾类有 40 余种，其中著名的有中华管鞭虾、凹管鞭虾、明对虾、鹰爪虾等。贝类有金星宝螺、平濑宝螺、黄贝、七彩贝、赤贝等。

南海。南海有海洋鱼类 1 500 多种，大多数种类在南沙群岛海域都有分布，其中很多具有极高的经济价值。主要有马鲛鱼、石斑鱼、红鱼、鲣鱼、带鱼、宝刀鱼、海鳗、沙丁鱼、大黄鱼、燕鳐鱼、乌鲳鱼、银鲳鱼、金枪鱼、鲨鱼等。其中马鲛鱼、石斑鱼、金枪鱼、乌鲳鱼和银鲳鱼产量很高，是远海捕捞的主要品种。南海有珠江口、北部湾、西沙群岛、南沙群岛四大渔场，其中珠江口渔场盛产蓝圆鲹、金色小沙丁鱼、鲐鱼、圆腹鲱等。北部湾北部渔场盛产长鳍银鲈、蛇鲻、红鳍笛鲷、断斑石鲈、鲹鱼和海鳗等。西沙群岛渔场盛产海鳝科、笛鲷科、金眼鲷科和鲹科、鲭科、旗鱼科、飞鱼科等鱼种，其中产量较高的有刺鲅、鲔鱼、金枪鱼等十几种。南沙群岛渔场水产资源丰富，鱼类有褐梅鲷、金枪鱼等；贝类有乌蹄螺、砗磲；爬行动物有海龟、玳瑁；棘皮动物中有梅花参、二斑参、黑尼参、蛇月参、黑狗参等。

思考题

1. 为什么说地貌决定食材？
2. 中国的平原食材有哪些特色？
3. 中国的丘陵食材有哪些特色？
4. 中国的山地食材有哪些特色？
5. 中国的盆地食材有哪些特色？
6. 中国的高原食材有哪些特色？
7. 中国的河湖食材有哪些特色？
8. 中国的海洋食材有哪些特色？

第三节　中餐食材体系

中餐食材是一个庞大的体系，其中常用食材就有 2 000 余种，加上各地方的特有食材及加工食材，其数量更可翻上几倍。面对这样一个庞大的体系，必须建立一个科学的分类方法，方能梳理清晰。

一、食材分类

食材是餐饮产品的基础。不同餐系、不同行业、不同部门，都有站在不同角度上的食材分类。这些分类方法五花八门，主要的有 7 种：按食材的原生性角度分类，按食材的商品性质分类，按食材的加工状况分类，按食材的烹饪运用分类，按食材的产业来源分类，按食材的化学介入分类，按食材的生物属性分类（见图2-1）。

图2-1　食材分类体系

按食材原生性角度分类。即从食材的原生性角度，把食材分为天然食材和人造食材两类。天然食材又可分为野生食材、驯化食材。其中的野生食材可分为原生野生食材、污生野生食材、珍稀野生食材，驯化食材可分为无化学污染的驯化食材、有化学污染的驯化食材。人造食材可以分为化学合成食材、细胞繁殖食材。食材的原生性分类的实质是食材的健康性分类，是一种新的食材分类法（见图2-2）。

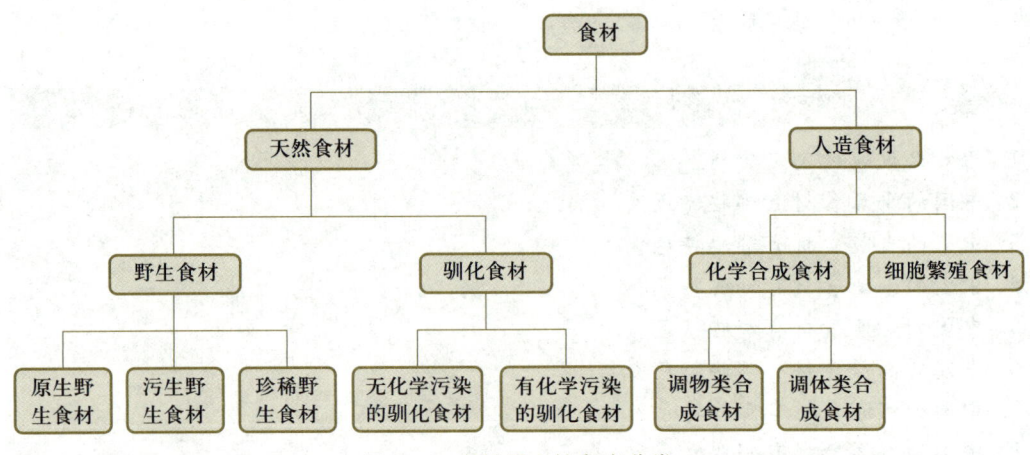

图2-2　食材原生性角度分类

按食材商品性质分类。即依据食材的商品归属，将其分为粮食食材、蔬菜食材、果品食材、肉禽食材、水产食材等类别（见图2-3）。其中粮食食材如大米、面粉、大豆、杂粮，蔬菜食材如萝卜、黄瓜、白菜、蘑菇，果品食材如苹果、菠萝、木瓜及诸多干果、蜜饯，肉类食材如各种畜肉、禽肉、蛋、奶及加工制品，水产食材如各种鱼、虾、蟹、贝及水生植物食材。

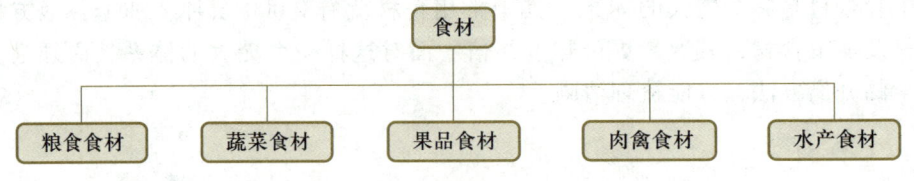

图2-3　食材商品性质分类

按食材加工状况分类。即依据食材的加工状况，将食材分为鲜活食材、干货食材、制品食材等类别（见图2-4）。其中鲜活食材包括新鲜蔬菜、水果、水产、鲜肉、活体家禽等，干货食材包括干果、干制蔬菜、干制食用菌、干制水产等，制品食材包括皮蛋、香肠、糖桂花、五香粉等。

　　按食材烹饪运用分类。即依据食材的烹饪运用需求，将食材分为主配料、调味料、辅助料等类别（见图2-5）。其中主配料包括在成菜过程中使用的主要食材和配用食材，它们是构成菜品的主体；调味料包括在制作和食用过程中用来调配菜点口味的食材，包括各种咸味、甜味、酸味、苦味、辣味、鲜味的赋味食材，以及众多的复合调味食材；辅助料是指在菜肴制作过程中帮助其成熟、成型、着色的食材原料，如各种食用油和水等。

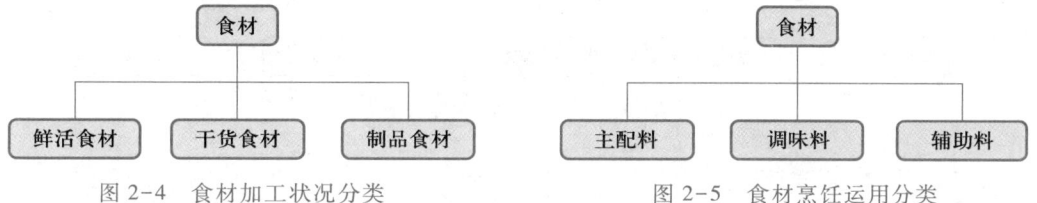

图 2-4　食材加工状况分类　　　　　图 2-5　食材烹饪运用分类

　　按食材产业来源分类。即依据食材的原料产业来源，将食材分为农产食材、畜产食材、水产食材、林产食材、其他食材等类别（见图2-6）。其中农产食材即种植业生产的食材，包括种植的谷物、豆薯和蔬菜；畜产食材即养殖业生产的食材，包括猪、牛、羊等人工饲养的家畜，也包括鸡、鸭、鹅等禽类食材，还包括蛋、奶食材；水产食材包括捕捞和养殖的水生动植物；林产食材包括林产水果、干果及一些菌藻食材；其他食材是不属于上述行业生产的食材。

图 2-6　食材产业来源分类

　　按食材化学介入分类。即依据食材的化学介入属性，将食材分为多化、中化、少化、无化四类（见图2-7）。其中多化食材是指工业种植、养殖产品，即在种养过程中施用大量的化肥、农药、激素的食材；中化食材是指在种养过程中虽有化学添加物介入，但不过度不形成残留的食材；少化食材是指一般不施加化学添加物的绿色种养食材；无化食材是指从种子到收割全过程拒绝化学添加的有机种养食材。按食材的化学介入分类，也是一种新兴的食材分类。

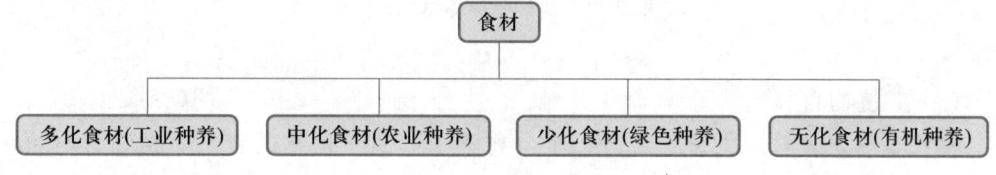

图 2-7　食材化学介入分类

　　按食材生物属性分类。即依据食材的自然生物属性，将食材分为植物食材、动物食材、菌藻食材、矿物食材和人造食材 5 个类别。这是一种最接近当代科学的分类，也是本书食材体系的第一层级。

按食材的生物属性分类，并不是一个新构建的分类方法，但是在传统的食材生物属性分类法中，只有动物、植物、菌藻、矿物四类食材，没有人造食材这一类别。本书根据近年的食材发展情况，新加了人造食材这一类别，让传统的生物食材由四分类变成了五分类。

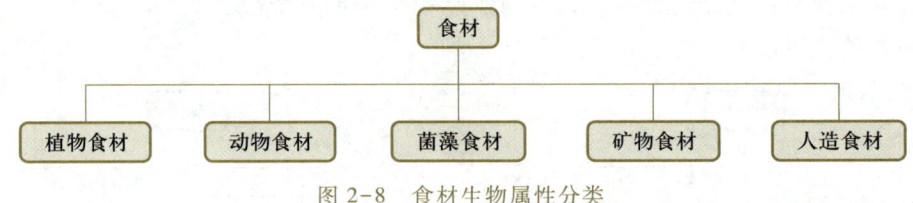

图 2-8　食材生物属性分类

二、中餐食材体系

按食材的生物属性分类，是本书采取的食材体系分类。它将中餐食材分为植物食材、动物食材、菌藻食材、矿物食材和人造食材 5 个类别，5 个类别之下，还有多层级的细分。

一个科学合理的餐系食材分类，应该符合以下两个原则：一是科学性，即食材分类应科学严谨，反映出食材的自然属性；二是实用性，即有助于全面深入地认知食材、利用食材。由此，本书的食材分类体系，以生物属性分类为基础，在对食材进行进一步细分时，则参考了其他食材分类的优点，力求搭建一个既科学合理，又具有实用价值的中餐食材体系（见图 2-9）。

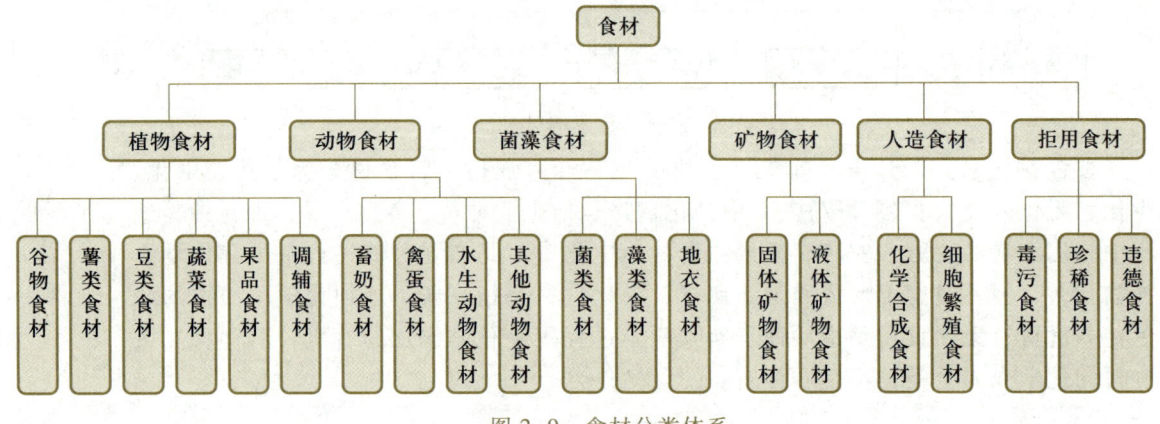

图 2-9　食材分类体系

（一）植物食材

植物食材是食材五大分类之一，是生物学中归属于植物的食材。植物食材可以细分为谷物食材、薯类食材、豆类食材、蔬菜食材、果品食材和调辅食材（见图 2-10）。每类食材都有更细的分类。例如，谷物食材可以分为主粮食材和杂粮食材，蔬菜食材可以分为根茎食材、叶苔食材、瓜果食材、花类食材。

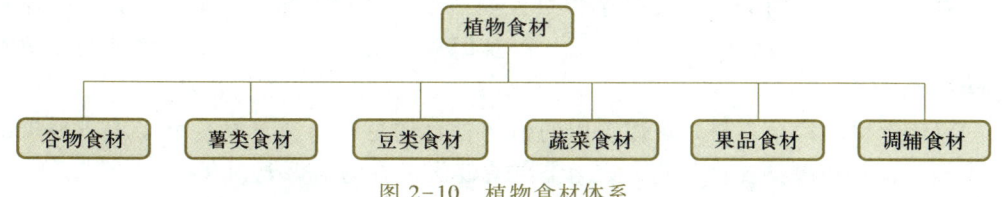

图 2-10　植物食材体系

植物食材在食材组成中占了绝大部分。食材中的大米、小麦、玉米，是植物的种子；土豆、萝卜、胡萝卜，是植物的根；白菜、菠菜、韭菜，是植物的叶子；茭白、竹笋、甘蔗，是植物的茎；花椰菜、金针菜、青花菜，是植物的花；香蕉、苹果、西红柿，是植物的果。据统计，地球上的植物约有 35 万种，经人类驯化并经常食用的只是其中的一小部分。

人类最早对植物性食材的获取方式是对野生植物的采摘，这种方式持续了几百万年。在 1 万年前，人类社会发生了第一次农业革命。在长期的采摘过程中，人们逐渐发现并认识了农作物的生长规律，并且开始尝试着种植粮食类植物。发展至今，植物类食材仍然是食材的主力军：在全球 1.49 亿平方千米的陆地面积中，耕地面积接近 15 亿公顷，约占全球陆地面积的 11%。2012 年，在世界 71.3 亿人口中，有 26.2 亿是农业人口，占总人口的 36.7%；年生产粮食 25 亿吨，油料种子 4.5 亿吨，糖料 1.6 亿吨，蔬菜 9.5 亿吨，贡献了人类食物生产总量的近 80%。

植物食材在中餐中的作用有六个：一是作为主食的主料、辅料；二是作为菜肴的主料、辅料；三是作为调味料；四是作为发酵食品的原料；五是作为生食食品的原料；六是作为围边、食雕等装饰、美化的材料。

谷物食材。中餐中的谷物食材，是指将成熟的谷物果实收获后，经去壳、碾磨加工的一类食用材料。谷物食材的主要成分是淀粉，含 70%～80% 的碳水化合物，消化率很高；含 6%～10% 的蛋白质及一定数量的膳食纤维；含维生素 B1 和烟酸较多，但必须经加碱处理才能被人体利用。

中餐中的谷物食材主要有大米、小麦、玉米、小米、莜麦、青稞、高粱、大麦、薏米、荞麦、燕麦等。

薯类食材。中餐中的薯类食材，是指富含淀粉或其他糖类的植物膨大块根、块茎或球茎的一类食用材料。薯类在中餐中的角色是既作主食又当蔬菜。薯类多数味甘、性平，有健脾益气、和胃等作用。其主要营养成分有糖类、蛋白质、食物纤维及 B 族维生素。

薯类常常种植在一般谷物类作物不能种植的丘陵地带，是高产、稳产作物。薯类食材的特色是名称很多，例如，马铃薯俗称土豆、地瓜，甘薯又叫红薯、白薯、番薯、地瓜、红苕，木薯在不同产地被称为树薯、树番薯、木番薯、南洋薯、槐薯等。

中餐中的薯类食材主要有马铃薯、甘薯、木薯、山药、芋头、参薯、竹芋等。

豆类食材。豆类食材是指豆科植物的老熟籽粒。豆类食材富含营养，民间自古就有"每天吃豆三钱，何需服药连年"的谚语，现代营养学也证明，食用豆类食品，可以减少人体脂肪含量，增强人体免疫力，降低患病的概率。

豆类食材分为两类，一类是杂粮豆，如黄豆、红豆、绿豆、黑豆、芸豆；还有一类是菜豆，如蚕豆、豌豆、鹰嘴豆。以食用豆荚为主的豆类，本书将其归于蔬菜范畴。

蔬菜食材。蔬菜食材是可佐餐用的植物食材的总称。蔬菜是食材中不可缺少的组成部分，它和肉类食材一起，成为餐桌上仅次于谷物的重要副食品。

蔬菜可提供人体所必需的多种维生素和矿物质等营养物质。据国际粮农组织统计，人体必需的维生素 C 中的 90%、维生素 A 中的 60% 都来自蔬菜。此外，蔬菜中还有多种多样的植物化学物质，如类胡萝卜素、二丙烯化合物、甲基硫化合物，都是人们公认的对健康有效的成分。

依据使用部分，蔬菜食材可细分为叶苔类、根茎类、瓜果类、花类等类别（见图 2-11）。其中叶苔类蔬菜以绿色叶菜为代表，如油菜、小白菜、雪里蕻、荠菜、韭菜等。它们含有较多的胡萝卜素、维生素 C，并含有一定量的维生素 B2，是人类食物中无机盐和维生素的重要来源。根茎类蔬菜有两种类型，一种是纯粹的蔬菜，如白萝卜、胡萝卜等；另一种是介于粮食与蔬菜之间的食物，如马铃薯、甘薯、芋头，它们含淀粉较多，可粮可菜，本书将其归属于薯类食材。瓜果类蔬菜包括冬瓜、南瓜、茄子、黄瓜、番茄等，其中不少是夏秋季节上市的，在绿叶菜较少的季节，这类食材是提供无机盐与维生素的有效来源。花类蔬菜包括花椰菜、黄花菜等，是以植物的幼嫩花部器官作为食用部位的蔬菜。

中餐常用的蔬菜食材有大白菜、圆白菜、菠菜、生菜、芹菜、韭菜、黄瓜、茄子、冬瓜、萝卜、胡萝卜、竹笋、花椰菜、番茄、藕、雪里蕻、芫荽、荠菜、刀豆、苜蓿、香椿、秋葵、茴香、茼蒿、空心菜、苋菜、黄花菜、南瓜、西葫芦、丝瓜、苦瓜、瓠瓜、佛手、莴笋、四季豆、马兰头、黄花菜、枸杞头、洋葱、甜椒、百合、芦笋、茭白、水芹、慈姑等。

果品食材。果品食材是指以植物的果实或种子作为主要供食部分的食用材料。它们形态繁多，营养丰富，是中餐中不可或缺的一种植物食材。

果品食材分为水果类和坚果类（见图 2-12）。

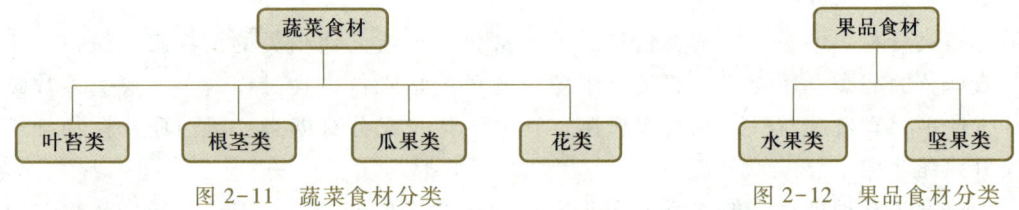

图 2-11　蔬菜食材分类　　　　　图 2-12　果品食材分类

水果类食材口味甜美，品种多样，可分为仁果类，包括苹果、梨、山楂、枇杷等；核果类，包括桃、枣、杨梅、荔枝等；浆果类，包括猕猴桃、葡萄、蓝莓、无花果等；柑果类，包括甜橙、柚子、柠檬等；复果类，包括桑椹、菠萝、草莓等；瓜果类，包括西瓜、甜瓜、哈密瓜等。水果含有丰富的维生素、膳食纤维等营养物质，是其他食物难以替代的。

干果又称坚果，是成熟后为干燥状态的果子。中餐餐桌上的干果类食材很多，如板栗、锥栗、霹雳果、榛子、腰果、核桃、瓜子、松仁、杏仁、白果、开心果、碧根果、沙漠果、榧子、南瓜子、花生、巴旦木、夏威夷果等。干果类食材含有丰富的蛋白质、维生素，具有抗衰老、降血糖、护心、调节血脂、提高视力、补脑益智等疗效。

果品食材在中餐烹饪中有六个功用：作甜品菜点的主料，如拔丝苹果、水果拼盘；作菜肴的配料，如板栗烧鸡、松仁玉米；作菜肴配形配色的辅料，如冷热菜肴的围边、点缀；作菜肴的盛装器具，如木瓜船、西瓜盅；作面点、小吃的配料，如八宝饭、红枣糕、松糕；作调味料，如红果酱、柠檬汁、酸枣汁。

调辅食材。中餐中的植物调辅食材包括两个分类：一是调味料，二是辅料（见图 2-13）。其中调味料又叫"风味调料"，是指对菜点的色、香、味、质起到调配作用的植物性烹饪原料；辅料是指在烹调过程中起到辅助作用的植物性烹饪原料，主要是植物油和烹调用水。植物油是从植物的果实、种子、胚芽中得到的油脂，主要

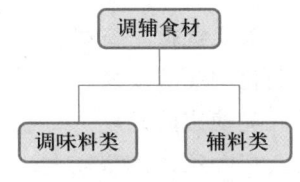

图 2-13 调辅食材分类

有花生油、豆油、亚麻籽油、蓖麻油、菜籽油等。植物油的主要成分是直链高级脂肪酸和甘油生成的酯，脂肪酸除软脂酸、硬脂酸和油酸外，还含有多种不饱和酸，如芥酸、桐油酸、蓖麻油酸等。植物油主要含有维生素 E、维生素 K、钙、铁、磷、钾等矿物质、脂肪酸等。

中餐中使用的植物调辅食材主要有葱、姜、蒜、辣椒、花椒、八角、陈皮、孜然、香糟、豆豉、蜂蜜、胡椒、芥末、桂皮、小茴香、丁香、香叶、肉豆蔻、草果、山奈、咖喱粉、番茄酱、酱、酱油、食醋、白糖、红糖、冰糖、大豆油、菜籽油、花生油、芝麻油、玉米油、葵花籽油、核桃油、山茶油、棉籽油、米糠油、橄榄油等。

植物食材种类繁多，具体资料请扫描二维码。

资料：植物食材

（二）动物食材

动物食材又称肉类食材，是指适合人类食用的肉用材料，包括哺乳动物、禽类动物和其他动物。

动物食材是人类蛋白质、碳水化合物、脂类、矿物质、维生素和水的重要来源，是中餐食材的一个重要组成部分。中餐中的许多菜是用动物食材制作的。历史上的中餐，不乏野生动物制作的菜肴。随着社会的发展和观念的进步，珍稀野生动物食材已经逐渐退出了中餐餐桌。

人类最早的动物类食物获取方式是狩猎。1 万年前的第一次农业革命，让人类开始了早期的动物养殖。养殖的动物为人类提供了更多、更稳定的食材。如今，人工养殖动物已经占据了动物食材的主流地位。与此同时，人类对水生动物类食物的捕捞，也翻开了新的一页。2016 年，全球捕捞渔业总产量为 9 090 万吨，其中 7 926 万吨来自海洋水域，1 164 万吨来自内陆水域[1]。据统计，2020 年世界人均水产品消费量已经达到 20.2 千克[2]，水产品成了世界食品贸易中最大宗的商品之一。

---

[1] 联合国粮食及农业组织. 世界渔业和水产养殖状况［R］. 2018.
[2] 联合国粮食及农业组织. 世界渔业和水产养殖状况 2022［R］. 2022.

　　按照生物分类，动物食材可分为四类：畜奶食材、禽蛋食材、水生食材和其他食材（见图2-14）。

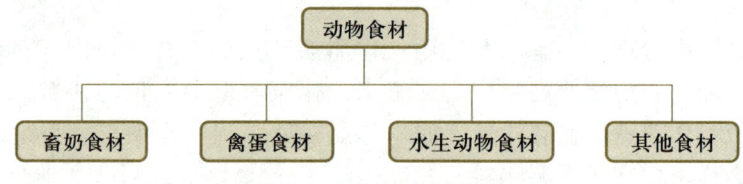

图 2-14　动物食材分类

　　畜奶食材。畜奶食材是动物食材的一个重要的组成部分。其中的畜是指人类饲养驯化的哺乳动物，包括猪、牛、羊、马、兔等家畜；奶是指这些动物所产的、可供人类使用的奶。

　　多数家畜体型较大，为了方便后期加工，畜类食材一般以分档取料形式出现。例如，猪就可分为猪头、猪颈、上脑、里脊、外脊、脊骨、臀尖、夹心肉、排骨、上五花肉、下五花肉、后腿肉、奶脯肉、前肘、前蹄、后肘、后蹄、猪尾、内脏、猪皮、猪血等，其中猪头还可细分为猪脸、猪耳、猪舌、猪脑，内脏还可细分为猪心、猪肝、猪肺、猪腰、猪肠等。每个部位都有相应的制作技法，制成不同的产品。

　　畜奶食材可以为人类提供各种氨基酸、脂肪、矿物质等营养元素。其消化吸收率高，饱腹作用强，可加工烹调制成各种美味佳肴，是动物食材中的一支主力军。

　　畜奶食材可以细分为两类食材：畜类食材、奶类食材（见图2-15）。前者包括猪、牛、羊、兔、驴、马、骆驼、骡等，以及这些动物的肉制品；后者包括牛奶、羊奶、马奶、骆驼奶等，以及它们的奶制品。

　　禽蛋食材。禽蛋食材是指人工饲养的家禽食用材料，也包括它们产的蛋。

　　禽肉以高蛋白、低脂肪、低饱和脂肪酸而著称。其品种多样，食用方便，是中餐中不可或缺的动物食材。

　　禽类食材除了整体食用外，也可将头部、颈部、背部、翅膀、胸脯、腿部、爪趾、睾丸、血液、内脏等部位分用。其中内脏还可细分为心、肝、胗、肾、胰、肠等。使用部位不同，烹饪方法也有异，主要有煮、卤、烩、氽、烧、煨、焖、炸、酱、炒、爆、熘、煎、凉拌等，也可用于火锅、小吃、粥饭、点心馅料。

　　禽蛋食材可以细分为两类：禽类食材、蛋类食材（见图2-16）。前者主要有鸡、鸭、鹅、鹌鹑、家鸽、珍珠鸡、火鸡、鸵鸟等，以鸡肉的市场占比最高。后者主要有鸡蛋、鸭蛋、鹅蛋、鸽蛋、鹌鹑蛋、鸵鸟蛋、珍珠鸡蛋等，以及各种各样的蛋制品。

图 2-15　畜奶食材分类　　　　　图 2-16　禽蛋食材分类

　　水生动物食材。水生动物食材是产于水中的各种可食性动物的统称。

水生动物种类繁多，从中餐应用分类，可分为淡水鱼类、海水鱼类、虾蟹类、贝壳类和其他类（见图2-17）。其中淡水鱼类包括草鱼、鲢鱼、鳙鱼、鲫鱼、鲤鱼、鳜鱼、鳊鱼、武昌鱼、银鱼、黄鳝等；海水鱼类包括带鱼、大黄鱼、小黄鱼、鲷鱼、鳕鱼、鲳鱼、鲅鱼、石斑鱼等；虾蟹类包括中华新米虾、小龙虾等淡水虾，对虾、龙虾等海水虾，中华绒螯蟹等淡水蟹，梭子蟹等海水蟹；贝壳类包括中华田园螺、江瑶、扇贝、蛤蜊、河蚌、河蚬等淡水贝，鲍鱼、牡蛎、生蚝、海螺等海水贝；其他类包括海参、海蜇、墨鱼、章鱼、鱿鱼等水生动物食材。

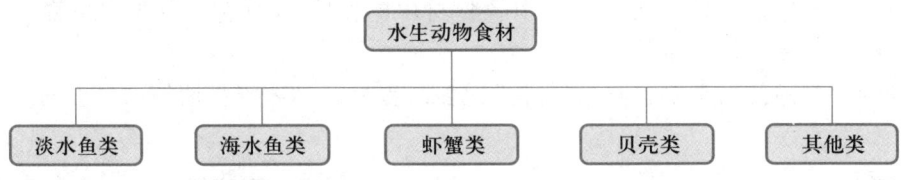

图2-17　水生动物食材分类

水生动物食材营养丰富，是中餐食材中的一支主力军。其中鱼类大多肉质细嫩鲜美、营养丰富，是多种维生素、矿物质的良好来源。从食物营养看，鱼肉属于瘦肉型，100克鱼肉所含脂肪不足2克，其所含的热量比家畜类食材少得多。鱼肉还是蛋白质的重要来源。鱼肉中富含的维生素A、D、E及硒、碘、氟等微量元素，都是人体所必需的。虾蟹类食材为数众多，其中龙虾、小龙虾、对虾、淡水蟹、海蟹等营养丰富，味道鲜美，具有很高的食用价值。贝壳类食材品种多样，获取方便，是沿海地区人类的重要食材。

其他类水生动物食材，有些是在水中生存的腔肠动物、软体动物，如海参、海胆、墨鱼，还有一些是水生哺乳动物，如鲸鱼、海狮、海豹等，它们都曾进入过人类的食物链，有些种类至今仍被人类食用。但是从保护生物物种和保护地球生态的角度来说，它们都应该退出人类的食谱。

其他动物食材。中餐动物食材中，除了畜奶食材、禽蛋食材、水生动物食材三大类别外，还有一些小的类别。它们在数量上种类繁多，但在应用上却没有那么广泛，我们称其为其他动物食材。这类食材主要有两栖动物食材、爬行动物食材和昆虫动物食材（见图2-18）。

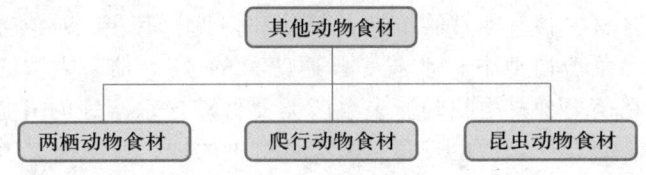

图2-18　其他动物食材分类

两栖类动物是拥有四肢的脊椎动物，一般都是卵生，其幼体生活在水中，用鳃呼吸，经变态发育后，成体用肺呼吸，用皮肤辅助呼吸。因其水陆两栖，所以叫两栖动物。在中餐历史上，两栖动物曾经作为野味被长期食用。当今为了保护生态平衡，它们之中的一些品种已经禁止食用，还有一些两栖动物进入人工驯化阶段，继续为中餐贡献力量。中餐食材中的两栖动物主要有牛蛙、青蛙、林蛙等。

爬行动物体表覆盖角质的鳞片或甲，用肺呼吸，在陆地上产卵。当今世界上的爬行动物有 6 000 多种，主要分为龟鳖目、鳄目和有鳞目三目。多数爬行动物栖居在陆地上，但是海龟、鳄鱼等都生活在水里。爬行动物食材具有高蛋白、低脂肪、多胶质、味道美的特色，对人体具有补益作用。中餐中的爬行动物食材主要有龟、鳖、蛇、鳄等。

昆虫属于无脊椎动物中的节肢动物，是地球上数量最多的动物群体，当今已知的昆虫有 100 余万种，其踪迹几乎遍布世界的每一个角落。在人类早期弱小阶段，昆虫食材曾是人类蛋白质的重要来源，当今仍是中餐中的一类风味菜。一些昆虫属于害虫，进入食谱可以变害为益。中餐食材中的昆虫动物食材主要有蚕蛹、竹虫、豆虫、蝗虫、蝎子、蜗牛等。

动物食材是位居植物食材之后种类次多的食材，具体资料请扫描二维码。

资料：动物
食材

（三）菌藻食材

菌藻食材包括 3 个分类：菌类食材、藻类食材和地衣类食材（见图 2-19）。

菌类食材是指可供食用的大型真菌的子实体，它们是有别于植物

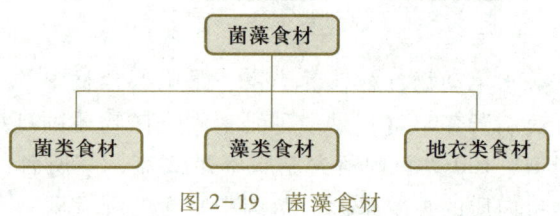

图 2-19　菌藻食材

的另外一类食材，其中一些已经人工驯化，成为常见的中餐原料。藻类食材也是有别于植物的另一食材群体，它们共分为八个门类，其中蓝藻门、绿藻门、红藻门和褐藻门这四种藻类具有食用价值。地衣类食材的生物特性介于藻类和菌类之间，主要有地耳、石耳等，是一种特色鲜明的食材。

菌类食材。迄今为止，全世界记录在案的大型真菌多达 1.5 万种，其中可食用的约 2 700 种，主要有菇、菌、蕈、蘑等品种。

菌类食材不是植物，也不是动物。植物的特征是自养，即通过自身的光合作用获取营养，动物的特征是异养，即通过进食其他生物获取营养；真菌类的特征和它们都不同，真菌属于腐生（少数种类寄生、共生）异养，也就是说，真菌的生长方式类似植物，营养摄取方式类似动物，整体来说，是有别于植物、动物的另一界别。

菌类食材具有丰富的营养成分，包括碳水化合物、蛋白质、多种维生素和多种微量元素。菌类食材中含有丰富的单糖、双糖和多糖，其蛋白质含量大大超过其他普通蔬菜，是大白菜、白萝卜、番茄等普通蔬菜的 3~6 倍。人类必需的 8 种氨基酸，几乎都可以在菌类食材中找到。多数菌类食材富含水溶性的 B 族维生素和维生素 C，脂溶性的维生素 D 含量也较高。菌类食材中的铁、锌、铜、硒、铬含量较多，经常食用菌类食材，可以补充人体微量元素的不足。菌类食材是一种味道鲜美、营养丰富的中餐常用食材。

中国是最早认识和利用菌类食材的国家。成书于约公元前 239 年的《吕氏春秋》中，就有"味之美者，越骆之菌"的记载。最早记载驯化菌类食材的著作是 1世纪王充的《论衡》，中国唐代韩鄂所著的《四时纂要》中，更提及了基质、菌种、温度和湿度控制等种植食用菌的基本要素。7 世纪，中国人已掌握了木耳的人工培育方法，宋代开始种植香菇，清同治四年，已经开始大规模种植银耳。发展至今，

中华大地上广泛菌殖的菌类食材已有香菇、杏鲍菇、白灵菇、双孢菇、银耳、黑木耳等数十种，菌类食材总产量占到全世界总产量的70%，成了与"绿色农业"（种植业）"蓝色农业"（海水养殖业）并驾齐驱的"白色农业"。

表 2-3　菌类食材主要种类的首次栽培时间与栽培地①

中文名	首次栽培时间	首次栽培地
灵芝属 4 种	27~97 年	中国
黑木耳	581~600 年	中国
金针菇	800 年	中国
茯苓	1232 年	中国
香菇	1000 年	中国
双孢菇	1600 年	法国
草菇	1700 年	中国
银耳	1800 年	中国
白灵菇	1987 年	中国
蛹虫草	1987 年	中国
榆耳	1988 年	中国
猪苓多孔菌（猪苓）	1989 年	中国
蒙古白丽蘑	1990 年	中国
巨大口蘑（洛巴伊口蘑）	1999 年	中国
裂褶菌	2000 年	中国
暗褐网柄牛肝菌	2011 年	中国
尖顶羊肚菌	2014 年	中国

菌类食材可分为野生食用菌和驯化食用菌两类（见图 2-20）。人工驯化的菌类食材种类虽多，但由于科技的限制，至今无法驯化的野生食用菌仍有不少，如虎掌菌、鸡㙡菌、羊肚菌等，对这些野生菌类食材，需要进行保护性采摘。

中餐中的菌类食材主要有平菇、香菇、口蘑、金针菇、白灵菇、双孢菇、草菇、红菇、猴头菌、榛蘑、木耳、银耳、竹荪、羊肚菌、松茸、松露、鸡㙡菌、鸡油菌、牛肝菌等。

藻类食材。藻类没有明显的根茎，不开花也不结果，因其能够进行光合作用，被一些专家归于低等植物序列。但多数生物学家认为藻类不是植物，因为它没有木质部和韧皮部，不具备管道组织，与植物具有很大的区别。因此本书将它们从植物食材中剔除，放入菌藻食材中论述。

藻类食材多生长在海洋中，也有一些在陆地上生存（见图 2-21）。目前海带、紫菜、鹿角菜等多种藻类食材，已经进入人工驯化阶段，在中国多处近海地区都有种植。

---

① 张金霞等．食用菌产业发展历史、现状与趋势［J］．菌物学报，2015，4：526-527.

图 2-20　菌类食材分类　　　　图 2-21　藻类食材分类

藻类食材含有丰富的多糖物质、丰富的氨基酸、钠、钾、钙盐，因而很早就进入了人类的食物链。藻类食材提炼的琼脂和角叉菜胶可用于汤、调味汁、果冻、糕饼、糖霜、罐头等的制作。

中餐中常用的藻类食材有海带、紫菜、海白菜、鹿角菜、石花菜、裙带菜等。

地衣类食材。地衣类食材的生物特性介于藻类食材和菌类食材之间，在分类上也自成一体系。地衣耐旱、耐寒，因此可以生长在峭壁、岩石、树皮或沙漠等恶劣的环境中，以及高山带和冻土带。

中餐中常用的地衣类食材有地耳、石耳、地茶、树花等，知名的地衣菜品有地耳炒山药、醪糟醋烩葛仙米、石耳炖仔鸡、石耳沙茶双心、奶茶石花冻等。

菌藻食材的具体资料，请扫描二维码了解。

资料：菌藻
食材

（四）矿物食材

矿物食材是地壳中自然存在的化合物或天然元素，又称无机盐。

矿物食材为数不多，却是人体一日都不可缺少的角色，例如，液体矿物食材中的饮用水，固体矿物食材中的食盐。这些食材对人体的重要性，甚至超过了植物食材、动物食材、菌藻食材。没有植物、动物、菌藻等食材，人类可以生存 7~10 天，没有水，人类的生命只能维持 3~4 天，没有盐，则会对人体健康产生重大影响。

矿物食材有多种分类方法。依据其物质特性，可分为有机矿物食材和无机矿物食材；依据其物质呈现方式，可分为以可见物形式出现的显性矿物食材和以元素形式出现的隐性矿物食材。本书依据它们在中餐中的呈现方式，将其分为固态矿物食材和液态矿物食材（见图 2-22）。

图 2-22　矿物食材分类

固态矿物食材。固态矿物食材是呈固体形态的矿物类食材，主要有食用盐、食用碱、小苏打等。

食用盐是从海水、地下岩盐沉积物及天然卤水中获得的提取物，其主要成分是氯化钠，同时含有少量水分和铁、磷、碘等元素。食用盐是中餐中一种最重要的咸味调味剂。

食用盐作为一种重要的调味食材，在中国有悠久的历史。20 世纪 50 年代，中国福建出土了煎盐器具，证明了至少在仰韶时期（公元前 5000 年~前 3000 年），中国人已学会煎煮海盐。《说文解字》中记载："天生者称卤，煮成者叫盐。"① 盐的

---

① 许慎. 说文解字 ［M］. 长沙：岳麓书社. 2020：05.

汉字字形本意就是"在器皿中煮卤"。在前秦时期，盐和梅就是最重要的两种调味品：盐调咸，梅主酸。

按产地，食用盐可分为海盐、池盐、井盐、矿盐四大类。海盐是以海水或地下卤水为原料制成的盐，占当今食盐总产量的85%，其产地遍布中国辽宁、山东、江苏、福建等沿海地区。池盐又称湖盐，其历史悠久，西周时，中国山西运城的解池已大规模生产池盐。此外，中国陕西、甘肃、青海、新疆、西藏、内蒙古、宁夏等少数民族地区也是池盐产地。井盐是通过打井的方式抽取地下卤水制成的盐。早在战国末年，秦蜀郡太守李冰就已在成都平原开凿盐井，汲卤煎盐。矿盐又称岩盐、石盐，是氯化钠的矿物，由盐水在封闭的盆地中蒸发形成。

按生产工艺，食盐又可分为粗盐、加工盐、洗涤盐、精盐、风味盐、营养盐等几个类型。

食盐在中餐中具有难以替代的五大作用。第一个作用是调味；第二个作用是影响胶体性质，让泥、蓉、馅吸水上劲；第三个作用是防腐杀菌；第四个作用是可以作为传热介质，如粤菜名菜盐焗鸡，就是用盐传热的范例；第五个作用是可以改善食材的质感，食盐具有高渗透压，能渗透到食材组织的内部，促进食材部分蛋白质的变性，增强蛋白质的持水性，因而可以增加食材的脆嫩度，调节和改善食材的质感。

液态矿物食材。 液态矿物食材是呈液体形态的矿物类食材。中餐中常用的液态矿物食材只有一种，那就是食用水。

水是维持生命必需的物质，机体的物质代谢、生理活动均离不开水的参与。水是人体中含量最高的成分，是体液的主要组成部分，是构成细胞、组织液、血浆等的重要物质，是人体一切化学反应的媒介，是各种营养素和物质运输的载体。

作为食材的水可以分为三类：一是各种动物、植物、菌藻食材自身含有的水；二是烹调用水，包括烹饪用水和调味用水；三是包装饮用水，是指经过过滤、消杀、包装等处理后供给人体饮用的水（见图2-23）。

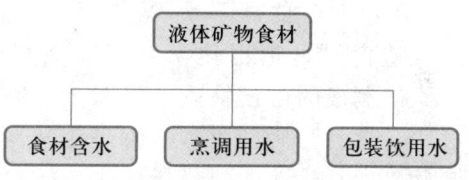

图2-23　液体矿物食材分类

绝大多数中餐食材中含有水分。其含水量的多寡主要与食材的种类相关。此外，原料产地、成熟度及储藏的时间、温度、湿度都会影响到食材的含水量。具体说来，在动物性食材中，乳类、蛋类、水生动物食材的含水量相对较高，家畜类食材的含水量相对较低。在同种类食材中，肉类食材的含水量相对较高，骨骼类食材的含水量相对较低。不同的食材含水量，对烹饪技法选择、调辅料添加和成品风味，都有莫大的关系。

烹饪食材中的水分变化对其自身品质有着重大影响。水分蒸发会造成新鲜蔬菜、水果外观干缩，重量减轻，硬度下降，色泽发生变化，影响到产品的色泽、形态和质感。在畜类、禽类、水产食材的冻结和解冻过程中，操作不当会造成细胞质脱水，导致液体大量流失，发生蛋白质凝固现象，影响菜肴的口味与质量。此外，在原料干货储存过程中，如果储存不当造成含水量过多，会使食材腐败霉变；含水量过少，又可加速食材脂肪的氧化酸败，影响食材质量。

烹调用水是指在中餐制作过程中使用的水，包括洗涤食材用水、传热用水和调味用水。中餐产品的质量与烹调用水的来源、种类、矿化度、pH 紧密相关。烹调用水有天然水和人工处理水两种。其中天然水分为雨水、雪水、江河水、湖水、井水、塘水、窖水、泉水等，人工处理水主要指自来水和工业生产水，如纯净水、软化水、矿化水等。

水的硬度对中餐制作影响很大。高硬度水加热后会产生苦涩味，因此不宜用来沏茶、制汤。肉类、豆类食材在硬水中也不易煮熟，因此，过硬的水必须经过软化处理后才能成为烹调用水。但也有例外，如用硬水腌菜，可以使成品更加脆嫩。

在中餐制作中，烹调用水有四大作用。一是传热作用。水的导热效能高，焯水、水煮等食材初加工，氽、涮、炖、煮、烧、扒、煨、卤、泡等烹饪技法，以及以水蒸气作为传热介质的蒸发，都少不了水的参与。二是溶媒混合作用。菜肴的出味和入味都少不得水的参与；调辅料中的食盐、味精、食糖、小苏打等，需要水的溶解才能显现作用；食材中的蛋白质、脂肪和众多营养呈味物质，也需要水的媒介才能析出。通过焯水，还可以去除食材的异味，改变食材的软硬度。三是优化食材性状作用。水可以为鲜品食材保色、增色，也可通过用水对干品食材进行泡、煮、焖、蒸等，最大限度地恢复食材原有的鲜嫩度。在面点制作中，水让面团产生黏性、弹性和可塑性，让馅料更加鲜嫩可口。四是清洁防腐作用。经过水洗的食材才符合卫生要求；沸水能将细菌杀死，冰水可以降低食品温度，抑制细菌繁殖，延长食物的保存期。

（五）人造食材

人造食材是指用化学合成和细胞繁殖等方式，人工制成的可食物质（见图 2-24）。也就是说，人造食材分为两种：一种是化学性的，一种是生物性的。化学性的包括各式各样的食品添加剂，其主要作用是改变食物的色、香、味、形及质感。生物性的包括用细胞培养的人造肉等细胞繁殖食材。

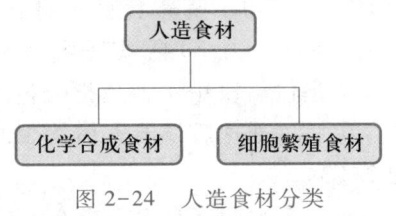

图 2-24　人造食材分类

人造食材是人类食物链的后来者和外来者。所谓后来者，是指与有数百万年历史的采捕食材和上万年历史的驯化食材相比，人造食材在 100 多年前才出现，与其他食材在时间维度上相距甚远。所谓外来者，是说它们并非人类食物链中原有之物，而是建立在化学和生物学基础上的，是人类食材中从来没有过的一个种类。

化学合成食材。合成食材是一种人工化学合成物，又称化学食品添加剂。联合国粮农组织和世界卫生组织对食品添加剂的定义是：有意识地一般以少量添加于食品，以改善食品外观、风味组织结构或贮存性质的非营养物质。也就是说，化学食品添加剂的主要功能是改变天然食物的色、香、味、形，提升其适口性，延长天然食物的保质期限。

化学合成食材伴随当代化学的诞生而出现。1856 年，英国化学家威廉·亨利·

帕金偶然合成出人类第一个有机色素——苯胺紫，在之后很短时间内，又有很多人工色素被合成出来。这些合成色素色彩鲜艳、性质稳定、着色力强、使用方便、成本低廉，很快便取代了天然色素在食物中的地位。在味道方面，德国科学家于1868年合成了香豆素，美国科学家于1879年制取了糖精。到目前为止，全世界食品添加剂品种达到25 000种，其中80%为香料，最常用的有600~1 000种。在中国，允许使用的食品添加剂数量为2 314种，其中食品用香料1 853种，除了天然食品香料400种外，其余1 453种都为人工合成香料①。因此可见化学食品添加剂种类之多、使用之巨。

中餐中，化学合成食材被分为六类，即调味类、调香类、调色类、调质类、增时类和助工类（见图2-25）。

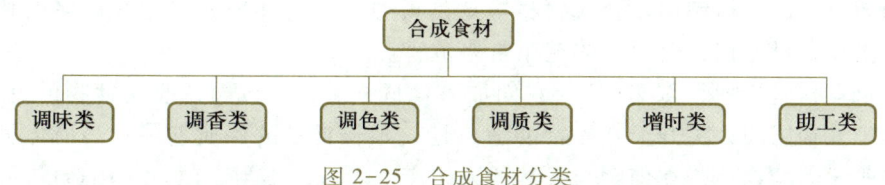

图2-25　合成食材分类

调味类合成食材是中餐制作中用于调整成品口味的化学食品添加剂，如糖精钠、水果香精、肉类香精、强力味精等。调味类合成食材可以改善食品的感官性质，使食品更加美味可口，并能促进消化液的分泌和增进食欲。调味类合成食材主要包括咸味剂、甜味剂、鲜味剂和酸味剂等。

调香类合成食材是模仿各类天然食材挥发性香气的化学食品添加剂，如各种香精。调香类合成食材能够增进对人的感官刺激，对增加食物的花色品种具有很重要的作用。

调色类合成食材是指在中餐制作过程中，用来改变、增加食品色泽的化学食品添加剂。其主要目的是给食物着色，使食物具有悦目的色泽，或者对食物的原有色泽进行保存或消减。调色类合成食材主要包括着色剂、发色剂、护色剂、漂白剂等，主要品种有苋菜红、柠檬黄、靛蓝、亚硝酸钠、硝酸钠、硝酸钾等。

调质类合成食材是指在中餐制作过程中，用来改善食物质构或质地的化学食品添加剂。调质类合成食材针对的质，主要包括食物的弹性形变、黏性流动、黏弹性形变等。调质类合成食材主要有膨松剂、致嫩剂、增稠剂、乳化剂、凝固剂等（见图2-26）。主要品种有碳酸氢钠、碳酸氢铵、碳酸钠、碳酸铵、复合膨松剂、嫩肉粉、羧甲基纤维素钠盐、淀粉磷酸酯钠盐、硬脂酰乳酸钠、硬脂酰乳酸钙、双乙酰酒石酸单甘油酯、蔗糖脂肪酯、蒸馏单甘酯、盐卤、硫酸钙、氯化钙、葡萄糖酸等。

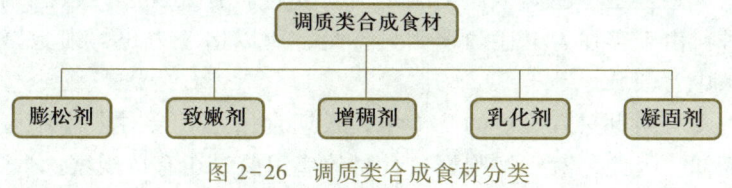

图2-26　调质类合成食材分类

---

① 中华人民共和国《食品添加剂使用卫生标准》（GB2760—2011）。

增时类合成食材又叫防腐剂、抗氧化剂，是指能防止由微生物引起的腐败变质，提高食物的稳定性，从而延长食物保存时间的化学添加剂。增时类人造食物包括食物防腐剂和食物抗氧化剂两种类型，主要有苯甲酸、山梨酸、二氧化碳、双乙酸钠等。

助工类合成食材是指有助于食物加工顺利进行的化学合成物，如在食品生产加工过程中有助滤、澄清、吸附、润滑、脱模、脱色、脱皮、提取溶剂等作用的化学添加剂。助工类合成食材主要包括消泡剂、助滤剂、稳定剂和凝固剂等。

依法依规生产和使用合成食材，对公众的健康是无害的，但仍存在两种现象正在冲击法律的藩篱：一是一些不良企业非法生产、使用违法、违规的化学添加剂，如三聚氰胺、苏丹红、瘦肉精、吊白块等；二是一些中餐一线员工，对允许使用的添加剂超量、超规格使用。合成食材毕竟是人类食物的外来者，含有诸多的化学成分，如出现过量使用，会对人体健康带来危害。

人造食材是一把"双刃剑"。它们加入食材领域，一方面，改变食物的色、香、味、形等外在感观，提升天然食物的适口性，延长食物的保质期限；另一方面，由于自身非天然的物性，它们会与天然的人体产生矛盾，不当、超量使用造成的残留，更会将这种矛盾升级为危害。

细胞繁殖食材。细胞繁殖食材又叫人造肉，是一种用生物方式生产出的新型食材。

第一块细胞培养肉出现在 2000 年，美国杜鲁大学支持的生物科学研究联合体用金鱼细胞培养出了人造鱼肉。2001 年，荷兰阿姆斯特丹大学的皮肤病专家韦特霍夫、内科医生艾伦和商人库顿宣布，他们申请了诱导细胞分裂增殖的国际专利。

人类对于肉用动物的驯化技术已经十分成熟，为什么还要大费周折地生产细胞繁殖食材？原因是驯化肉类存在健康、环保及在动物保护方面的道德问题。在动物驯化养殖过程中，会消耗大量土地、粮食作物、水资源等自然资源，多产生超过 50% 的温室气体。

细胞繁殖食材的出现，为中餐食材的更新换代带来了美好的憧憬。但是，细胞繁殖食材也有两个显而易见的不足：一是造价高昂；二是味道、口感比不上真肉。

细胞培养肉较常使用的两种生长因子 FGF-2 和 TGF-β，每克售价分别为 200 万美元和 800 万美元，这种售价，使得细胞培养肉在刚问世时成为一种天价食材。2013 年，荷兰马斯特里赫特大学制造的第一个人造肉汉堡，价格竟高达 33 万美元。如今随着科技的发展，人造肉的造价已比当初大大降低，但还是要比真正的牛肉汉堡贵不少。

尽管当今的细胞繁殖食材已经可以模仿出动物的肌肉，包括血管和结缔组织，但是在味道、口感上还不能完全比上驯化肉类食材。有人说它的口感偏软，也有人说它缺乏肉香。由于存在着上述两个明显不足，所以迄今为止，细胞繁殖食材并没有大规模进入中餐领域。

细胞繁殖食材问世只有短短的几十年，长期食用之后会对人体产生什么样的影响，还不得而知。因此，对于细胞繁殖食材的应用前景还有待观察。

人造食材种类繁多，具体资料请扫描二维码。

资料：人造
食材

思考题

1. 中餐食材有几种分类方法？
2. 本书的中餐食材体系依据哪种方法分类？
3. 什么是植物食材？它可以细分为哪些类别？
4. 什么是动物食材？它可以细分为哪些类别？
5. 什么是菌藻食材？它可以细分为哪些类别？
6. 什么是矿物食材？它可以细分为哪些类别？
7. 什么是人造食材？它可以细分为哪些类别？

第四节　拒用食材

拒用食材是对中餐食材另一个角度的划分，是指在中餐的生产加工环节中，拒绝使用的那些食材。

中华民族是一个以节俭著称的民族，一贯讲究物尽其用，既然被称作食材，就说明它们有一定的食用价值，那为什么要拒绝使用呢？原因是：有些食材本身属于珍稀动植物，濒临灭绝，若不加节制地食用，会破坏生物链平衡，最终给地球和人类带来生态灾害。有些食材含有毒污成分，虽然其中一些食材可以通过加工排污去毒，但程序复杂，还不容易去除干净，这样的食材也不宜进入公众食材领域。还有些食材并不属于野生珍稀范畴，自身也不含毒藏污，但是获取方式残忍，有违当今人类的道德规范，所以也被纳入拒用食材之列。

由于上述种种原因，我们将拒用食材分为三类，它们是珍稀食材、毒污食材和违德食材（见图2-27）。

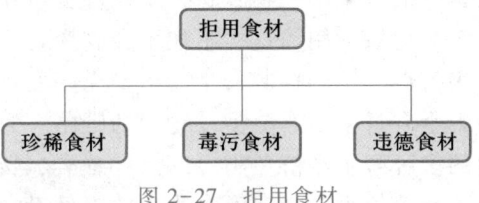

图2-27　拒用食材

一、珍稀食材

受到以稀为贵、以奢为贵的错误观念袭扰，珍稀野生动植物食材曾经在中餐中处于上等食材地位。例如，被古人评为"陆地八珍"的象鼻、猩唇、熊掌、鹿尾、驼峰、猴脑、豹胎、燕窝，都属于野生珍稀动物序列。近代以来，虽然它们有些已经退出中餐食材领域，但是吃熊掌等现象依然存在，燕窝和属于"海味八珍"的鱼翅，仍被一些人当作上等食材。这种观念不仅和当代环保观念格格不入，还给地球生态系统带来难以挽回的破坏。

地球生态系统由多种多样的生物和非生物组成，其中的生物链又称"食物链""营养链"，是指生态系统中各种生物以食物联系起来的链锁关系，例如，池塘中的藻类是水蚤的食物，水蚤是鱼类的食物，鱼类又是人类和水鸟的食物。在这个链条中，如果某一环节遭到过度干扰，某些动植物被挖尽吃绝，生态系统就会发生断裂。

当今，由于人类的活动和自然环境的变化，一些动植物已经处于珍稀地位，有的甚至濒临灭绝。在这种情况下，如果仍要去吃这些食材，其结果是破坏了生物世界的多样性，最终受到影响的是人类自身的存续。

就食材本身的品质来说，许多野生食材其实比不上驯化食材。一些野生动物虽然有着与驯养动物相似的身体结构，但是由于常年奔跑，肌肉纤维比驯养动物粗，肌间脂肪含量少，口感比较粗老，异味也比驯养动物重。一些野生植物也存在着纤维粗老，口感、味道均比不上种养蔬菜的弊端。

为了切实保护珍稀野生动植物，把它们从中餐食材名单中剔除，中国政府制定和公布了多个法规，如《国家重点保护野生动物名录》《国家重点保护经济水生动植物资源名录》等。《国家重点保护野生动物名录》最初由原中华人民共和国林业部（以下简称林业部）和原中华人民共和国农业部（以下简称农业部）根据《中华人民共和国野生动物保护法》的相关规定，共同制定并发布的一份由国家重点保护的珍贵、濒危野生动物的名录。其中保护级别分为一级和二级，并且对水生、陆生动物作了具体划分，明确了由渔业、林业行政主管部门分别主管的具体种类。该名录于1988年12月10日得到中华人民共和国国务院批准，1989年1月14日由原林业部和原农业部发布施行。2021年2月5日，新国家重点保护野生动物名录正式公布。比起老名录，新名录新增了517种（类）野生动物。

需要说明的是，拒食野生珍稀动植物，重点不在于野生，而在于珍稀。这是因为，在人类诞生的550万年期间，有549万年都是以食用野生动植物为生，野生动植物与人类的消化系统最匹配。迄今为止，人类仍然在不间断地进行新的野生动植物物种驯化，其目的有两个。其一是为了该物种的繁衍，并保持地球食物链的完整；其二就是为了增加新的食物来源，为人类食材的多样化做出贡献。也就是说，非珍贵稀少的野生动植物食材，不仅可食可用，还要在安全的前提下提倡食用，或加以人工驯化后食用。这样不仅不会破坏野生动植物的多样性，反倒可以增加中餐食材的丰富性，达到控制野生动植物无序发展的目的。目前在中餐食材中，这些可食用的野生食材主要有陆生动物中的野猪、野鹿、野兔和一些野生经济鸟类；水生动物中的多种野生经济鱼类、虾类、蟹类、鳖类、贝类；陆生植物中的蕨菜、荠菜、桔梗、莼菜等野菜；菌类食物中的鸡枞菌、榛蘑等野生菌类；藻类、地衣类食物中的石花菜、石莼、地耳等。

二、毒污食材

毒污食材是指含毒或不洁的食材（见图2-28）。食用它们，会对人体造成伤害，因此在中餐制作中，必须给予拒用。

一些食材本身含有毒素，食用后会对人体产生损害，甚至会夺去人类生命。其中一些食材，如扁豆、白果、杏仁、黄花菜等，可以利用充分熟化、避免鲜食等

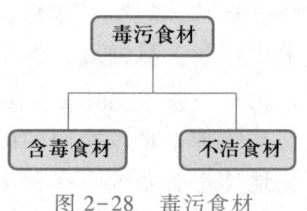

图2-28　毒污食材

方法去除毒素，将其变为无毒食材。但是还有一些含毒食材，如野生河豚，某些野生菌类、野菜，去毒程序复杂，或者难以完全去净，不能百分之百地保证食用安全，

这样的食材，必须列入中餐拒用食材名单。

一些野生动物本身并不带毒，但是因其生存环境恶劣，食物、水源往往不卫生、不安全，导致体内有大量寄生虫。众多灵长类、啮齿类、兔形目、有蹄类野生动物及野生鸟类，与人的共患性疾病有 100 多种，这样的食材必须退出中餐食材名单。

不洁食材是由于食材在生产、运输、储存、加工、食用过程中，受到生物、化学污染，或因保存过期而发生物理、化学变化，不可安全食用的食材。其中最严重的是在加工过程中，化学添加剂的不当和超量使用。再有就是一些食材遭到昆虫等的生物性污染，从而携带各类病原。这两种不洁食材都会造成大规模的食灾事件，例如，20 世纪末和 21 世纪初中国发生的三聚氰胺事件、毛蚶事件、福寿螺事件，背后都是不洁食材在作怪。因此，用苏丹红打扮过的饮料，用瘦肉精喂养后的畜肉，用蓬灰制作的面条，用吊白块增白后的豆腐，都应列入拒用食材名单。

三、违德食材

违德食材是指那些自身无毒，具有正常的营养，但获取方法残忍，违背了道德规范，被列入拒用行列的食材。中餐中曾经出现过的违德食材有鱼翅、活烤鸭掌、铁板甲鱼、活吃叫驴、活吃猴头、三吱儿等。违德食材违背了人类道德规范，必须从中餐食材领域摒弃。

思考题

1. 拒用食材可以分为几个类别？它们分别是什么？
2. 为什么要"拒烹珍稀野生动植物"？
3. 为什么要特别注意化学添加剂的不当和超量使用？
4. 为什么将鱼翅称为违德食材？

第五节　食材选用

食材是产品的基础。在食材选用和烹饪技术的权重上，哪一个更重要？我们可以列出这样一组公式：

劣食材+好烹饪=劣质菜品

好食材+劣烹饪=劣质菜品

好食材+好烹饪=优质菜品

显而易见，要想烹饪出一款优质菜品，好的食材和好的烹饪技术缺一不可。所以，一个合格的中餐制作者，不仅要具有高超的烹饪技术，更应具有高超的食材辨识能力。否则，烹饪能力再强，也不会成为一个合格的大厨。

食材选用有两个原则：一是味道遵循原则，有味者使其出，无味者使其入，异味者使其除；二是展现性格原则，包括展现食材的单一性格、双重性格和多重性格。

食材选用包含三方面的内容：一是食材的品质认知，二是食材的选用原则，三是食材的检验标准（见图2-29）。

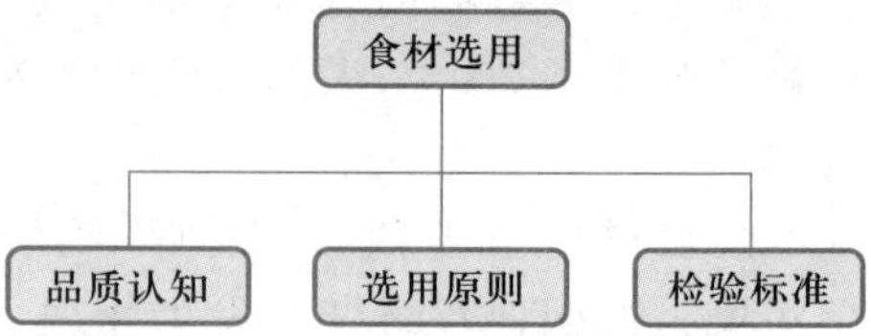

食材选用

品质认知　选用原则　检验标准

图 2-29　食材选用

一、品质认知

面对食材，可以从不同角度进行品质认知，例如，从食材的化学成分认知，从食材的物理状态认知，从食材的生物元性认知，从食材的烹饪性格认知，等等。

对食材的化学成分认知，即从食材的化学组成来认知食材。从食材的化学组成看，主要有水分、糖类、蛋白质、脂质、维生素、矿物质、食用纤维等。从食材的化学组成来认知食材，就是将其放到显微镜下，用当代化学知识来分析食材上述成分的多寡、有无，为食材勾画出一幅营养成分图。

从食材的物理状态认知，是用物理方式来分析食材的细胞结构、组织结构、器官结构、系统结构，从而更好地理解食材的形状、质地等物理性质，为它们的合理使用打下基础。

从食材的生物元性认知，是指从食材性格方面对其进行认知。如同人有急躁、乐观、平和等性格一样，食材也有各自不同的生物性格，有的性平，有的性偏，偏性性格中又可分出温、热、寒、凉等不同的个性。食材种类、质地、生长地域、生长环境的不同，造就了它们元性上的差异。这种元性认知可以指导中餐实践中的因人下料、适客制作。食材的元性建立在古老的东方哲学基础上，看不见摸不着，却又实实在在地存在着。

从食材的烹饪性格认知，即在烹饪时要认知和掌握食材的特性。在中餐烹饪中，不同的食材性格适宜不同的烹饪技法，例如，在火候方面，有的食材喜欢大火，有的食材喜欢小火，还有的食材喜欢先大火后小火或先小火后大火；在调味方面，有的食材适宜糖，有的食材适宜醋，更多的食材适宜盐；在色彩方面，有的食材天生翠绿，有的食材焯水后方显翠绿本色；在口感方面，有的食材脆爽，有的食材软糯，有的食材老韧，有的食材弹牙。食材的烹饪性格，不仅表现在它们的初始性格，更表现在它们在受热后色泽、质地、味道、性格等方面的不同变化上。

作为一名中餐制作者，只有了解和掌握了各种食材的烹饪性格，才能得心应手地去制作美味。以鱼类食材为例，整条鲜活海鱼，其烹饪性格是"藏鲜"——食材本身具有鲜的潜质，作为厨师，把鲜挖掘出来即可。要想保鲜，在烹饪时加热时间不宜过长，长则肉老，长则鲜跑；在调味时宜轻不宜重，轻则扶鲜，重则压鲜。而整条淡水活鱼，其性格是"宜香"。在流动的水域中生长的鱼，味平微鲜；在死水中生长的鱼，则有较浓的泥土味。烹饪在死水中生长的鱼时应该以入味为主，具体手法：一是可采用不同的调味品，去腥增香，宜酸宜辣，或醋香，或辣香，或甜酸，能形成不同风味特色；二是小火慢攻，味入其中，浅攻则味浅，久攻则味入其骨，彰显调料之味。中餐厨师在面对不太新鲜的鱼时，往往使用糖醋、辣烧的重油、重调料的方法，就是这个道理。如果不懂鱼类的烹饪性格，不懂海鱼与河鱼的不同，不懂生猛与冰鲜的差异，是很难制作出美味的鱼肴来的。

并非所有食材均为单一的烹饪性格，有的食材还具有双重烹饪性格。如莲藕，它的第一种烹饪性格是"脆白"，开发这种烹饪性格，适合将其生食或焯水，可以制作芝麻脆藕、酱汁藕片、珊瑚藕等菜品；它的第二种性格是"软糯"，这种性格的展现需要小火久煨，煨3~4小时后，莲藕就会变得异常软糯，可以制作糯米藕等菜品。具有双重性格的食材，在烹饪前后，口感往往是截然相反的。

认知食材的烹饪性格，是中餐制作中的一道难题。读懂众多的食材烹饪性格，是中餐厨师毕生的功课。

二、选用原则

中餐食材的选用原则有四个，即对食材品种的选择、对食材产地的选择、对原料部位的选择和对原料上市时节的选择（见图2-30）。

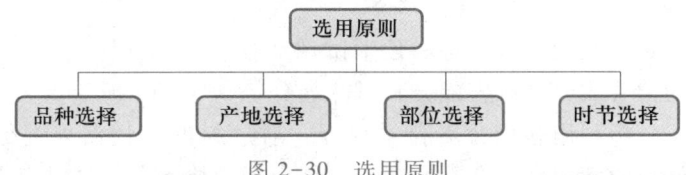

图2-30　选用原则

对食材品种的选择，是指在同一类型的食材中，选择不同品种制作不同的菜肴。食材品种不同，在使用上便有区别。例如，同为鱼菜，制作砂锅鱼头宜选用头部大的鳙鱼；制作清蒸鱼宜选用脂肪多的鳜鱼；制作鱼片、鱼块，宜选用肉厚的草鱼，制作鱼丸宜选用刺少的黄鱼、马鲛鱼，等等。

对食材产地的选择，是指由于地质条件、气候条件的差别，即使是同一种食材，成长于不同地区，其品质、口味的差别也很大。例如，制作北京烤鸭，必须选用北京填鸭；制作地道的菜薹炒肉，必须选用湖北洪山产的红菜薹，等等。食材产地有时会直接影响菜肴的质量和风味。

对原料部位的选择，是指同一种食材，因部位不同，其品质、特点和适用性也不相同。例如，同为猪肉，五花肉适宜红烧，前腿肉适宜扒，后腿肉适宜炖，上脑肉、里脊肉适宜炒，猪蹄、猪尾适宜煲或焖。要想制作高质量的菜肴，对食材部位的选择必不可少。

对原料上市时节的选择，是指即使是同一种食材，因不同的出品季节，其质量和风味也会具有显著的区别。例如，反季蔬菜虽然外形和正常上市的蔬菜相近，但"菜无菜味"，味道上一般会寡淡不少。又如刀鱼，在清明节前后最为肥美，其脂肪含量高，营养成分充足，且刺软、鳞嫩，皆可食用，而一旦过了这个季节，则鱼体会消瘦变老，刺、鳞都会变硬，质量与清明时节的刀鱼不可同日而语。至于一些瓜果类的蔬菜，时节未到或时节已过，其质量的差别就更大了。

三、检验标准

中餐食材的检验标准主要包括以下几个方面。一是食材的固有品质，包括食材固有的营养、口味和质地等。食材的固有品质越好，其食用价值越高。二是食材的纯度。食材的纯度包括食材中所含杂质、污染物的多少和加工程度的高低。例如，蛤蜊等水产所含的沙子越少，其质量就越高。三是食材的成熟度。食材的成熟度是指食材的生长时间，成熟度过低的蔬菜营养成分不足，成熟度过高的蔬菜质地较老；用化学添加剂催熟的鸡，肯定不如正常生长的味道好。四是食材的新鲜度。搁置已久的食材，在形态、色泽、所含水分、质地、气味等方面，肯定不如新鲜食材好。五是食材的清洁卫生。腐败变质或受到化学、生物污染的食材，均需从食材的阵列中剔除。

中餐食材的品质检验方法主要有三种：感官检验、理化检验和生物检验。

感官检验，是指凭借视觉、嗅觉、味觉、听觉、触觉等人体感知器官，对食材的外观、质构和风味进行检验。其中外观检验包括检验食材的形状、大小、完整性、光泽、色泽、透明度、稠度、损伤类型等；质构检验包括食材的坚硬度、柔软度、多汁度、砂砾度及咀嚼性等，风味检验包括舌头尝到的各种味道，也包括嗅觉器官闻到的各种气味。

理化检验，是指利用仪器设备和化学试剂对食材的品质进行检验。理化检验可以分析出食材的营养成分、有害成分和风味成分等。

生物检验，是指利用显微镜等科学仪器，对食材的生物污染进行毒理性检验。主要是检测食材中的细菌污染和寄生虫情况，也用来检验食材本身有无毒性物质。

针对不同的食材种类，检验重点也不同。

谷物类食材主要进行色泽检验、外观检验、气味检验、滋味检验等。以小麦面粉为例。良质小麦面粉色泽呈白色或微黄，无杂色，不发暗；外观呈细粉末状，不含杂质，不成团，无虫子和结块；无霉臭、酸腐、加工用油和其他异味；味道可口，淡而微甜，没有苦、酸等异味，咀嚼时没有砂声，吞咽时不刺喉。

蔬菜类食材的检验重点是新鲜度和感官体验，主要包括形态检验、颜色检验、大小轻重检验、质地检验、气味检验、缺损检验和等级检验。蔬菜类食材要求形态充盈、挺硬、饱满，不能萎靡、干缩、疲软；要呈现本身固有颜色，并在一定时间内保持色泽；大小轻重要合适；质地要鲜嫩、爽脆；要具有特有的清香味或芳香味；无严重的变形和机械损伤；不能有大量的虫蛀痕迹和霉斑。菌类鲜食食材的检验标准和检验方法与蔬菜类食材类似。注意一部分食用菌是野生的，要特别注意其安全性，如是否含毒、含有不宜食用的成分等。

果品类食材的检验重点是其成熟度、糖酸度、新鲜度及有无病虫害、生理病害和机械损伤。果品的成熟度可以通过果品的色泽、风味、香味、质地、营养素等检验评定；甜酸适口是水果品质优良的一大标准，不适口的水果往往口味过酸、发涩；新鲜度是水果的一大检验标准，水果的精华在于水，不新鲜的水果质量会产生断崖式的下降。对于干果来说，则需要检测其油脂和淀粉含量。

禽畜类食材的检验重点：一是外观，二是弹性，三是气味，四是黏度。以新鲜猪肉为例。质量良好的鲜猪肉呈淡红色，有光泽，用手按压后的凹陷能立即恢复，没有腐臭气味，切断面稍湿，不粘手。质量差的猪肉呈暗灰色，无光泽，失去弹性，有腐臭气味，切断面发黏，肉汁严重浑浊。

鱼类食材的检验对象主要有活鱼、鲜鱼和冻鱼三种。其中活鱼包括多种淡水鱼和部分海水鱼类，其检测重点主要是观察它们的生命活力。质量好的活鱼活泼好动，反应敏捷，体表有一层透明的黏液，身体无伤残。鲜鱼是死后不久的鱼，可从鱼体体表、鱼鳞、鱼鳃、鱼眼、鱼肉等部位进行检验。新鲜鱼体表光泽，鱼鳞完整，鱼鳃紧合，眼睛饱满、角膜透明，鱼肉坚实、富有弹性。不新鲜的鱼体表黯淡无光，黏液浑浊，鳃盖松弛，眼球塌陷，角膜混浊，肌肉松弛、缺少弹性。冻鱼一般为海鱼，因打捞后离陆地市场较远，只能冷冻保存。质量好的冻鱼色泽鲜亮，鱼鳞完整，眼球凸起，角膜清亮，外形紧缩，肛门完整无裂；反之，则鱼的质量堪忧。

其他水生动物食材也分为活物、鲜物和冻物三类。活物指淡水、咸水养殖的虾、蟹、贝、螺等。质量好的活体水生动物活泼生猛，反应灵敏，爬行或游动速度快。贝、螺的壳肌体有黏液，无伤残，反之较差。鲜物指出水后即死的鱿鱼、乌贼、海参、海蜇、章鱼等水生动物。质量好的保持原有生态，具有固有的色泽和光泽，质地坚实饱满，有弹性、韧性，有其特殊的气味。冻物是指冷冻保存的上述水生动物。其解冻后的检验标准和鲜物类似。例如虾类，质量好的具有新鲜的色泽、气味正常，外壳有光泽，肉质紧密有弹性，甲壳紧密附着虾体，虾头和胸腹部连接不断开。

干品食材是食材的干制品。作为一种传统的保存方法，无论是动物、植物、菌类食材，都有一些干制品。对这些干制品，可用看、嗅、敲、摸等方法进行质量识别。例如，对于海米、海参等干料，可以用大小、形状、颜色和所含杂物来确定其等级；对于植物性干料和动物性干料，可以用有无香气和异味来判断其品质；对于陆生动物和海味干料，可以用敲打的方法判断其含水量；对于陆生植物性干料和菌藻类干料，可以采用触摸的方法，判断其干脆度及质量好坏。

思考题

1. 食材选用包含哪几个方面的内容？它们分别是什么？
2. 对中餐食材可以从哪几个方面进行认知？
3. 果品的成熟度可以通过哪些方面检验评定？
4. 禽畜类食材的检验重点是什么？
5. 水产类食材的检验重点是什么？
6. 干品食材有哪些检验重点？

第三章

中餐工艺

第一节　本章相关名词解释

一、核心名词

中餐工艺：将食材加工成中式产品的工序、方法和技术。

二、相关名词

工艺：将原材料或半成品加工成产品的工序、方法和技术等。

中餐烹饪工艺：中国传统的利用加热方式提高食物的适口性和利用效率的技艺。中餐三大加工工艺之一。

中餐发酵工艺：中国传统的利用微生物的分解功能提高食物的适口性和利用效率的技艺。中餐三大加工工艺之一。

中餐碎解工艺：中国传统的利用非加热的物理方法提高食物的适口性和利用效率的技艺。中餐三大加工工艺之一。

中餐一级烹饪工艺：按传热介质划分的中餐工艺层级，又称热介级。

烤制工艺：空气传热的烹饪技法。

煮制工艺：水传热的烹饪技法。

蒸制工艺：蒸汽传热的烹饪技法。

炸制工艺：油传热的烹饪技法。

炒制工艺：锅传热的烹饪技法。

中餐二级烹饪工艺：按传热的时间和温度划分的中餐工艺层级，又称热量级。

中餐三级烹饪工艺：按对食物的五觉感知划分的中餐工艺层级，又称感观级。

无热工艺：不用加热的产品加工技法，如腌、拌等。

复合工艺：用多种烹饪技法制作一种产品的加工技法。

清理工艺：对食材的物理性初加工方法，包括清理、清洁、解冻、涨发、切割等。

预熟工艺：对原料进行初步熟处理的方法，包括焯水、过油、汽蒸、走红、挂糊、上浆、调味等。

焯水工艺：把原料放入沸水中进行初步热处理的方法。

过油工艺：把原料放入热油中进行初步热处理的方法。

挂糊工艺：给原料表层抹上面粉（淀粉）等稀糊的方法。

上浆工艺：给原料表层抹上鸡蛋清等稀浆的方法。

调味工艺：给原料放入调味料的方法，分为加热前调味、加热中调味、加热后调味。

酵母菌发酵工艺：利用酵母菌的分解作用制作风味食品的方法。

霉菌发酵工艺：利用霉菌的分解作用制作风味食品的方法。

细菌发酵工艺：利用细菌的分解作用制作风味食品的方法。

混合菌发酵工艺：同时利用酵母菌、霉菌、细菌的分解作用制作风味食品的方法。

第二节 碎解工艺

食物碎解是一个宽泛的概念。一切用物理方法加工食物的方式，都可归于碎解的范畴。对食材的原始加工，例如，将水稻脱粒成大米，将小麦磨成面粉，都是碎解的工作内容。本章所涉及的中餐碎解是一种狭义的概念，它只涉及食材进入厨房后的物理性加工。

食材进入厨房后的物理性加工包括两方面的内容：其一是对食材的清理；其二是对食材的切配。

一、食材清理工艺

食材清理工艺是用物理方式对食材的初步加工。其目的是对食材进行规整，为进一步加工成菜做好准备。

食材清理工艺分为四方面。一是食材的清洁方法，二是食材的解冻方法，三是食材的涨发方法，四是食材的分割方法。

（一）食材的清洁

食材的清洁方法包括摘剔、洗涤等，主要应用对象是生鲜食材。

摘剔是利用摘、敲、剥、削、撕、刮、剜、刨等方式，对蔬菜、水果和肉类原料进行加工。加工时应对泥沙、虫卵、化肥、农药可能残留的夹缝、弯角、孔洞等地方进行重点清理，对不可食用的部位进行逐个摘剔，以保证食材的食用安全。加工时应尽量保持食材的完整性与美观性，并对其用途做整体考虑，除做主料的部分，也要考虑其边角材料的综合利用。

洗涤是用水及洗涤液，对污染食材的虫菌、泥沙、黏液、渣末、血渍及化肥、农药、激素等化学添加物进行清洗，以保证生食食材的食用安全，保证食材的完整、营养和风味。其具体技法有自然洗涤法和强力洗涤法两种。前者包括淘洗法、漂洗法、冲洗法、灌洗法、浸洗法和烫洗法等；后者包括搓洗法、刷洗法、刮洗法、搅洗法、翻洗法等。洗涤液有清水、盐溶液、食用碱溶液、高锰酸钾溶液、盐醋溶液和矾溶液等。有些生食食材污染源较为复杂，污染度较高，仅用一种洗涤技法难以处理干净，此时可采用多种洗涤技法，方能保证食用安全。

在切割与洗涤的关系上，应做到先洗涤，后切割，以保证生食食材的安全性。

一些水产食材，尤其是三文鱼、北极贝、象拔蚌等生食水产食材，可参考上述技法进行前期处理。

（二）食材的解冻

伴随着冷库、冰箱等现代餐饮设备、设施的普及，进行冷冻保存的食材越来越多。解冻方法影响食材的安全性、品质和风味，因此，科学合理地运用解冻方法也成了必须掌握的中餐预制工艺之一。

食材解冻多针对动物性食材。常用的解冻方法有以下5种。

流水解冻法。流水解冻适用于整只鸡鸭或大块肉类的解冻。解冻时将食材放在流动自来水下即可。水的传热性能好于空气，流水解冻的时间可短于空气下的自然解冻。1 000克的冷冻肉类，用流水解冻法一般需要2小时。为避免营养成分流失，解冻时可将冻肉放入密封袋。

盐水解冻法。解冻时将需要解冻的食材浸泡在盐水中即可。盐水可以加速冰的融化，而且将食材浸泡在盐水中不易滋生细菌，食用更卫生。

冷藏室解冻法。解冻时将食材从冷冻室取出后放入冷藏室即可。一般冷藏室的温度调节到5℃，解冻后的肉类会保持在0℃左右，质地鲜嫩，此方法适合海鲜等肉类的解冻。这种解冻方法耗时较长，1 000克的冻肉需要10小时以上才能解冻，因此需要提前半天将冷冻食材放入冷藏室。

微波解冻法。微波炉中的电磁波可以使食物内的极性分子高速运动，通过分子间的相互摩擦振动产生热能，由内而外发热，缩短解冻时间。使用微波解冻时要注意，食材以扁平、规则型的为好，也不能用高功率档，否则会使食物外熟内冷。解冻后的食材应尽快投入使用，以免细菌在食材上快速繁殖。

空气解冻法。空气解冻就是在室温环境下自然化冻。这种方式操作简单，但耗时较长，通常1 000克的冻肉需要5~6小时才能解冻。而且因食材长时间暴露在空气中，容易滋生细菌，解冻后的肉质也不好，所以一般不推荐这种解冻方法。

（三）食材的涨发

干货食材是出于原料储存的目的，将鲜活食材通过烘烤、日晒、风吹、腌渍等方法制成的干制品，可分为动物性干制品、植物性干制品和菌藻类干制品。干货食材的涨发是利用物理原理，对食材进行复水和膨化加工，使其基本恢复原状，同时去除杂质和异味的过程。

干货食材的涨发方法有水渗透扩散发料法、碱溶液渗透发料法、蓬松吸水发料法等。

水渗透扩散发料法。水渗透扩散发料法又叫水发，根据原料性质不同，又分为冷水发和热水发两种。

冷水发是指把干料放在室温条件的冷水中静置，使其恢复软嫩的涨发过程。冷水发主要适用于一些植物性原料，如银耳、木耳、黄花菜、粉条等。冷水发还可与热水发、碱发结合，作为后者的预发过程。

热水发是指将干料放入60℃以上的水中浸泡涨发，使其膨胀、回软的过程。热水发又可分为泡发、蒸发、煮发、焖发等方法，主要适用于动物性原料，如海参、蹄筋、干贝等。

碱溶液渗透发料法。碱溶液渗透发料法又叫碱发，是将干货原料放入碱溶液中进行涨发的过程。碱发可分为碱面发、生碱水发、熟碱水发三种。

碱发是在水发基础上采取的强化方法，一些干硬老韧、含有胶原纤维和少量油脂的原料，难以在清水中完全发透，为了加快涨发速度，提高成品的涨发率和质量，在其中可适量添加碱性物质，改变介质的酸碱度，造成碱性环境，促使蛋白质的碱性溶涨。

碱溶液渗透发料法主要适用于一些动物性原料，如蹄筋、鱿鱼等。碱发可以提升发制速度，但对原料营养及风味物质有一定的破坏作用。

蓬松吸水发料法。蓬松吸水发料法是指将干制食材投入油、盐等传热介质中，使原料体积膨大、蓬松的方法。蓬松吸水发料法适用于猪皮、蹄筋、鱼肚的涨发，主要有油发、盐发两种。

油发可分为三个阶段：低温油焐阶段、高温油膨阶段、复水阶段。发制过程是先将干货食材浸没在冷油中，加热至油温 100～115℃，根据物料不同，浸制时间各异；然后将其投入 180～200℃ 的高温油中，使之膨化；最后将膨化的干货食材放入冷水中进行复水，使食材的孔洞充满水分，处于回软状态。

盐发是将干货食材放入大量的加热盐中，使之形成物料组织的孔洞结构，体积膨化增大，再复水回软的过程。

其他涨发方法还有火发、砂发等。火发实际上是一种在正式涨发之前的加工处理，用火烧去某些干制食材粗劣的毛发、外皮，以方便正式涨发的过程。砂发是以热砂为涨发介质，较少应用。

（四）食材的分割

已经宰杀和捕捞的整只动物食材，还需对它们进行分割，才能进入烹调程序。分割方法有分档取料、整料出骨等。

分档取料。分档取料是按照烹调的不同要求，根据整只动物的肌肉、骨骼构造，将其进行切割，以做到大料大用、小料小用、精料精用、物尽其用。例如，猪可以分为头、尾、颈肉、上脑、夹心肉、前蹄髈、前脚爪、脊背、五花肋条、奶脯、臀尖、坐臀、外档、后蹄髈、后脚爪等；鸡可以分为鸡头、鸡颈、脊背、鸡翅膀、鸡脯肉、鸡腿、鸡爪等；鱼可以分为鱼头、鱼尾、鱼中段、鱼皮、鱼骨等。合理地分档取料，可以突出菜肴特色，提高产品质量。分档取料还可以合理使用原料，避免浪费。例如，猪的五花肋条是制作红烧肉的好材料，而奶脯只能炼油、制作皮冻。

整料出骨。整料出骨主要针对鸡、鸭、鱼等体型较小的原料，指剔出整只食材中全部或主要骨骼，留下完整的外部身体。整料出骨的食材还便于加热成熟，利于入味。整鸡出骨需要先划破颈皮然后去翅骨、去身骨。而鱼的整料出骨则分为鳃出法和背出法两种。经过整料出骨的食材，可以展示中餐精湛的厨艺，便于菜肴造型，如制作葫芦鸭、花篮鳜鱼、荷包鲫鱼等。

近年来，随着商业分工越来越专业化，分档取料越来越趋于由加工厂操作。而整料出骨由于其难度较大，只是用在一些工艺菜预制工作中，所以也越来越少见。而对一些已经分档取料的食材作进一步的切割加工，却是从古至今中餐从业者的一项基本功。

二、食材分割工艺

分档取料后的食材并不能直接进入烹饪程序，还需要根据烹调和食用的要求，运用不同的刀法，将较大的原料加工成小型原料。这一步骤在中餐制作中叫做原料成形，其技法被称为刀工。

刀工是中餐碎解中一项重要的内容，是与中餐的火候、调味并重的一项技艺。和世界上其他餐系比较，中餐刀工无论是在刀具、技法还是艺术呈现方面，都有其独特的魅力。

（一）刀具的种类

中餐刀具有悠久的历史。1963 年，中国考古工作者在陕西蓝田发现了古人类使用过的石制刮削器和尖状器，这是中国厨刀最早的雏形。在新石器时代，生活在中华大地上的先辈改善了打磨石器的方法，石刀出现了专业类型。在石刀之后，用动物骨骼制作的骨刀和用木头制作的木刀相继问世。大约一万年前，中华先祖掌握了制陶技术，伴随着陶罐、陶釜、陶鬲等炊具的出现，厨用陶刀也开始出现在人们的视野。大约 4 000 年前，国人发明了冶炼术，青铜制作的厨刀步入厨房。约 1 600 年前，锋利无毒的铁刀取代了铜刀，中餐制作从此进入了一个刀工技法丰富的时代。进入现代社会，随着冶炼技术的进步，钢刀，尤其是不锈钢刀，以其良好的切削性、耐磨性、耐腐性、耐高温性和卫生性，成为中餐刀具中的主力军。

在长期的发展历程中，中餐厨刀形成了有别于其他餐系厨刀的鲜明特色，具体有如下两个区别。

第一个区别是专刀专用和一刀多用。西餐厨刀为数众多，有切割肉类的主厨刀，切割烤肉火腿的片肉刀，处理整鸡、整鱼的剔骨刀，削土豆皮的削皮刀，制作面包的面包刀……日餐中也有专门处理鱼的出刃包丁，处理刺身的柳刃包丁，处理牛肉的牛刀，刨萝卜片的薄刃包丁等。中餐刀具则没有这么复杂，一把厨刀，可以身兼斩、切、劈、刮、碾等多种用途。因此，中餐厨刀远比西餐、日餐厨刀厚重。中餐厨师对厨刀的技艺掌握，也比其他餐系厨师难度相对大得多。

第二个区别是中餐厨刀掌握在厨师手里，所有的食材切割都由厨师完成；而西餐厨刀有一部分是由厨师掌握，还有一些厨刀是放在餐桌上，作为餐具供食客自行使用。西餐中供食客使用的厨刀类型有很多，例如，用于吃大盘菜的正餐刀，吃鱼或中盘菜的鱼刀，吃面包、点心的白脱刀，用于切割各种烧烤卤肉的切肉刀，用于取抹黄油的黄油刀，用于切水果的水果刀等。

中餐厨刀一刀多用，但这也不是说，中餐的碎解工具就是一把厨刀。从种类及用途分，中餐厨刀有砍刀、切刀、片刀、尖刀、花色刀、雕刻刀等。每种刀具在中餐各菜系、流派中又有各自的变形和名称，如九江刀、文武刀、排骨刀等。

砍刀。砍刀刀身长、宽、重，刀背呈拱形，主要用于加工带骨或质地坚硬的食材，如砍劈猪头、排骨、整鸡、整鸭、整鹅等。

切刀。切刀又叫前切后斩刀。刀身略宽，薄厚适中，应用范围广泛，既能用于切、片、剁，制作块、片、条、丝、丁、末、泥，又能加工质地较硬或带有小骨的食材。

片刀。片刀刀身窄而薄，刀口锋利，重量较轻。片刀有两种，一种是普通片刀，用于加工片、条、丝状食材。另一种是专用片刀，如被称为小片刀的烤鸭片刀，刀身比普通片刀略短、略窄，用于片烤鸭肉；又如羊肉片刀，刀身较薄，中部呈弓形，为切生羊肉片专用。

尖刀。尖刀又叫剔骨刀。刀型前尖后宽，呈长三角形，重量较轻。在中餐制作中，尖刀常用于剔骨、剖鱼。

花色刀。花色刀包括多种小型刀具，如可用于食材割、剖、刮、摘毛用的镊子刀，用于除鳞、去皮、刮去食材表面污垢的刮刀，多用于鱼虾类整理的剪刀，专门用于整鱼出骨的整鱼出骨刀，专门用于撬开牡蛎、蛤蜊外壳的牡蛎刀、蛤蜊刀等。

雕刻刀。雕刻刀是食品雕刻的专用工具。中餐既是科学又是艺术，食品雕刻对于中餐的盘饰美化和餐桌美化具有重要作用。食品雕刻道具多种多样，主要有平口刀、直刀、斜口刀、圆口刀、V形刀、圆柱刀、宝剑刀、圆珠挖刀、勺口刀、模型刀等。

中餐刀工的作用是根据成菜需要，将食材加工成一定形状。由于中餐食材种类繁多，形状有别，大小不一，老嫩不同，成菜标准、要求各异，所以其中的绝大多数不能直接用于烹饪，需要通过刀工将其碎解，加工成符合成菜要求的形状。

刀工不仅可以影响和决定食材加工的形状，对于中餐成菜还具有如下作用。

一是便于成熟。中餐食材经过刀工处理，由整体、大块的食材变为规整一致的块、片、条、丝、丁、粒、末等形状，在烹调时可以达到快速受热、均匀成熟的目的。

二是便于入味。如果将未经刀工处理的整只或大块食材直接入烹，由于体积过大，调料大多只能停留在食材表面，难以深入到食材内部，造成菜肴外部味浓内部味淡的现象。经过将食材碎解成小料，或在表面剞上花刀，即可使调料渗入食材内部，让菜肴内外口味一致。

三是增加视觉感受。经过刀工处理的食材，长短相等，薄厚均匀，整齐划一，规格一致，给人以美的享受。经过剞刀加工的食材，经加热后可以呈现出几何、动物、植物形态，更是美不胜收，让人食欲大开。

四是便于食用。中餐的食具是筷子和汤匙，少有上桌切割的传统。如果食材以整只、大块形式出现，食用起来既不方便又不雅观。而经过剔骨、去皮、分割等刀工处理后再行烹饪，食用起来既方便又文明。

（二）刀工的种类

中餐刀工又称中餐刀工技法，是中餐厨师在长期实践中根据食材形态、性能和成菜要求积累而成的一套碎解方法，要求以准、快、巧、精、美的标准，实现形象性、艺术性的目的。

中餐刀法很多，名称各异，但基本方法具有一致性。根据刀刃与食材、砧板接触的角度，可将基本刀法分为直刀法、平刀法、斜刀法、剞刀法和其他刀法五种类型。

直刀法。直刀法是刀刃与砧板面或食材成直角的一种刀法。根据食材性质和烹调要求的不同，直刀法又分为切、劈、斩三种。

切是将刀对准食材，由上而下，垂直推拉，一般用于无骨的食材。由于无骨的食材也有老、嫩、脆、韧等区别，所以又可分为直切、推切、拉切、锯切、铡切、滚切几种不同的切法。

直切又叫跳切，一般用于脆性食材，如莴笋、萝卜、黄瓜、土豆等。操作方法是左手按稳食材，右手持刀，一刀一刀笔直切下，着力点布满刀刃，前后力量一致。直切技术熟练后，速度加快，便可形成"跳切"。直切有两个要求。第一，左右手必须有节奏地配合。左手按稳食材，根据每刀食材的厚薄、长短、形状等要求，不断后移。右手持刀，运用腕力，随着左手的移动，紧跟着一刀一刀直切下去，移动的距离要相等。第二，下刀垂直，刀口不偏斜。下刀不直，不仅影响食材的整齐、美观，而且容易切落砧板的碎屑，使碎屑混入原料，影响菜肴质量。

推切适用于比较薄小的食材，如熟肥肉、肉丝、豆干丝、百页等。因这些食材有的质地松散，直切容易碎裂或散开；有的韧性较强，直切不容易切断、切齐，采用推切法就能够进行针对性处理。推切的操作方法是刃口由后向前推进，力点在刀的后端，一刀推到底，不再向回拉。推切时应用手腕力量，一手按稳食材，一手持刀贴着中指向前推。

拉切适用于韧性较强的无骨食材，以肉片为多，因此又叫拉肉片。有些韧性强的食材筋腱较多，用直切或推切均不易切断，用拉切则很容易处理。拉切的操作方法是：将刀对准被切的食材，刀刃垂直向下，由外向里拉，刀的着力点在前端。根据食材不同，拉切有时要和剁结合运用，这种技法也叫剁拉切。

锯切是推切和拉切的综合，适用于质地松软的大片食材，如羊肉片、白切肉、回锅肉、面包等。锯切的操作方法是：先将刀向前推，然后向后拉，一推一拉，状似拉锯。锯切时要注意落刀要直，否则切出的食材薄厚不一，还影响下一刀的落刀部位。落刀用力宜小、宜缓，先轻锯数下，切到一半或三分之二时再行用力。落刀切时，食材要按稳，一刀未切完时不能移动，否则下一刀会失准。

铡切是仿效铡刀的刀法，故名铡切，操作对象是带壳、小型易滑或带有小骨的食材。铡切的操作方法有两种：一种是右手握刀柄，左手握刀背前端，先把刀尖对准食材要切的部位按住，再用右手向下按刀柄，将被切食材铡断；另一种是将刀跟按在食材要切的部位上，右手握住刀柄、左手按刀背前端，两手同时或交替往下按。铡切时要注意刀要对准，压切动作要快。

滚切是在刀运行的同时滚动食材，每切一次，食材滚动一次。滚切适用于萝卜、土豆、山药、胡萝卜等圆形或椭圆形的爽脆食材，可以因菜制宜，切成剪刀块、瓦楞块、木梳背块等多种不同的滚刀块。滚切时要注意，切同一种食材时刀的角度要保持一致，以使切得的食材大小划一。

劈又称砍，适用于带骨的或者质地坚硬的食材。劈要用到大小臂的力量，力度比切大。劈可分为直劈、跟刀劈和拍刀劈三种。

直劈是将刀对准食材用力向下直接劈砍。在落刀前要按稳食材，落刀时，按着食材的手应迅速离开落刀点，以免伤手。劈时要一刀劈断，如果再劈第二刀，往往不能劈在原来的落刀线上，既影响食材形状的整齐，也极易产生一些碎骨、碎肉。

跟刀劈可将刀刃先嵌入食材要劈的部位内，刀与食材一起起落，这种刀法适用于一次不易劈断，需要连劈几次的食材。跟刀劈时左右两手要密切配合，同时起落。

拍刀劈是将刀放在食材所需要劈的部位上，右手握住刀柄，左手用力在刀背上拍下去，加压将食材劈断。

斩是将食材制成茸或末状的一种刀法，一般适用于无骨的食材。通常是左右两手同时执刀，间断落刀，因此也称为排斩。斩时提刀不能过高，两刀间隔要适当，运用手腕力量，有节奏交替落刀，并不时将食材翻动，使其剁得均匀细致。制作更细的茸末时，也可先用刀背将食材斩成泥状后，再用刀刃斩。

平刀法。平刀法又叫片刀法、批刀法，在操作时，刀与砧板基本呈平行状态，刀刃由食材一侧进刀，从另一侧出刀。平刀法可分为推刀片、拉刀片、平刀片、抖刀片四种刀法。

推刀片适用于茭白、冬笋、榨菜等脆嫩的食材。其操作方法为一手持刀，一手按住食材，使刀面和砧板或食材平行，由外向里推入食材。

拉刀片适用于加工肉片等略带韧性的食材。其操作方法与推刀片相似，但是刀刃进入食材后不是向外推，而是向里拉。

平刀片是使刀面与砧板呈平行状，沿刀刃方向一刀片到底的一种刀法，适用于无骨的软性食材，像肉冻、豆腐、熟猪血等。

抖刀片的作用是美化食材的形状。其操作方法是：一手按稳食材，一手持刀，待刀刃进入食材后均匀抖动，呈波浪式推进。抖刀片适用于柔软的原料，如豆干、腰片、松花蛋等。

斜刀法。斜刀法是刀面与砧板或食材接触时呈斜角的一种刀法。可分为斜刀片和反刀片。

斜刀片也称磨刀片，适用于质软的脆性、韧性无骨食材。其操作方法为一手按稳食材一端，一手持刀，刀面呈倾斜状，刀背高于刀口，斜着片入食材。片成的块或片呈斜面，面积较横断面切出的大。

反刀片适用于脆性食材，如猪肚等。其操作方法为刀背向里，刀刃向外，刀身略呈倾斜状，进入食材后由里向外运动。

剞刀法。剞刀法又称锲刀法、混合刀法，其操作以直刀法和斜刀法为基础，将食材划上各种刀纹，但不切断，一般情况下进刀深度约为食材的三分之二或四分之三。剞刀的目的是使食材在烹调时更易入味，可以用旺火在短时间内使菜肴迅速成熟，并保持脆嫩。剞刀也可以对食材作加工美化，使经过剞刀处理的食材在加热后呈现多种艺术形态。

剞刀种类较多，通常可分为推刀剞、拉刀剞、直刀剞、斜刀剞、反刀剞等。

其他刀法。其他刀法是指除上述刀法外，在中餐中应用较多的几种刀法，主要有剔、剖、刮、削、剜、旋、砸、拍等。

剔是去骨的一种刀法，如剔猪肋排。剖是将整形食材破开的一种刀法，如剖鱼腹。刮是清除食材表面污垢、杂质的一种刀法，如刮鱼鳞。削是平着削去食材表层或将食材加工成一定形状的一种刀法，如削莴笋皮。剜是挖空食材内核或进行表皮处理的一种刀法，如剜去苹果核、土豆芽。旋是将某些食材的表皮取下的一种刀法，分为手上旋和砧板上旋，如旋黄瓜皮。砸是用刀背将食材制成茸泥的一种刀法，如砸虾茸。拍是将食材拍破或拍松的一种刀法，如拍萝卜、拍黄瓜等。

（三）形制的种类

对食材进行碎解的目的有两个，一是便于烹调，二是便于食用。因此，碎解的目的不是一切了之，而是根据成菜要求，运用不同刀法，将其加工成块、片、条、丝、丁、粒、末、泥、段等应用食材。

段。段一般用剁或切的刀法加工而成。段的粗、细、长、短视食材状态和烹调需求而定。

块。块是将食材加工成成团、成块的形状。块采用切、剁、砍等刀法加工而成。凡质地较为松软、脆嫩，或质地虽硬但去骨去皮后可以切断的食材，皆可成块。常见的块状有菱形块、方块、长方块、劈柴块、排骨块、滚刀块等。

片。片是将食材加工成薄而较大的形状。片的加工刀法很多，常用的有直刀法中的直切、推切、拉切、锯切；斜刀法中的斜刀片、反刀片；平刀法中的平刀片、推刀片、拉刀片。片有多种形状、大小和薄厚，常见的片状有菱形片、月牙片、柳叶片、象眼片、夹刀片、指甲片、抹刀片等。

条。条是将食材加工成细长的形状。条的加工方法一般是先将食材切成厚片再加工成条。条的粗细取决于片的薄厚，大小取决于片的长短。粗条一般长 4~6 厘米，粗约 1.5 厘米；细条一般长 4~6 厘米，粗约 1 厘米。常见条状加工原料有长方条、象牙条等。

丝。丝是更为纤细的条。切丝时先将原料顺丝切成薄片，然后将薄片整齐地码成瓦菱形，再顺刀切成丝状。丝可分为头粗丝、粗丝、细丝。头粗丝是长度约 5 厘米、粗细约 0.4 厘米的丝，适用于鱼肉丝的加工；粗丝是长度约 5 厘米、粗细约 0.3 厘米的丝，适用于里脊的加工；细丝是长度约 5 厘米、粗细约 0.2 厘米的丝，适用于鸡脯肉的加工。

丁。丁是大于粒、末的小型块状食材，是在条的基础上加工而成的。常见的有大方丁和小方丁。大方丁是先将整形后的食材切成约 1.2 厘米厚的片，然后顺其长度切成约 1.2 厘米宽的长条，将长条刀切或剁成约 1.2 厘米见方的丁状。小方丁约为 0.8 厘米见方。

粒。粒是小一些的丁。大粒有绿豆大小，小粒和小米相近。粒的成形方式等同于丁。

末。末是比粒还小的丁。加工末状食材时，需先将整形食材切成丝，然后顶刀切成小丁状，再用剁的刀法将其剁碎。

泥。泥又称蓉泥、茸泥，采用排刀法剁制而成。成形后的食材极细，状似泥，因而得名。制作茸泥的原料一般有鸡、虾、鱼、肉等。制作前需先将原料中的骨、皮、筋去掉，有的还要加入猪肥膘，以增加泥的黏性。

三、生食加工工艺

生食是指未加热的食材经碎解后直接食用的成品。生食产品是餐桌三大产品分类之一，与烹饪产品、发酵产品共同构成中餐产品体系。

（一）生食分割工艺

碎解在中餐中的整体作用有两个，一个是对食材进行清理和初加工，以便下一步的烹饪操作；另一个是直接形成生食产品，如对一些蔬果直接进行切割摆拼，后者被称为生食加工工艺。

生食所用原料主要是水果、蔬菜等植物性食材，某些动物性食材，像鱼类、贝类、蚌类和个别畜肉类，也可作为生食的制作原料。

生食比熟食离食物的天然性更近一步，比熟食保留了更多的营养元素，对促进人体新陈代谢，预防某些疾病，帮助身体恢复健康，都有莫大作用。但是，生食也因未经高温烹制，从而有的含的毒素未经排除，有的细菌得不到彻底杀灭，若不当进食，会影响身体健康。

依据食材类型，生食技法可分为水果食材生食技法、蔬菜食材生食技法和动物食材生食技法。

水果生食工艺。 水果生食产品又称果盘。果盘是将一至数种水果经过清理、刀工等程序加工，形成的一种中餐生食产品。果盘一般在正餐开始前或结束后食用，其花色多样，口感香甜，营养丰富，老少皆宜。

制作果盘要从它的色彩搭配、艺术造型、口味口感和营养平衡方面综合考虑。

果盘的色彩搭配一般有对比色搭配，如红配绿、黑配白等；相近色搭配，如红色、黄色、橙色搭配；多色搭配，如红色、绿色、紫色、黑色、白色搭配。

果盘的艺术造型包括水果原形和切割后的形状，如几何状、龙舟状、灯笼状等，还包括盛装器皿。如长形的水果造型不宜选择圆盘来盛放，可以选用方形、长方形器皿等。无论如何造型，碎解后水果的厚薄、大小等规格，以可以被直接食用为宜。

果盘的口味口感指一个果盘如由多种水果组成，要注意其中的酸甜度和软硬度的搭配。

营养平衡是指要注意各种水果的营养成分，使其均衡搭配。

制作果盘的刀功以简单易做、方便出品为原则。刀法包括打皮、横刀、纵刀、斜刀、剥刀、锯齿刀、勺挖、去核等。打皮是用刀削去食材不能食用的外表皮，如果皮可食用，一般会省去这道程序。横刀是指按与食材生长的自然纹路垂直的方向施刀，横刀法可用于切块、切片。纵刀是指按与食材生长的自然纹路相同的方向施刀，纵刀法可用于切块、切片。斜刀是指按与食材生长的自然纹路成夹角的方向施刀，斜刀法可用于切块、切片。剥刀是指用刀将水果不能食用的部分剥开，如剥柑皮、柚皮等。锯齿刀是用切刀在原料上直切一刀，再斜切一刀，两个刀口的方向成夹角，刀口成对相交，使刀口相交处的食材呈锯齿形。勺挖是用勺将食材挖成球形，多用于瓜类，如西瓜球。

蔬菜生食工艺。 中餐讲究熟食，即使是蔬菜也不例外，从古代的制羹到近代的炒菜，一直是以熟为主，这与西餐以生食蔬菜为主形成了鲜明对比。但是近代以来，中餐中生的蔬菜品种越来越多，除瓜类之外，越来越多的叶类、茎类、根类蔬菜进入了生食的范畴，甚至还出现了袖珍黄瓜等专门为生食打造的食材。

蔬菜生食产品越来越受到食客的欢迎的主要原因有两个，一是生食蔬菜口感更佳，二是生食蔬菜保留了更多的营养成分。

许多蔬菜，如莴笋、甘蓝、黄瓜、萝卜、芫荽、白菜心，论其口感和味道，都是生吃胜于熟吃。即使熟菜西红柿炒鸡蛋享誉大江南北，也一点没有影响到生食糖拌西红柿的地位，这是因为生西红柿有着熟西红柿不可替代的味道和口感。

比口感和味道更重要的，是生食蔬菜对营养保存得更好。食物中的一些营养元素，如维生素 A、C、E 等，对温度非常敏感。实验证明，当水温高于 60℃ 时，一些叶菜中的维生素 C 会损失 1/5~1/2。高温让食物由生变熟，同时也促使这些食物中的蛋白质变性、分解，使营养成分受损。生食比熟食能保留更多的营养成分，例如，生食的蔬菜中有着比熟食更多的叶绿素。叶绿素能净化血液，再生细胞，加速伤口的复原，抑制癌细胞和病毒的繁殖。生食能完整地摄取食物所含的酵素成分，而酵素是人体代谢不可或缺的物质。生食比熟食能保留更多的膳食纤维，膳食纤维在体内能吸附垃圾、毒素等有害物质，并将这些有害物质排出体外。

当然，相较于熟食，蔬菜生食产品并非有百利而无一害。蔬菜生食产品没经过加热制熟，残存的细菌、农药等有害物质可能会更多；一些蔬菜本身含有毒害成分，需经过加热才能分解，这些都需要在制作蔬菜生食时，多加甄别和处理。

从碎解工艺看，蔬菜生食产品的刀工多为去皮、切片、切条、切丝、切块，有的蔬菜生食产品甚至不用刀工，只需清理，工序非常简单。

动物食材生食技法。动物生食产品又叫刺身。刺身来自日语，是将新鲜的鱼类、贝类生切成片，蘸调味料直接食用的一种料理形式。但这并不是说传统中餐里就没有这种动物性的生食产品。生鱼片在中国古代被称为鱼脍，是常见的鱼类菜品。据出土的周朝青铜器铭文记载，早在周宣王五年（公元前 823 年），大将尹吉甫宴请张仲等友人，主菜是烧甲鱼加生鲤鱼片。中国的至圣先师孔子曾留下一句名言：食不厌精，脍不厌细。脍就是切成薄片的动物性生食产品。

在当代，刺身最常用的材料是鱼，且以海鱼为多。常见的品种有金枪鱼、三文鱼、鲷鱼、比目鱼、鲣鱼、多春鱼等，一些贝类、蚌类乃至生三文鱼籽，也可以作为刺身食材。可以作为刺身食材的，还有鸡和牛肉的特定部位。

动物生食产品的制作有三大注意事项。

其一是选料。动物生食食材要求新鲜，新鲜的动物生食食材不仅味美，而且安全、卫生。做刺身要尽量避免使用淡水鱼，因为淡水鱼鱼肉中可能有寄生颚口线虫。有些海鱼，如鳕鱼可能含有异尖线虫，也不能选来制作刺身。淡水螺、猪肉、羊肉等也不适合做动物生食产品。

其二是卫生。动物生食产品的制作要有专用的刀具和砧板，原料要分别包装、分别冷藏，冰箱的冷冻温度必须控制在 -18℃ 或以下，冷藏温度要在 4℃ 以下。切配台必须做到整洁干净，各种刀具干净、无污渍。供应刺身菜肴时要求有冰凉的感觉，泡洗时需用低温的纯净水，碎冰打底时要在碎冰上铺保鲜膜，再放生食产品。

其三是刀工。由于制作生食没有五花八门的烹调方式，刀工就显得格外重要。加工刺身时，刀与鱼肉的纹理要呈 90 度角，这样切出来的鱼片筋纹短，利于咀嚼，口感好。切出的鱼片要求大小一致，中间不能有连刀。动物生食产品的厚度以咀嚼方便、好吃为度。好吃有两层含义，一是大小容易入口，二是厚薄能充分呈现该食材的最佳味道。

（二）生食造型工艺

生食，是食材原料和刀工技法有机结合的产物，在餐桌上往往以迎宾菜的身份出现，是一种颇具艺术性的中餐产品。

从花色看，生食拼摆有单盘、双拼盘、三拼盘、四拼盘、什锦拼盘、花色拼盘等种类，其中花色拼盘又有排列式、堆放式、环围式、码摆式等不同品种。具体技法有排、堆、叠、围、摆、覆、扎、瓤、包、塑、穿、串、酿、贴、扣、填等。

排。排是将加工好的熟料平排成行地排在盘中，排菜的食材大都切成较厚的方块或腰圆块、椭圆形。

堆。堆是把加工好的熟料堆放在盘中，一般用于单盘。堆也可配色成花纹，堆成多种形状。

叠。叠是把加工好的熟料一片片整齐地叠起，呈梯形或其他形状。

围。围是将加工好的熟料排列成环形，层层围绕。围有多种形态，将主料围成花朵，中间另用辅料点缀成花心，叫做排围；在排好主料的四周围上一层辅料来衬托主料，叫做围边。

摆。摆是采用不同形状和色彩的熟料，运用各式各样的刀法，拼摆成各种动植物形状或其他图案。这种方法多用于高档的工艺菜。

覆。覆是将熟料先排列在碗中或刀面上，再翻扣入盘中或菜面上。

生食造型工艺的艺术性较强，在拼摆时应注意以下事项：一是注意颜色搭配，相近的颜色要间隔开；二是注意质地搭配，软硬结合，成形的原料要摆在表面，碎小的原料可用来垫底；三是注意口味搭配，一桌宴席中只有一只冷盘时，要尽量做到多种口味，一桌宴席中有多个冷盘时，要形成色、香、味、形上的差异；四是注意盛器器皿搭配，盛装器皿的选择要与产品协调；五是注意季节搭配，秋冬季节的冷拼产品需浓厚味醇，春夏季节的冷拼产品要爽口清淡。

思考题

1. 中餐碎解的定义是什么？
2. 食材清理工艺有哪些方面的内容？
3. 什么是分档取料？
4. 中餐刀法可以分为哪些类型？
5. 中餐原料切割有哪些基本造型？
6. 什么是生食？
7. 制作果盘要从哪几个方面综合考虑？

第三节 烹饪工艺

烹饪工艺是中餐三大加工工艺之一。它和碎解工艺、发酵工艺一起，组成了中餐制作的工艺体系。

烹饪的本质是加热，烹饪是利用加热的方法提高食物利用效率。烹饪工艺是研究食物受热度与适口性和养生性之间关系的技术与艺术。

考古显示，30万年前，生活在中华大地上的北京猿人已经学会了用火烤熟食物。这是中餐烹饪的雏形。

火为人类带来的最大好处在于可以制作熟食。有些谷物类食物，如小麦、水稻的种子，处于自然形态时难以被人类食用和消化，烹饪之后，这些食物才成为人类的主食。以火烹食，给人类的食物带来一系列物理、化学、生物变化。经过烹饪，食物中的病菌和寄生虫被杀死，大大促进了进食卫生。烹饪食物缩短了人类咀嚼和消化食物的时间，让能吃的食物种类更多，进而使人类牙齿缩小、肠的长度缩短，并有更多的营养供应大脑，完成了有别于其他动物的最终一跃。

对于餐饮来说，火促进了烹饪技法的产生和发展。人类掌握了用火技术后，对食物的处理方法大为增加：有的直接烤；有的裹上草、树叶、泥巴烤；有的烤烫石板后燔；有的在热火灰中焖熟；有的将食物和水置于小洞穴中，不断投入滚烫的石子来提高水温，促使食物成熟；还有的利用发烫的砂石烘熟食物。这些方法统称为"火炙石燔"。

旧石器时代晚期，生活在中华大地上的先人们学会了烧制陶器，将陶盆、陶罐盛上食物与水，便可在火上烧煮成粥，这就促成了"煮"法的产生。尔后陶器升级，又在煮的基础上进一步产生了"蒸"谷为饭的方法。

公元前4 000多年，冶铜术的发明为烹饪工具的革新创造了条件，青铜炊具应运而生，由此产生了以油脂为传热介质的烹饪工艺的革新，煎法、炸法先后出现。随着铁锅的问世，旺火速成的炒法引发了中餐烹饪标志性的创新。

进入现代社会以来，伴随着工业革命的兴起，天然气、电力进入了烹饪能源的范畴，比较起柴草、煤炭，这些新的能源不仅使烹饪温度得到提升，还可以使烹饪温度尤其是低温温度得到精准控制，于是低温慢煮的"焗"法应时而生。

在漫长的发展过程中，中餐逐渐积累、形成了一整套琳琅满目、蔚为大观的烹饪工艺。

一、烹饪工艺 5-3 体系

遍观全球，中餐技法的丰富程度堪称世界第一，迄今有名称、全国通用的技法就有40余种，地方性的技法、细分的下属技法就更多了，以致在进行外语翻译时，许多中餐技法找不到对应的外语词汇。这充分说明了中餐技法的丰富性。

就体系而言，在对中餐技法发出赞叹的同时，我们也应看到它们的不足，主要是因缺乏梳理，出现一名多技、一技多名、有技无名的情况。从体系层次看，这些中餐技法又以散漫、混杂、平行的方式存在，不分大小，不分主次，不分层级，就产品论技法，缺少系统性的体系。由此，搭建一个科学、全面的中餐烹饪体系势在必行。

本书新构建了一个"烹饪工艺 5-3 体系"。它从科学原理出发，将中餐烹饪工艺分为5个分类、3个层级。其中的"5"表示并列关系，是依据传热介质的不同，将中餐烹饪工艺分为5类一级工艺，即气体传热工艺（烤）、水体传热工艺（煮）、汽体传热工艺（蒸）、油体传热工艺（炸）和锅体传热工艺（炒）；其中的"3"表示属种关系，即在 5 类一级工艺下，将原来杂乱并列的烹饪工艺分门别类，划分成质介、热量、感官等三个属种层级（见表 3-1）。

表 3-1　中餐烹饪工艺体系表

级别	名称	类型
第一级	介质级	气体传热、水体传热、汽体传热、油体传热、锅体传热
第二级	热量级	加工时间、加工温度
第三级	感官级	嗅觉感受、视觉感受、味觉感受、触觉感受、听觉感受

在新的中餐工艺体系中，一级工艺之所以不用传统的烤、煮、蒸、炸、炒分类，这是因为在传统中餐烹饪工艺中，它们和二级工艺有重叠。例如"煮"，既是一级工艺的类别名称，又是该类别之下的一个二级工艺的名称，在逻辑上有欠清晰。

中餐烹饪 5-3 工艺体系旨在深入研究中餐技法之间的逻辑关系，让其在科学原理的基础上系统化。这对研究中餐技艺，挖掘、传承、发扬中餐文化，具有现实和长远的意义。

（一）烹饪一级工艺

烹饪一级工艺是中餐工艺体系中的第一个层级，是以传热介质划分的，又称"介质级"（见图 3-1）。

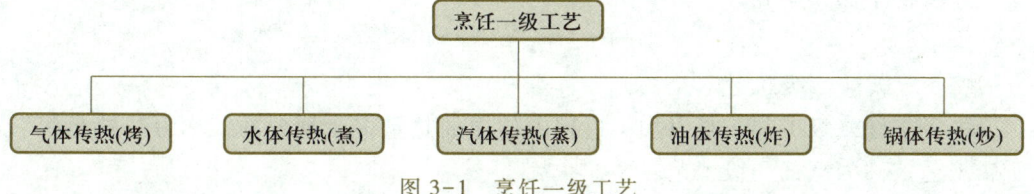

图 3-1　烹饪一级工艺

在中餐工艺第一个层级中，气体、水体、汽体、油体、锅体为主要传热介质。除了这五种传热介质之外，还有盐、砂、石等传热介质，使用不普遍，本书中不做详解。

在中餐产品的制作加工过程中，有些菜品只用到一种烹饪一级工艺，有些菜品则需要用到两种或以上的烹饪一级工艺，才能成菜。例如，"熘"是先用蒸、炸等工艺，后用炒；"烩"是将食材经过炸或烤后，再以水体传热；烤鱼，也是先烤后煮。在餐饮业内，它们被称为复合工艺。从本质看，所谓复合，只是把几种一级工艺交叉使用，是两种及以上中餐一级工艺的叠加，并没有产生一种独立的新工艺。因此，复合工艺并不属于烹饪一级工艺，而是多种烹饪一级工艺的叠加运用。

在此，我们把气体传热、水体传热、汽体传热、油体传热、锅体传热分别用 A、B、C、D、E 来代替，得出结果如下（见表 3-2）。

表 3-2　烹饪复合工艺

复合工艺代码	一次工艺	二次工艺	传统名称
A+B	气体传热（烤）	水体传热（煮）	烤煮
A+E	气体传热（烤）	锅体传热（炒）	炒烤
B+A	水体传热（煮）	气体传热（烤）	卤烤
B+D	水体传热（煮）	油体传热（炸）	香炸
B+E	水体传热（煮）	锅体传热（炒）	熟炒
C+D	汽体传热（蒸）	油体传热（炸）	香酥
C+E	汽体传热（蒸）	锅体传热（炒）	熟炒
D+B	油体传热（炸）	水体传热（煮）	烩、红烧
D+C	油体传热（炸）	汽体传热（蒸）	扣碗
D+E	油体传热（炸）	锅体传热（炒）	熘
E+B	锅体传热（炒）	水体传热（煮）	炒煮

一级工艺有多少种叠加方法？即使只叠加一次，理论上也至少有 20 种。在上述表格中，并没有把所有烹饪一级工艺的组合方式全部列出，这是因为，在五种烹饪一级工艺中，有些组合只是理论上存在，并没有对应的菜品支撑。此外，一些菜品制作的复合过程要多于 2 次，所以一级工艺复合相加的呈现方式，比上表要复杂得多，还有待于深入研究。

（二）烹饪二级工艺

中餐烹饪二级工艺，是以加工过程中传递的热量多少划分的，称为"热量级"。所属工艺被称为烹饪二级工艺。

加热时间和温度，是传热量的两大因素，也是烹饪二级工艺划分的两个要点。烹制菜肴时，掌握好时间和温度十分重要。有些菜品，短时间爆炒才能脆嫩；有些菜品，长时间焖煮才能软烂入味。用火也是如此，该用旺火的不能用文火，该用文火的也不能用急火。例如炸制菜肴，如果油温过高，会导致外焦里不熟；油温过低，会导致挂的浆、糊脱散，成菜不酥脆。

加热时间和温度的掌握，要考虑如下要素。一是与食材的关系，食材有老嫩、大小、硬软之别，其吸热能力不同。加热时间和温度的运用，要根据食材的特征来确定。嫩、小、软的食材多用时短，老、大、硬的食材多用时长，加热的时间、温度与食材的数量、形状相关联；二是与传热介质的关系，不同的传热介质传递的热量不同，加热时间和温度的运用和传热介质相关联；三是味觉、嗅觉、口腔触觉、视觉对产品的不同感受，都与加热的时间和温度相关联，加热的时间和温度的运用，影响产品呈现的标准。

需要说明的是，不少烹饪二级工艺的命名虽然相近，如气体传热二级工艺里有一类是高温长时烤，汽体传热二级工艺里有一类是高温长时蒸，都叫高温长时，但实际的温度和时长相差很大。也就是说，由于烹饪工艺不同，温度高低和时长多少是相对的。这种相对情况见表3-3。

表3-3　中餐烹饪二级工艺时温表

烹饪一级工艺	烹饪二级工艺	温度	时间
气体传热	高温长时烤	>220℃	>2 小时
	中温长时烤	>180℃	>10 分钟
	高温短时烤	>300℃	<3 分钟
	低温长时烤	70~90℃	1~8 小时
水体传热	高温长时煮	100℃	≥2 小时
	高温中时煮	100℃	10~30 分钟
	高温短时煮	100℃	>5 分钟
	高温瞬时煮	100℃	<1 分钟
	低温长时煮	70~90℃	1~8 小时
汽体传热	高温长时蒸	103℃	>10 分钟
	高温短时蒸	103℃	<10 分钟
	中温长时蒸	100℃	>10 分钟
	低温长时蒸	50~60℃	>10 分钟
油体传热	高温长时炸	150~240℃	>2 分钟
	高温短时炸	>150℃	<1 分钟
	中温长时炸	120~150℃	>2 分钟
	低温长时炸	70~90℃	1~8 小时
锅体传热	高温长时炒	240℃	>3 分钟
	高温短时炒	180℃	<2 分钟
	中温长时炒	210℃	>5 分钟

中餐烹饪技术博大精深，同样的食材，同样的制作方法，因操作时间和温度的不同，就会呈现出千差万别的结果。例如，焖羊肉、炖羊肉、涮羊肉和氽羊肉丸子，用的原料都是羊肉，烹饪工艺都是煮法，由于焖、炖、涮、氽的时间和温度的区别，便诞生了色、香、味、形相差很大的四种产品。

（三）烹饪三级工艺

中餐烹饪三级工艺，是以五官感受体验划分的，称为"感官级"。不同的产品呈现标准，最终都会体现在食客感官上。不同的烹饪产品，在味觉、嗅觉、触觉、视觉和听觉方面给人的感受各有不同。例如，麻辣、酸辣是味觉感受，红焖、黄焖是视觉感受，软炸、酥炸是触觉感受，香煎、臭卤是嗅觉感受，穿滋、响螺是听觉感受。烹饪三级工艺存在的意义，就是利用味觉、嗅觉、触觉、视觉、听觉感受，区分烹饪产品的差异性类别（见表3-4）。

表3-4　烹饪三级工艺类别列举

感官感受	味觉	嗅觉	触觉	视觉	听觉
菜品列举	酸汤鱼 麻辣小龙虾	臭豆腐 佛跳墙	软炸里脊 脆皮豆腐	红烧肉 黄焖鸡	响油鳝糊 桃花泛

（四）与浆糊芡的适配

在中餐烹饪中，工艺并不是单独存在的，要想成菜，必须与食材进行适配，与浆糊芡的适配就是其中之一。

中餐工艺与浆糊芡的适配，是指不同的中餐工艺与浆、糊、芡的适配程度。浆、糊、芡，都是对食材的前期表面处理方法。

上浆是指将制浆原料直接加在食材上搅拌，使其均匀裹在食材表面，形成一层较薄的保护层后，再用炒、爆等旺火速成的技法成菜。与上浆类似的还有拍粉。拍粉是指将食材表面拍上面粉、干淀粉等，用于炸、煎、熘等菜品烹制。

挂糊又叫着衣，即给食材"穿衣服"。其操作流程是在经过刀工处理的原料表面挂上一层粉糊。挂糊有如下几方面的作用。

一是保护食材的水分、鲜味和质地。一些菜肴烹制，需要旺火和高温的油脂来参与。挂上粉糊后，糊浆里的淀粉吸水糊化，蛋白质受热凝固，会在食材表面凝成一层保护膜，使原料不直接与高温的油接触，从而保护了食材的水分、鲜味和质地。

二是保持食材形态，增加菜肴色泽。部分食材经前期刀工处理后，因其体积较小，在烹制过程中容易破碎、蜷缩、干瘪。通过挂糊，可以增强原料的韧性，保持食材的原状；由于挂糊后的焦糖化反应，同时使食材增加亮眼的色泽。

三是避免菜肴的营养流失。食材经过挂糊，内部的营养成分被锁住，不易流失。

四是扩大菜肴的技法使用范围。例如冰淇淋，由于食材特性并不适宜炸制，挂糊后就可以制作成油炸冰淇淋。

芡是借助淀粉等原料遇热糊化后具有吸水、黏附、光滑润洁等特点，使汤汁浓厚、改善菜肴的光泽和味道、减少因弃食菜肴汤汁造成的营养损失。芡汁可分为单纯芡汁和混合芡汁。制芡的主要原料是淀粉。淀粉的种类不同，状态也有差别。

不同的烹饪工艺与浆、糊、芡有不同的适配方式。其中水体传热工艺（煮）是使用勾芡最多的工艺，油体传热工艺（炸）是使用上浆、挂糊最多的工艺（见表3-5）。

表3-5　烹饪工艺与浆糊芡的适配

序号	工艺	上浆	挂糊	勾芡
1	烤	无	无	无
2	煮	√	√	√
3	蒸	√	无	无
4	炸	√	√	无
5	炒	√	无	√

（五）与调味方式的适配

中餐烹饪工艺与调味方式的适配，是指不同的中餐烹饪工艺适用于不同的调味方式。

调味是中餐技法中一项重要内容，根据调味的时间，可分为食材加热前的调味即基础调味、食材加热中的调味即定型调味、食材加热后的调味即辅助调味。

调味的基本原则是：下料必须恰当适时，下料时要分清调味品的主次，掌握好放入调味品的先后时机。根据食材的不同特色调味，例如对于新鲜的鱼虾，调味不宜过重；对于膻味较重的羊肉，需要加重调味。总之，要尊重菜肴成菜风格，不能喧宾夺主。

不同的烹饪工艺与调味方式有着不同的适配。例如烤法适用于加热前和加热后调味，蒸法和炸法都无法进行加热中调味（见表 3-6）。

表 3-6　烹饪工艺与调味方式的适配

序号	工艺	加热前调味	加热中调味	加热后调味
1	烤	√	√	√
2	煮	加入水中使被稀释、释放	√	√
3	蒸	√	无法调味	√
4	炸	√	无法调味	√
5	炒	√	√	无需调味

（六）与口感的适配

中餐烹饪工艺和与口感的适配，是指中餐产品具有十分丰富的口感，如软、嫩、烂、脆、酥、糯等，不同的烹饪工艺，可以带来和强化这些口感。例如烤法会带来焦香和外酥里嫩的口感，而蒸出来的产品，会让人觉得软嫩（见表 3-7）。

表 3-7　烹饪工艺与口感（食材含水量）的适配

序号	工艺	焦香	油香	软	嫩	烂	脆
1	烤	√					
2	煮			√		√	
3	蒸			√	√	√	
4	炸		√				
5	炒						√

二、气体传热工艺体系

气体传热工艺是利用空气传热的方式加工食物的工艺，其产品的特点是焦香味浓、外酥里嫩。气体传热工艺具有介质、热量、感官三个层级。

（一）气体传热一级工艺

气体传热一级工艺，即俗称的"烤"，是将食材置于烤具内或烤架上，用明火、暗火等产生的热辐射加工食材的工艺。

气体传热工艺和其他一级烹饪工艺的区别是：食材经过空气传热后，表层水分迅速散发，使表层焦香。而食材内部水份的多寡，则由不同的烤法来决定。

气体传热工艺是最古老的烹饪工艺，如今，气体传热工艺已从简单地烧熟、烤熟食物，变成了运用空气传热的一整套工艺体系。从能源来看，除了草木、煤炭外，电力正在成为主流；从烤具来看，传统的烤炉、烤坑等控制温度不够稳定，而烤箱等新型器具的加入，让烤的温度、湿度能够得到更精准的控制，同时也远离了烟熏火燎的操作环境；从技术层面来看，气体传热工艺的不断细化、把握食材的能力日益加强，使烤制产品更加丰富多彩，更好地满足了人民的饮食生活。

中餐烹饪工艺中的气体传热工艺，具有独特的文化特色，对食材的选择范围比较宽，既有动物性原料，又有植物性原料；既有日常主食，又有特色菜肴；既有细小的串串，又有整鱼、整鸡、整羊、整猪等。

（二）气体传热二级工艺

气体传热二级工艺依据制作时的传热量大小，可以分为 A、B、C、D 四类，分别以高温长时烤、中温长时烤、高温短时烤、低温短时烤命名。其中 A 类高温长时烤的传统名称为炉烤，工艺特征为烤制温度小于 220℃，烤制时间少于 2 小时；B 类中温长时烤的传统名称为烘烤，工艺特征为烤制温度少于 180℃，烤制时间少于 10 分钟；C 类高温短时烤的传统名称为烧烤，工艺特征为烤制温度小于 300℃，烤制时间少于 3 分钟；D 类低温短时烤的传统名称为烤焙，工艺特征为烤制温度在 70～90℃之间，烤制时间小于 1～8 小时（见表 3-8）。

表 3-8　烹饪二级工艺——气体传热工艺

传热量	工艺名称	传统名称	工艺特征		烹饪三级工艺举例
			温度	时间	
A	高温长时烤	炉烤	>220℃	>2 小时	挂烤，焖烤，叉烤
B	中温长时烤	烘焙	>180℃	>10 分钟	泥烤
C	高温短时烤	烧烤	>300℃	<3 分钟	串烤
D	低温长时烤	烤焙	70～90℃	1～8 小时	烘

（三）气体传热三级工艺

气体传热三级工艺可分为挂烤、焖烤、叉烤、串烤、泥烤、锡纸烤等。

挂烤。挂烤又称挂炉烤，属于高温长时烤制工艺。挂烤是将食材加工处理后挂在大型烤炉内，利用燃烧的明火进行烤制的烹饪工艺，成菜造型大气，色彩枣红。

挂烤是通过明火和炉体产生的辐射热将食材烤熟，烤制时食材吊挂在炉火上部的蓄热之处，不直接接触明火。由于烤炉开有窗口，可借此散发水分，增加食材外皮的松脆性，所以挂烤的成品色泽枣红、外皮松脆、肉质鲜嫩、香气浓郁。

挂烤工艺的代表菜品有挂炉烤鸭等。

焖烤。焖烤也叫焖炉烤，属于高温长时烤制工艺。焖烤是将加工处理好的食材置于焖烤炉内烤制成菜的烹饪工艺。成品外焦里嫩，不硬不软，香气浓郁。焖烤炉在烤制时炉门封闭，因此可以保持很高的温度，通常可以达到 250℃ 左右。在烤制的过程中，食材能够四面受热，所以产品色泽和成熟度都可保持均匀。

焖烤的用料比挂烤广泛，除了鸭、鹅等禽类之外，猪、羊等身形较大的畜类也可以进行焖烤。

焖烤的代表菜品有烤全羊等。

叉烤。叉烤也属于高温长时烤制工艺，是将腌渍入味或抹了糖浆的食材用叉子叉住，或用其他方法固定在叉上，晾皮后在明火炉具上不断翻动。叉烤的菜品风格与挂烤、焖烤相近，但更适宜于烤制一些主要吃皮的菜肴。

叉烤的炉具都是敞口炉，分为槽形、火盘形、长方火池形等几种类型。燃料要求火势稳定、火力强劲、保持时间长。

叉烤工艺的代表菜品有金陵叉烤鸭、烤乳猪、烤酥方等。

串烤。串烤属于高温短时烤制工艺，是将加工成块、片状的小型食材穿在铁签子或竹签子上，经过短时间热烤成菜的一种烹饪工艺。串烤菜可荤可素，成菜精致，操作方便。

串烤所用炉具较简单，一般是长方形的火槽。串烤的食材多种多样，除了羊肉之外，猪、牛、鸡、鹿等肉类及内脏，多种海鲜和蔬菜，也是串烤的日常用料。上述食材可提前腌制，也可以不经腌制，切割整理后即可串串烤制。串烤加热时间短，一般在 10 分钟之内，多数只用食盐、辣椒粉和孜然粉调味，操作简单，普及度较高。

串烤工艺的代表菜品有烤羊肉串、烤鱿鱼、烤辣椒、炭烤腐皮卷等。

泥烤。泥烤属于中温长时烤制工艺，是先将食材用调料腌制，然后用荷叶、玻璃纸加荷叶包扎，用酒坛泥封裹后放入烤箱中烤熟的一种烹饪方法。泥烤的食材以禽类为主，畜肉、鱼类为辅。由于热量为缓慢透入，成品口感酥嫩、香味浓郁。

泥烤工艺的代表菜品有叫花鸡、叫花鸭子等。

三、水体传热工艺体系

水体传热工艺是以水为介质来传导热量加工食物的工艺，俗称"煮"。是将食材放在多量的汤汁或清水中，利用不同时长制熟的过程。

水体传热工艺适用于体积小、质地软的食材，其特点是食材水分损失少，保留的营养成分多，可以避免气体传热工艺、油体传热工艺所产生的油腻感，以及由于烹饪时间过长、温度过高而产生的致癌物，是一种健康的烹饪方式。

（一）水体传热一级工艺

和其他烹饪一级工艺对比，水体传热工艺属于中温烹饪，一般情况下，水的沸点为100℃。在高原地区，由于气压低，水的沸点会小于100℃，煮制同样的东西，需要延长时间才能成熟。而在高压锅中，水的沸点可以大于100℃，煮同样的东西，可以缩短时间。还有一种烹饪方式叫"低温慢煮"，也叫"水焗"，则是根据原料受热能力的差异，将水的温度控制在60~80℃的恒温，进行长时间的煮制，以使食材呈现出绵软而细腻的口感和风味。

在中餐烹饪中，水体传热工艺具有广泛的用途，可以直接成饭、成菜。例如煮粥、煮面条、煮水饺、煮馄饨、煮汤等。苏菜系的大煮干丝、川菜系的水煮牛肉等，都是用水体传热工艺制作的。中餐中的各类制汤、吊汤均离不开水体传热工艺。比较其他烹饪一级工艺，水体传热工艺相对简单，温度比较好把握，既适合植物性原料，又适合动物性原料。可以在加热过程中调味，也可以在加热后调味。

（二）煮类二级工艺

依据传热量的不同，煮类二级工艺可以分为A、B、C、D、E五类。

其中A类的工艺名称为"高温长时煮"，传统名称为酥、卤，工作温度为100℃（由于气压不同会产生一些变化），所需时间一般大于2小时。

B类的工艺名称为"高温中时煮"，传统名称为焖、炖、熬，工作温度为100℃（由于气压不同会产生一些变化），所需时间为10~30分钟。

C类的工艺名称为"高温短时煮"，传统名称为煮，工作温度为100℃（由于气压不同会产生一些变化），所需时间大于5分钟。

D类的工艺名称为"高温瞬时煮"，传统名称为汆、涮、焯，工作温度为100℃（由于气压不同会产生一些变化），所需时间小于1分钟。

E类的工艺名称为"低温长时煮"，传统名称为浸、水焗，工作温度为70~90℃，所需时间为1~8小时（见表3-9）。

表3-9　烹饪二级工艺——水体传热工艺

传热量	工艺名称	传统名称	工艺特征		烹饪三级工艺举例
			温度	时间	
A	高温长时煮	酥，卤	100℃	≥2 小时	红卤、白卤
B	高温中时煮	焖，炖，熬	100℃	10~30 分钟	油焖、黄焖、清炖、红炖
C	高温短时煮	煮	100℃	>5 分钟	白水煮、盐水煮
D	高温瞬时煮	汆，涮，焯	100℃	<1 分钟	白焯、盐焯
E	低温长时煮	浸，水焗	70~90℃	1~8 小时	茶叶浸、葱香焗、蒜香焗

水体传热二级工艺列举如下。

浸。 浸隶属于低温长时煮类别，是将加工处理的生料置于沸水锅中，随即离火缓慢浸烫，至水温降低、生料制熟的一种烹饪工艺。从时间和温度方面说，浸法是在水大沸时下锅，此时食材骤然遭遇高温，外皮紧缩，形成脆性，同时也清除了异味。离火后，水温慢慢下降，并不断渗透到食材内部，这不仅防止了食材中的蛋白质过度变性而凝固变硬，也使各种鲜香物质较少向外散发。在热浸之后，又增加了冷浸步骤，使得食材更加保鲜、保色、保脆。浸制菜品从温度上可分为热浸、冷浸，从介质上可分为水浸、汤浸、粥浸。成菜具有汁多含浆、鲜嫩脆滑的特点。

浸制菜品的代表作有白切鸡、豉油汁热浸带鱼、米汤啤酒鸡等。

卤。 卤隶属于低温长时煮类别，是将食材浸于卤水中腌渍并用卤水加热制熟的一种烹饪工艺。在时温方面，卤制工艺具有加热时间长、加热温度低的特色。卤法一般采用沸水下锅、小火加热的方法。沸水下锅是尽快使食材表层凝固，减少食材脂肪、蛋白的溶出量，保持食材的柔嫩性；小火加热，是为了保持卤水的清纯。食材不同，其卤制的要求也有区别：禽类一般断生即熟；肉类浸至软柔即可；嫩茎类蔬菜要求保持鲜脆；鱼等水生动物不宜用来卤制。

用于腌渍的卤水叫生卤水，有血卤与清卤之分。用于加热过程的卤水叫熟卤水，有白卤与红卤之分。熟卤水既可作为传热介质，又可通过自身的滋味对食材进行调味，相当于一种特殊的调味兑汁，其用料配方很多，多因地制宜，特色鲜明。对于原料口味不足的菜肴，可取一部分卤水收至稠黏，浇在制品之上，称为"挂卤"，有的地区称其为"酱"。如果卤制的食材经过提前腌渍，由于食材内口味较足，故无需挂卤过程，直接浸卤（腌卤）即可。有些卤菜与冻制结合，即卤后继续冻制成菜，如水晶肴蹄，这一技法称为"卤冻"。

卤法的代表性菜品有卤水鹅掌、卤水金钱肚、水晶肴蹄、苏州卤鸭等。

焯。 焯隶属于高温瞬时煮类别，有两个作用，一是将食材放在水锅中加热浸烫，是正式烹调前的食材初步热处理的工作；二是将鲜嫩食材入沸水烫熟，然后弃汤取料，带味碟组合成菜。

根据食材的不同，采用焯法时应该特别注意对时间和温度的控制。其要点有六个：其一，水量要足，加水量不足，会延长焯烫时间，影响蔬菜的质地和口感；其二，食材不可切割过碎，切割过碎会造成焯水时维生素和矿物质的大量流失；其三，火力要旺，充足的火力可以一直让水保持沸腾状态，降低对维生素 C 等营养素的氧化作用；其四，操作时间要短，如果焯制时间过久，就成了煮蔬菜，会影响菜品的色、香、味；其五，水中要加油或盐，在焯烫过程中，加盐可让食材可溶性成分扩散减慢，减少营养流失，加油可以防止氧化酶破坏叶绿素，保持食材鲜亮的颜色；其六，食材焯水后要用冷水降温，以免产生热氧化作用。

焯制工艺的代表菜品有橙汁藕片、姜汁菠菜等。

煮。 煮隶属于高温短时煮类别。二级烹饪技法中的煮和一级烹饪技法中的煮有区别。一级烹饪工艺中的煮（水体传热）是中餐中一大烹饪工艺类别，即所有水传热的加工工艺都称为煮。二级烹饪工艺中的煮则为一个具象的烹饪工艺。具体来说，二级烹饪工艺中的煮，是一种将体小易熟的食材置于烹具中，加入汤水旺火加热至沸，然后调味成熟的成菜方法。

煮是中餐烹饪中最古老、最常用的技法之一。有人这样总结煮的特色：煮菜成品不需酥烂而要软嫩。煮不像炖、煨、焖诸法具有严格的器皿要求和密封性，而是更为便利的一种加热方法，通常将食材入锅，加汤加热至沸，再调味即成。

在时间和温度控制上，由于煮菜汤菜并重，无勾芡过程，所以加热时间相对较短，一般为 5~30 分钟，一些老韧食材需要进行预热加工才能用于煮制。从火力上看，煮的短时沸腾程度强于煨，因此可使汤、菜一体，汤汁与菜料和谐融通。

煮制工艺的代表菜品有大煮干丝、水煮牛肉等。

焖。焖隶属于高温中时煮类别，是指将经过炸、煸、煎、炒、焯等初熟处理的食材放入容器，加鲜汤和调味品后加盖，采用中小火长时间加热至食材成熟酥烂的一种成菜工艺。

制作焖菜的食材多为有一定韧性的鸡、鸭、猪、牛、羊肉等。在二级烹饪技法中，焖法加热时间长，烹调温度高，汤汁浓稠，成品软糯，醇厚鲜美。

焖制工艺的代表菜品有油焖春笋、黄焖鸡等。

涮。涮隶属于高温瞬时煮类别，是将易熟的食材切成薄片，放入沸水经短时加热，捞出后直接食用或蘸调料食用的工艺。

涮的时间和温度控制特点为：食材在沸水中加热所用时间很短，食材的鲜香味不受损失，成品滋味浓厚。除开水涮以外，还有在火锅中加入鲜美的汤涮，味道更是丰富多彩。

涮法一般在特制的炊具——火锅中方能施展。传统的火锅集加热、保温于一体，兼有炉灶、锅具和餐具三种功能。和其他煮制技法不同，绝大多数煮制菜肴都是由厨师独立完成的，而涮菜是由厨师和食客共同完成的，但这一点也不影响这一技艺在中餐烹饪中的地位及厨师的重要性。在食客自涮自吃前，厨者已为食客准备好涮制的所有物品和条件，从锅具的准备到主料的选择和加工，从调味料、涮汤的调配到配料、佐料的切配，90% 以上的涮制工作还是由厨师完成的。

由于涮制工艺主要应用于火锅，所以在一些地方又被称为火锅技术，并由此诞生了种种不同的火锅菜品。但是并不是所有的火锅菜肴都能与涮画等号，只有利用火锅涮熟食材成菜的，才属于涮法的范围。假如缺少涮的过程，那就不属于涮制成菜了。例如，有一种名叫什锦火锅的火锅菜，是用火锅装入半成品和调味品、汤汁等加热后上桌食用的，其实是一种煮、炖的产品。

涮制工艺的代表菜品有打边炉、菊花锅、四川火锅等。

炖。炖隶属于高温中时煮类别，是指将食材密封于器皿中，加大量水长时间恒温在 95℃ 以上 100℃ 以下进行加热，使汤质醇清、肉质酥烂的制熟成菜的烹饪工艺。

炖法的时间和温度特色是运用小火长时间恒温加热。汤温长时间保持在 90~100℃，使食材内含氮浸出物能被充分溶出，呈氨基酸或多肽形式存在于溶液中。由于汤只是接近微沸，对组织结构的变形破坏力较小，肉中胶原溶而不逸。因此炖出的汤质清鲜醇净，肉质软烂不碎。桑皮纸、盖盘等封口器具，让炖有了的良好封闭环境，鲜味物质挥发减少，较好地保持了菜品食材的原汁原味。

炖制工艺在食材选用上，一般选用老韧、无异味的食材，如牛、羊、猪肉及其蹄髈、脚爪，老鸡、老鸭、老鹅、老鸽也是炖菜常用的食材。一些水产品，如鳝鱼、鳗鱼、甲鱼等，也可以用于炖制。另有一些蔬菜的根、茎及菌类，也可作为辅料与上述食材同炖。

炖制工艺的代表菜品有小鸡炖蘑菇、虫草炖老鸭、家常炖母鸡等。

熬。熬隶属于高温中时煮类别，是将薄质的食材入锅缓慢加热，使其水分蒸发、风味析出、逐渐黏稠的一种烹饪工艺。熬不仅可以单独运用，还可以作为成菜的一个阶段，和其他烹饪工艺混合运用。如面点工艺中的炒豆沙，其前期使用的就是熬制工艺，熬制之后才进入炒制阶段。又如一些烧、焖菜肴的收汁过程，实际上也是用的熬制工艺。

熬与烩、烧、软炒技艺相近，在食材、加工时间和温度、成品状态等方面有一些细微区别。这些区别是：熬制食材为生性动物类小型食材，或粉质丰富的茸泥食材；熬菜的黏稠是由于水分蒸发、动物溶胶、食材乳化糊化而形成的，熬制过程中可以添加淀粉增稠；熬制的时间比烩、烧、软炒等要长；熬制菜肴的成品呈稠厚糊状，除了天然固态食材外，不具有结块特性。因此，掌握好熬制工艺的工序和熬制火候是非常重要的。

熬制工艺的代表菜品有白菜熬豆腐、白肉熬萝卜等。

（三）水体传热三级工艺

水体传热三级工艺，以烹饪产品的五觉感官感受为分类依据，主要有清炖、黄焖、红烧、白烧、黄烧等。

清炖。始终保持炖菜汤水清澈的是清炖工艺，其成菜色泽纯净。清炖工艺有如下特点：一是工具宜用陶、瓷、搪瓷器皿与电焖锅，而不宜使用铝与铁质的金属器皿；二是不用有色调味料改变色泽；三是无需煸、煎、炸、烤等预熟加工，而是冷水下锅，旺火见沸，撇沫后加桑皮纸封口；四是以菜出汤而非使用他汤，小火保持95~100℃恒温，加热时长为1~4小时。

清炖工艺的代表菜品有清炖鸡、清炖蟹粉狮子头等。

黄焖。食材经炸、煎、煸后再行炖制的方法叫黄焖，其成菜细软松嫩，色彩分明，香气清悠。

黄焖采用先炸、煎或煸的预熟方法，可达到起香固形的效果。黄焖在加热上采用砂锅焖的方法，但食材不尽相同，有的还需经过着衣过程。由于黄焖选用一些出汤率不高的食材，因此常要取些他汤。加清汤的叫清汤伢炖，加浓汤的叫浓汤伢炖。

黄焖工艺的代表菜品有黄焖鱼块、炖生敲等。

红烧。红烧成品多为深红、浅红或枣红色，其味道鲜咸微甜，酥烂适口，汁亮味浓。

红烧菜的选料加工较为严格，食材应质地新鲜，部位适宜。加工时可整只，也可切成片、块、段、茸，但一般不宜切得过小过薄，以免因长时间加热食材碎烂。在前期加工时肉要煸透，鱼要煎香，这是红烧菜形成光泽的关键。红烧的上色技巧是先上色，后加水，一步到位。如果不等食材上色就放水，调味料被水稀释，成菜就会灰白无光。汤要一次放足，中途加水会影响菜肴的口味和颜色。红烧菜的初步上色是凭借过油，在烹调过程中还要借助糖、酱油、料酒、葡萄酒等继续上色。红烧菜调味主要靠酱油，糖的用量宜少不宜多。成菜以咸鲜为主，略带甜味。

红烧工艺的代表菜品有红烧肉、红烧鱼、红烧丸子等。

白烧。 白烧是将经过焯水、油炸或者蒸制后的食材，加入淡白色的汤和调味料，经中小火加热成熟的烹饪技法。白烧菜成菜素雅，味淡汁少。

白烧的烹饪过程与红烧相似，但是不炒糖色，加入的是淡白色的汤和调味料，使菜肴呈现食材原色，口感呈现本味。

白烧工艺的代表菜品有奶油烧白菜、海米冬瓜、白汤鲫鱼等。

黄烧。 黄烧是将过油食物加汤和调味料，在锅中经中小火加热成熟的一种烹饪工艺。黄烧菜成菜汁黄淡香，味淡汁少。

比较红烧，黄烧菜肴虽然也加酱油和糖色，但用量偏少，口感偏咸。在色泽上，红烧菜肴呈现红亮色，白烧菜肴呈现原色，而黄烧菜肴呈现浅黄色。

黄烧工艺的代表菜品有蟹黄豆腐、咖喱鸡翅等。

四、汽体传热工艺体系

汽体传热工艺是研究以蒸汽为介质来传导热量加工食材的技艺，俗称蒸。其特点是可以更好地保留食材原本的味道。

（一）汽体传热一级工艺

汽体传热是指把食材置入蒸具中，利用蒸汽使其变熟的过程，其温度一般在 $100 \sim 103$℃。

汽体传热工艺，是利用水沸腾之后形成的蒸汽，将热量传递给菜肴，使菜肴熟化。汽体传热工艺的特点，是可以比较好地保持食材固有的形状，最大限度地保持食材内部水分的流失，从而使成品更加软嫩。

根据食材、蒸制器材和成菜要求的不同，汽体传热工艺可细分多种二级工艺。

（二）汽体传热二级工艺

根据蒸菜的热量差别，汽体传热工艺二级工艺可以分为 A、B、C、D 四种分类（见表 3-10）。

其中 A 类的工艺名称为"高温长时蒸"，传统名称为慢蒸，工作温度为 103℃，工作时间大于 10 分钟，下属三级工艺有粉蒸、清蒸等。

B 类的工艺名称为"高温短时蒸"，传统名称为速蒸，工作温度为 103℃，工作时间小于 10 分钟，下属三级工艺有扣蒸、汽锅蒸等。

C 类的工艺名称为"中温长时蒸"，传统名称为缓蒸，工作温度为 100℃，工作时间大于 10 分钟，下属三级工艺有酿蒸等。

D 类的工艺名称为"低温长时蒸"，传统名称为小火缓蒸，工作温度为 $50 \sim 60$℃，工作时间小于 10 分钟，下属三级工艺有持气蒸等。

表 3-10 烹饪二级工艺——汽体传热工艺

传热量	工艺名称	传统名称	工艺特征		烹饪三级工艺举例
			温度	时间	
A	高温长时蒸	慢蒸	103℃	>10分钟	粉蒸，清蒸
B	高温短时蒸	速蒸	103℃	<10分钟	扣蒸，汽锅蒸
C	中温长时蒸	缓蒸	100℃	>10分钟	酿蒸
D	低温长时蒸	小火缓蒸	50~60℃	>10分钟	持气蒸

高温长时蒸是指用旺火加热至水沸腾后，再在蒸笼里放入处理好的食材，经过较长时间将食材蒸至软熟或软糯的方法。高温长时蒸适合食材新鲜、质地较老、形体较大的全鸡、全鸭、猪肘等食材。成菜要求软熟而形整，蒸制时间一般为10分钟至3小时。如果火候不到，则成品老韧难嚼。

高温短时蒸传统名称为速蒸、旺火沸水蒸，是一种用旺火加热至水沸腾后，再将处理好的食材放入蒸笼，短时间迅速蒸熟的烹饪方法。高温短时蒸主要适用于新鲜度高、质地细嫩、易熟、无筋、鲜味足的鱼虾、禽类、畜类等食材及面点。高温短时蒸出的肉类完整、鲜嫩、熟而不烂，面点暄松饱满。在食材处理上，除蒸全鱼外，大多应加工成片、条、小块等形状，以求迅速成熟。高温短时蒸的时间多数控制在10分钟之内，菜点蒸至断生刚熟即可，时间过长成品会粗糙变老。常见的高温短时蒸菜肴有清蒸鱼、珍珠丸子、粉蒸鱼等。

中温长时蒸是指用中火加热至水沸腾时，放入处理好的食材，将菜肴徐缓蒸熟。中温长时蒸汽量充足，但是不像旺火蒸那样猛烈。此时温度不低，但压力比旺火蒸明显减弱，所以能保持较长时间的蒸制。中温长时蒸适用于体大、形整或老韧难熟的食材，有利其软化酥烂。中温长时蒸也适用于新鲜度高、细嫩易熟、不耐高温的食材或半成品。制作鸡糕、鱼糕、肉糕、芙蓉嫩蛋、百花虾糕等，均要用到此种蒸法。

低温长时蒸俗称小火慢蒸、微火沸水持气蒸。其特点是利用火力将水加热，其后用微弱的火力将水保持在微沸状态。低温长时蒸的蒸汽温度在50~60℃，适用于质地细嫩的食材，有利于保持菜肴的完整，不会因继续加热而改变菜肴的质感和风味。低温长时蒸也用来进行食物制熟后的保温，在大型宴会中经常使用。

（三）汽体传热三级工艺

汽体传热三级工艺以五觉感官感受区分，主要有扣蒸、粉蒸、清蒸、干蒸等。

扣蒸。扣蒸技法是将不同的食材层层码好，旺火蒸熟，上菜时把蒸熟的食材倒扣在餐具中。扣蒸菜色彩艳丽，造型美观，荤素搭配，是乡间宴席的主力军。

扣蒸菜食材多样，技法简单，便于批量成菜，有深厚的群众基础，有些地区，扣蒸菜还发展成套菜，成为宴席的主体，例如川菜田席的"三蒸九扣八大碗"，烹制方法即以扣蒸为主。

扣蒸技法的代表作有梅菜扣肉、扣鸡、扣鸭等。

包蒸。 包蒸是将烹调食材腌制入味后，用网油、荷叶、竹叶、芭蕉叶等包裹后放入器皿中，用蒸汽加热至熟的一种烹饪技法。包蒸可以最大限度地保持食材的原汁原味，又可增加包裹材料的风味，可谓一举两得。

包蒸技法的代表作有荷叶饭、粽子等。

酿蒸。 酿蒸又称花色蒸，是将加工成型的食材装入容器，入屉上笼用中小火在较短时间加热成熟后，再浇淋芡汁成菜的一种蒸制技法。这种技法是利用中小火势产生的柔缓蒸汽加热，蒸制出的菜品不走样、不变形，是蒸制技法中较为精细的一种。

酿蒸技法的代表作品有荷花莲蓬等。

粉蒸。 粉蒸是在食材中加入芡粉或者其他粗粉，加入调味料腌制一段时间后，倒入器皿中蒸熟，所以叫做粉蒸。粉蒸菜肴的特色是软糯、清香，营养互补。

粉蒸的食材一般不用食物整料，而是将菜肴加工改切为需要的形状。粉蒸分为两种：一种是加入粉料之后直接蒸制，这种方式保留了粉香和肉香；另一种是在加入粉料之后，用经开水氽过的荷叶等包起来蒸制，这种方式被称为包蒸，在保留粉香和肉香的同时，又呈现出荷叶的清香。

粉蒸技法的代表菜品有粉蒸肉、粉蒸鱼、荷叶粉蒸排骨、荷叶粉蒸鸡等。

清蒸。 清蒸技法多用于水产品的蒸制。蒸制时需保留食材的原型，并在其上刻上不同的花刀，在方便入味的同时增加菜品的视觉效果。清蒸菜肴的特色是肉质鲜美多汁，营养丰富。

清蒸菜在蒸制前，需在食材上涂抹食盐，加入萝卜、香菇等蔬菜，放入葱、姜、蒜等调味料。也可在刀口处夹入肉片，称为"麒麟"。蒸熟之后，再在其上浇上熟油或者汤汁。

清蒸技法的代表菜品有清蒸多宝鱼、清蒸武昌鱼等。

干蒸。 干蒸也叫酱渍蒸，食材处理后，用刀在其表面剖上花纹，使其受热均匀，视觉美观。之后用姜丝、盐、酱制品涂抹食材，开始蒸制。干蒸菜肴的特色是酱香浓郁，鲜味扑鼻。

干蒸技法代表产品有梅菜扣肉、豉蒸排骨等。

五、油体传热工艺体系

油体传热工艺是利用油脂为介质来传导热量加工食材的技艺，俗称炸。其特点是可以使食材变得香酥脆嫩，且色泽美观。

（一）油体传热一级工艺

油体传热是将食材放在大量的油中制熟的一种烹饪方法，其温度一般控制在100~250℃。油体不仅可以传递热量，还可以改善食材风味：通过提高食材的脂肪含量，增加香味、酥脆口感和色泽。炸制产品具有干、香、酥、脆、松的风味特点。

由于在炸制的过程中，不能对食材进行调味。因此，多数炸制品是在炸制前用盐、葱、姜、酒、花椒粉、五香粉等对食材进行渍味和腌味。还有部分炸制品是在加热后撒上或蘸上调味品，补充调味。

炸制品要达到外酥里嫩，就要用挂糊、上浆、拍粉、包纸等工艺，在被炸食材外部添加保护层，减少食材内部的水分析出，保障食材的口感和原味，从而使成品具有在口腔触觉上不同层次的特征。

油体传热工艺一般分为三种情况。一是从始至终使用油温不变，以加热时间长短来控制传热量；二是在制作的不同阶段，采用不同的油温、不同的加热时间，灵活控制传热量；三是为了追求产品的特殊口感和色泽，需要一次复炸和多次复炸，形成菜肴外部酥脆、内部多汁的特色。

以阶段论，油体传热工艺可以分为初炸、蕴炸和复炸三个阶段。

初炸即对烹饪食材的初始炸制阶段。初炸可以使挂糊、上浆的食材外部定型结壳。初炸的油温因炸法不同而有所区别：酥炸的初炸油温在 160~180℃，松炸的初炸油温在 90~120℃，而包炸的油温在 100℃ 即可。初炸的时间不可过长，一些形状较小、质地细嫩的食材，可以不经蕴炸、复炸阶段而直接成菜。

蕴炸是使被炸食材内部与外部受热均相等的阶段。蕴炸的操作对象是较大或难以成熟的食材。蕴炸的温度为 140~160℃，为了使食材受热均匀，对一些较大食材还可以用工具戳出若干针孔。蕴炸的时间比初炸长，在操作中为了使油温不致过高，还可采取短时关火或将油锅端离火口的方法。

复炸是将初炸、蕴炸后的食材投入较高温度的油中，目的是使食材酥脆、上色、起香。复炸的油温不能低于 140℃，因为炸制油温过低会使食材内部蒸发力小于外部渗透力，让油脂过多渗入食材内部，形成"含油"状态，既不干爽，也影响口感。从用时讲，在炸制三阶段中，由于油温高，复炸的用时最短，这样才能够保证食材不被炸煳，并具有良好的口味。

（二）油体传热二级工艺

油体传热二级工艺的关键是对油温的辨识和控制。其技巧是通过食材在油中位置的变化来判断油温，例如，将锅里的油加热后，把食材放入，食材先沉入锅底后上浮，此时的油温大约是 160℃，适宜炸制拔丝菜的主料；油加热以后，把食材放入油中，食材先沉到油的中间后浮上油面，此时的油温大约在 170℃，适宜炸制香酥鸡、香酥鸭等禽类食材；如果将食材放入油中不沉，此时的油温大约是 190℃，比较适合干炸含水分较少的食材，如带鱼、里脊等。

根据炸的传热量，可将炸类二级工艺分为 A、B、C、D 四个类型。

其中 A 类的工艺名称为高温长时炸，传统名称为炸，工作温度为 150~240℃，工作时间大于 2 分钟，下属三级工艺有酥等。

B 类的工艺名称为高温短时炸，传统名称为快炸，工作温度大于 150℃，工作时间小于 1 分钟，下属三级工艺有脆炸、清炸等。

C 类的工艺名称为中温长时炸，传统名称为慢炸，工作温度为 120~150℃，工作时间大于 2 分钟，下属三级工艺有卷包炸、软炸等。

D 类的工艺名称为低温长时炸，传统名称为油焐，工作温度为 70~90℃，工作时间为 1~8 小时，下属三级工艺有椒香焐等（见表 3-11）。

表 3-11 烹饪二级工艺——油体传热工艺

传热量	工艺名称	传统名称	工艺特征		烹饪三级工艺举例
			温度	时间	
A	高温长时炸	炸	150~240℃	>2 分钟	酥炸
B	高温短时炸	快炸	>150℃	<1 分钟	脆炸，清炸
C	中温长时炸	慢炸	120~150℃	>2 分钟	卷包炸，软炸
D	低温长时炸	油焐	70~90℃	1~8 小时	椒香焐

高温长时炸是一种常用的炸制方法，具有油温高、操作时间短的特点。油温最高可达 240℃，时间一般长于 2 分钟。为了达到外酥里嫩的成菜效果，高温长时炸一般要在食材外部挂上芡粉。

高温短时炸是将油用旺火烧滚，将食材下锅炸制。其用油一般比食材多数倍，以保持食材下锅后的油温稳定。炸的时间要短，食材约八成熟即出锅。用高温短时炸工艺制成的菜肴外香脆、内酥嫩，最具炸制菜肴的特色。

中温长时炸适用于挂糊的食材。这类食材在炸制时，多采用中火下锅、逐渐加油的方法。有的菜采用多种炸制方法，例如制作香酥鸡时，先在旺火时将食材下锅，炸出一层较硬的外壳，再将其用中火炸至酥脆。

低温长时炸又叫凉油炸，其炸制对象多数是鲜嫩、无骨的净料。低温长时炸是在冷油或油温四五成热时投入食材，炸制出的菜品能较好地保持原汁原味，口感鲜嫩。

（三）油体传热三级工艺

油体传热三级工艺以五觉感受分类，常见的有酥炸、脆炸、清炸、卷包炸、软炸、椒香焐等。

干炸 干炸是将调味料加入食材，待食材充分吸收味道后，再行沾粉或沾糊，放入油锅中炸制成熟的一种工艺。

干炸并不是不放油，而是少沾面糊或干淀粉。干炸的菜肴色泽黄褐，内外皆酥或外焦里嫩。从工艺区分，干炸可以分为拍粉干炸、挂糊干炸、制球丸干炸和蒸后干炸等类型。

干炸工艺代表菜品有干炸里脊、干炸虾筒、干炸刀鱼、干炸墨鱼卷等。

清炸 从感官体验看，清炸产品"外焦里嫩"，比其他炸法的产品更加耐嚼、有咬劲。清炸以仔鸡、鸡脯肉、猪里脊、猪肝等富含鲜味物质的动物性食材为主，能充分体现食材的鲜香美味。

清炸一般是一炸成菜，对火候的控制十分严格。一般来说，要根据食材的性质、形体对火力、油温和炸制时间等作调节。食材细嫩形小，要高油温短时间操作；食材形大质老，要低油温长时间操作；火力旺时，油温宜低；火力不够旺时，油温宜高。难以调节时，也可将一炸成菜改为两炸成菜。

清炸工艺代表菜品有清炸里脊、清炸虾仁、清炸刀鱼等。

酥炸。酥炸与清炸有明显的区别：一是使用带有滋味的熟料；二是大多挂糊。酥炸糊在炸制时形成酥脆薄膜，包封住食材的内部水分，保持了菜肴的鲜美滋味，菜肴质感远较其他炸法酥松，所以命名为"酥炸"。

酥炸的食材都是预制好的熟品，因预制的食材表面和内部所含水分较大，因此挂糊和油炸前都必须控干水分，否则糊不易挂上、挂匀，油炸时也容易脱糊，发生水、油剧烈爆炸。酥炸大多采用复炸法，初炸油温以六成为宜，目的是挥发水汽，炸熟食材，凝结外壳，初步上色；复炸开始用五成的油温，待制品外表色泽转金黄色时，再用旺火把油温升高至七八成热，以最快的速度逼净食材的油分，达到酥松发脆、色泽金黄的成品要求。

酥炸工艺代表菜品有酥炸排骨、酥炸杏鲍菇等。

脆炸。脆炸是将带皮的食材抹上糖浆，经热油炸制产生焦糖化反应，使菜肴外皮更为粉脆的一种工艺。脆炸的选料多为鸡，其他肉类、鱼、虾、花菜、蘑菇、鸡蛋等食材，也可用来脆炸。脆炸的浆料除了糖浆外，其他能起到酥松脆作用的糊料，也可进入脆炸的"势力范围"。

脆炸工艺的代表菜品有脆皮鸡等。

软炸。软炸是一种裹糊炸。由于主料细嫩，加工的块形小巧，糊料在油炸中形成了保护层，所以软炸突出的特色是色泽乳白，形体丰满，外松软、里软嫩，所以也被称为"松炸"。

软炸产品的外层口感主要是由所使用糊料所决定的。在火力调节上，多数软炸是旺火热油下锅，20~30秒后，即可加大火力，提高油温，短时间速炸。软炸对油温的控制也有特例，如挂蛋泡糊的制品，炸制的全程中都需使用中小火力、中等油温。

软炸工艺的代表菜品有软炸虾仁、软炸里脊、软炸菜花、松炸口蘑、松炸鱼片、松炸香蕉、松炸夹沙球等。

六、锅体传热工艺体系

锅体传热工艺是以锅体为介质来传导热量加工食材的技艺，俗称炒。其特点是将食材在锅中用旺火以较短时间加热成熟。锅体传热工艺一般是旺火速成，在很大程度上保持了食材的营养成分。

（一）锅体传热一级工艺

锅体传热工艺是中餐独特的烹饪技法，在其他国家的烹饪体系中难以找到它的身影。在中国北魏年间所著的《齐民要术》中，已经有了"炒令其熟"的记载。锅体传热工艺伴随着铁锅的诞生而普及，在《中馈录》中，便记载了生炒、爆炒等工艺。到了唐宋时期，锅体传热工艺已经应用普遍。至明清时期，锅体传热工艺发展到了鼎盛时期，出现了酱炒、葱炒、烹炒、嫩炒等多种技法。在清代的《随园食单》记载的326道菜点中，约有1/4是运用锅体传热工艺制作而成的炒菜。如今，锅体传热工艺已经成为中餐厨房最常用的烹饪工艺。

比较其他烹饪工艺，锅体传热工艺具有明显的特征。其一是温度，相比于水和蒸汽，锅体可以传递更高的热量，使食材快速成熟。相比长时间炖煮出的菜品的软烂，快速炒出来的菜品口感更脆嫩、爽口。其二是香味，炒制的菜品可以借用油脂中的香味，比水煮、汽蒸而出的味道要香得多。其三是可以比较好地保持食材的含水量。高温快熟的炒制，可以减少食材水分的损失，使产品有脆嫩的口感。

比较其他烹饪工艺，锅体传热工艺适用片、丝、丁、条、块等形态的食材，炒菜要热锅热油、旺火速成。锅体传热工艺更适合加热中调味，同时还可辅以勾芡。

（二）锅体传热二级工艺

锅体传热工艺是中餐烹饪所特有的制熟技艺，也是中餐烹饪中最为复杂的制熟技艺。炒的食材形形色色，所需时间和温度也千差万别，并由此产生了丰富多样的炒类二级烹饪工艺。

根据传热量的不同，炒类二级烹饪工艺可以分为A、B、C三种类型。

其中A类的工艺名称为高温长时炒，传统名称为煸炒，工作温度为210℃，所需时间大于3分钟。

B类的工艺名称为高温短时炒，传统名称为急火快炒，工作温度为240℃，所需时间小于2分钟。

C类的工艺名称为中温长时炒，传统名称为慢炒，工作温度为180℃，所需时间大于5分钟（见表3-12）。

表3-12　烹饪二级工艺——锅体传热工艺

传热量	工艺名称	传统名称	工艺特征		烹饪三级工艺举例
			温度	时间	
A	高温长时炒	煸炒	210℃	>3分钟	干煸
B	高温短时炒	急火快炒	240℃	<2分钟	滑炒
C	中温长时炒	慢炒	180℃	>5分钟	干煎、软炒、锅塌

高温长时炒是将食材用少量油在旺火中长时间烹调成菜的工艺。其工艺特点为：食材事先不腌渍、不挂糊上浆、不滑油，起锅时一般不勾芡；操作时间相对长，一般要长于3分钟；成菜鲜嫩爽脆、本味浓厚、汤汁很少。高温长时炒工艺的代表菜品有干煸菜花、干煸牛肉、干煸扁豆等。

高温短时炒是将食材入锅后，热油快翻，旺火兑汁勾芡，迅速成菜的一种炒制方法。高温短时炒具有短时高温成菜的特征，所以被称为最快速的制熟方法。一些食材如鸡胗、鸭胗、鱿鱼，质地鲜嫩，又有异味，很容易炒老。而运用高温短时炒法，由于温度提高，缩短了制作时间，减少了内部水分流失，短时间内表面温度的提升，又有利于带走异味。根据时间、温度、用料的不同，高温短时炒又可分为油爆、葱爆、火爆、酱爆、水爆等类型。高温短时炒工艺的代表菜品有爆炒肥肠、爆炒杏鲍菇等。

中温长时炒是以中小火将锅烧热后加油，将加工好的食材下入，慢慢加热至熟的一种烹饪工艺。煎、熘、扒等方式，均可归类于中温长时炒的范畴。

煎的时温特点是中小火、长时间。煎制和炸制的区别是油量少，以不没过食材为宜。由于煎制用油少，所以一般采用先煎一面、再煎另一面的方法。煎制菜的食材以鸡、鸭、鱼、猪、牛、羊等动物性食材为主，生熟皆宜；一些植物性食材和合成性食材，如土豆、豆腐、虾饼等，也可以用来煎制。煎制技艺可细分为干煎、酥煎、煎封、软煎、生煎等，和其他工艺结合，又产生出煎烧、煎扒、煎焖、煎熘、煎焗等工艺。其代表菜品有生煎鹅肝、干煎杏鲍菇等。

熘是将熬制成熟的黏滑滋汁经过打、穿、浇或拌入经过预先制熟的食料，使之成菜的一种烹饪技艺。熘制工艺的关键是滋汁运用。滋汁是一种油性糊芡，芡体黏滑、纯净、香气浓郁。熘法有打滋、穿滋之别。其中打滋是菜品主料预制后，用180~200℃热油适量加到滋汁中，使滋汁沸腾充满气泡。打滋适用于小型预热食材的拌入。穿滋则是用于整鱼等大型食材，是将打成的滋汁倒入另一只烧红的铁锅中，使其沸腾的程度更加猛烈。打滋、穿滋的区别，实际上是滋汁温度之别。熘法可以细分为脆熘、软熘、滑溜、焦熘等。其代表菜品有焦熘丸子、笋尖熘鱼片等。

（三）锅体传热三级工艺

锅体传热三级工艺以五觉感官感受分类，主要有干煸、滑炒、干煎等。以下为锅体传热三级工艺示例。

滑炒。 滑炒是将经过精细加工的小型食材上浆划油，再用少量油在旺火上急速翻炒，最后以兑汁或勾芡的方法制熟成菜的一种烹饪技法。滑炒菜形态饱满，富有光泽，具有鲜、嫩、香的风味特色。

上浆是滑炒菜成败的关键。滑炒菜的浆可分为蛋清浆、全蛋浆、苏打浆、干粉浆四种，在上浆时必须注意上浆时间、上浆动作、淀粉用量和调味程度四个要点。在滑油环节，要注意热锅冷油，控制油料比，食材分散下锅。在油温控制环节，油温控制在二三成，最高不宜超过130℃，避免部分蛋白质分解，使肉色变暗，香味、营养成分受到影响。有些食材切制后要先烫一下再滑油，可以使菜肴清爽利落，不粘连，缩短烹调时间。

滑炒技法的代表菜品有滑炒鸡丝、滑炒鱼丝等。

软炒。 软炒又称湿炒、推炒、泡炒，是将蓉泥类食材或蛋、奶食材用中温火力炒制成熟的技法。软炒是所有炒法中难度最高的一种技法，对成菜色彩要求很高。

在食材选择上，软炒要选用质地鲜嫩、颜色白净的食材，如牛奶、鸡蛋、鸡脯、虾仁等。制作前要将食材泡去血水，过筛，以保证洁白的色泽和细嫩的质感。在炒制时要注意火候，火力过小不易成熟，火力过猛易造成焦煳。炒制力度要轻，速度要快，不宜多搅动，否则会造成稀花现象。为了保持菜品的造型，有的软炒菜需要先将蓉泥在二三成热的低油温中养熟成片，再用中温火力炒制成熟。

软炒技法的代表菜品有大良炒鲜奶、炒鸡粥、芙蓉鱼片、三不粘等。

熟炒。 熟炒是先将食材加工成全熟或半熟，切成块、片或丝等形状，再放入有底油的锅中略炒，然后依次加入配料、调味料或汤汁，翻炒均匀后勾芡或直接烧入味的一种技法。

由于熟炒的食材不必挂糊上浆，起锅时一般用湿淀粉勾薄芡，熟炒菜肴的特色是口味鲜香，略带卤汁，色彩美观。

熟炒技法的代表菜品有回锅肉、清炒蟹粉、宁式鳝丝等。

水炒。 水炒又叫"老炒"，是以水为传热介质，在食材下锅后，经不断搅动炒制而成菜的技法。

水炒以水代油，是唯一的用水作传热介质的炒法。水炒多用蛋类食材，成菜为粥状，口感细腻鲜嫩，易于消化，特别适合婴儿和老年人食用。

水炒技法的代表菜品有上海水炒鸡蛋、河南老炒蛋等。

七、烹饪工艺编码

中餐烹饪工艺 7-3 体系的建立，对中餐技法进行了整体、有逻辑的梳理，使它们能够分辨清晰，层级有序，同时也为中餐产品编码打下了良好根基。

中餐烹饪工艺编码的诞生，有利于统计出中餐烹饪技法的总量，有利于中餐烹饪技法的标准化，有利于中餐烹饪技法存储和检索的数字化，还有利于中餐烹饪技法的光大与传承。

中餐烹饪工艺编码由 10 位数字组成，是一个横向的编码体系。它从介质、热量、感官三个维度对中餐各工艺的唯一性进行界定，让每一项中餐烹饪工艺都具有自己的数字身份。

介质维度码。中餐烹饪工艺编码的第 1 位数字为介质维度，即一级烹饪工艺维度。其中的数字 1 代表气体传热（烤），数字 2 代表水体传热（煮），数字 3 代表汽体传热（蒸），数字 4 代表油体传热（炸），数字 5 代表锅体传热（炒），数字 6~8 为暂时留位的介质维度，待今后出现新的烹饪传热介质后再行补充。

热量维度码。中餐烹饪工艺编码的第 2 位数字为热量维度，即二级烹饪工艺维度。时间和温度是为烹饪提供热量的两大基础，也是二级烹饪技法的两大评判标准。

中餐烹饪一级、二级工艺具体编码见表 3-13。

表 3-13　中餐烹饪一级、二级工艺编码表

一级工艺（介质级）	编码	二级工艺（热量级）	编码
气体传热	1	高温长时烤 中温长时烤 高温短时烤 低温长时烤	1 2 3 4
水体传热	2	高温长时煮 高温中时煮 高温短时煮 高温瞬时煮 低温长时煮	1 2 3 4 5
汽体传热	3	高温长时蒸 高温短时蒸 中温长时蒸 低温长时蒸	1 2 3 4

一级工艺（介质级）	编码	二级工艺（热量级）	编码
油体传热	4	高温长时炸 高温短时炸 中温长时炸 低温长时炸	1 2 3 4
锅体传热	5	高温长时炒 高温短时炒 中温长时炒	1 2 3
其他传热	6~8	—	—

　　感官维度码。中餐烹饪工艺编码的第 3~10 位数字为感官维度，即三级烹饪工艺。中餐烹饪工艺的感官维度主要从中餐产品的味觉、嗅觉、触觉、视觉、听觉五个方面对中餐产品技法进行区分。其中味觉、嗅觉、视觉各占两位码长，触觉和听觉各占一位码长（见图 3-2）。

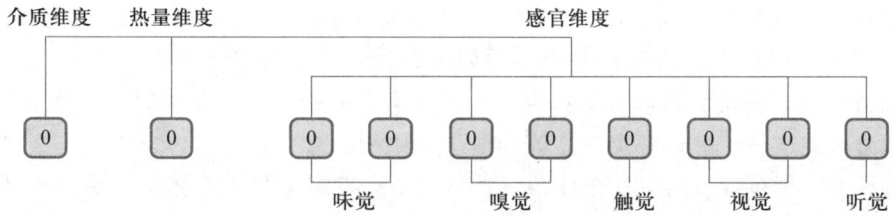

图 3-2　中餐烹饪工艺编码体系图

思考题

1. 烹饪的定义是什么？
2. 什么是烹饪技法 7-3 体系？
3. 哪种烹饪技法是中餐的独门绝技？
4. 熘是几级烹饪技法？这个级别的名称是什么？
5. 软炸是几级烹饪技法？这个级别的名称是什么？
6. 无热技法中所有的成菜工序，都和热无缘吗？
7. 烹饪技法编码有什么价值和意义？

第四节　发酵工艺

　　发酵是指利用微生物在有氧或无氧的条件下的生命活动，来制备微生物菌体或其代谢产物的过程。在中餐产品的制作中，与发酵相关的技术叫中餐发酵工艺。

　　人类对发酵食物的认知，可以上溯到穴居时代。人类的祖先观察到，采摘来的野果放置一段时间，会产生酒味；经过一段时间自然发酵的肉，有时候比鲜肉还好吃。于是，在不了解发酵本质之前，人类就已经能够利用发酵技术制成各种饮料、酒和食品。

从世界餐系看，从大约 9 000 年前开始，古埃及已经开始了原始的啤酒生产；公元前 6 000 年左右，在黑海与里海之间的外高加索地区，人们开始种植葡萄来酿造葡萄酒；在公元前 2 400 年左右，在埃及第五王朝的墓葬壁画上，就有烤制面包和酿酒的内容；在公元前 25 世纪，古巴尔干人就开始用发酵技术酿制酸奶[1]。

中国对发酵技术的掌握也有 4 000 多年的历史。据考古发现，早在 4 000 多年前的龙山文化时期，就出现了盛酒、煮酒、斟酒的青铜酒具，说明那时的国人已经掌握了酿酒的技术。中国发酵制酱的技术开始于周朝，距今已有 3 000 年的历史。在距今 2 000 年的汉武帝时代，已经开始酿造葡萄酒。而用发酵蒸馏技术制作白酒，则始于宋代。在长期的实践中，尤其是从 19 世纪末当代发酵技术诞生后，中餐的发酵技术日臻成熟，形成了包括调味料、食材、成品、饮品在内的一个庞大繁杂的发酵成品群。

与烹饪工艺类似，中餐中的发酵技艺在历史上也没有一个完整的体系。为了对其进行科学、完整的论述，本书也将发酵工艺体系梳理成一个有着三个层级的体系。第一个层级为菌种级，依据发酵的菌种划分；第二个层级为原料级，依据发酵原料类别划分，如谷物类、茎叶类等；第三个层级为产品级，依据菌种属下的产品类别划分，如菌霉类产品、酵母菌类产品等。由于其中第一个层级有 4 个发酵工艺类型，整体体系分为 3 个层级，所以这个体系又被称为中餐发酵工艺 4-3 体系（见图 3-3）。

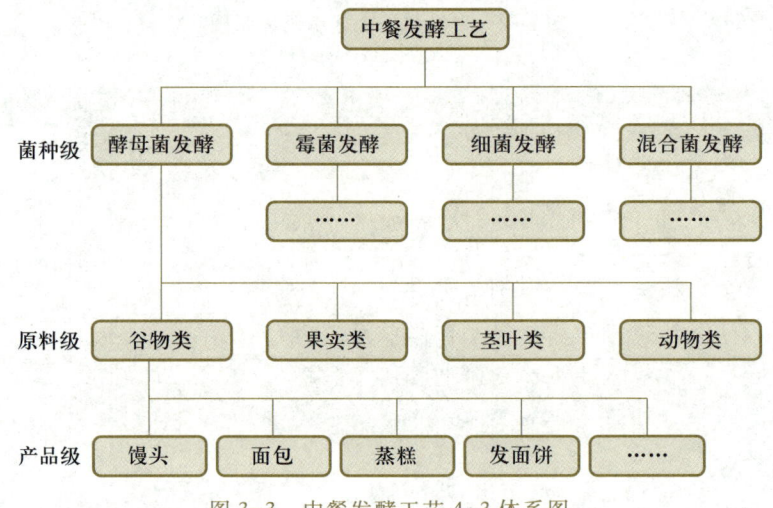

图 3-3 中餐发酵工艺 4-3 体系图

一、发酵一级技法

发酵是以微生物的生命活动为基础的，食物发酵的体系自然要以微生物菌种为分类依据，因此，中餐发酵一级技法又称菌种级技法。以此分类，中餐发酵一级技法共分为 4 个门类：酵母菌食物发酵工艺，霉菌食物发酵工艺，细菌食物发酵工艺

---

① 韦革宏，杨祥．发酵工程［M］．北京：科学出版社，2008：7.

和混合菌食物发酵工艺（见图 3-4）。

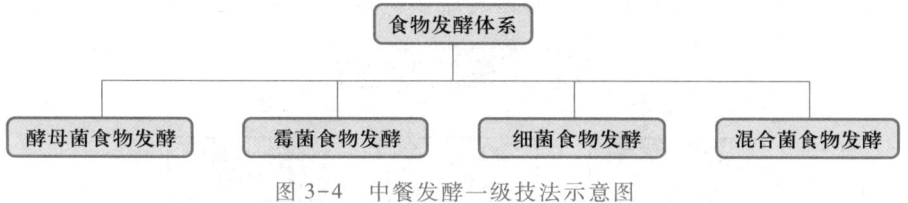

图 3-4　中餐发酵一级技法示意图

（一）酵母菌食物发酵

酵母是一种单细胞真菌，是一种天然发酵剂。早在公元前 3 000 年，人类就开始利用酵母来制作发酵成品。大约 200 年前，酵母发酵进入工业生产领域。食用酵母具有令食品疏松、改善风味等多种功能。按照应用分类，食用酵母可分为茶酵母、啤酒酵母、面包酵母等。

用酵母菌发酵的中餐产品主要有馒头、花卷、面饼、面包等面食，各种发酵、半发酵的茶，以及啤酒、葡萄酒、其他果酒等酒类。

（二）霉菌食物发酵

霉菌是丝状真菌的统称，食物制作中常用的霉菌有毛霉属、根霉属、曲霉属和地霉属 4 个属。

毛霉能产生蛋白酶，因而有分解大豆的能力，在制作豆腐乳、豆豉时能产生鲜味。某些毛霉还具有较强的糖化力，能糖化淀粉。

根霉具有很强的糖化酶活力，能将淀粉分解为糖，是酿酒工业常用的糖化菌。

曲霉具有分解有机物质的能力，在豆酱、酱油、白酒、黄酒等传统酿造工艺中起着重要的作用。

地霉中的白地霉的菌体蛋白质营养丰富，可在中餐发酵成品中发挥重要作用。

用霉菌发酵的中餐产品有豆酱、酱油、白酒、黄酒、米酒、饴糖、豆腐乳等。

（三）细菌食物发酵

用于发酵食物的细菌主要有醋酸杆菌、非致病棒杆菌和乳酸菌 3 种。

醋酸杆菌能氧化乙醇，使之成为乙酸，是制造食醋的主要菌种。

非致病棒杆菌中的谷氨酸棒杆菌、力士棒杆菌、解烃棒杆菌经常用于味精的生产。

乳酸菌能产生乳酸，是发酵乳制品制造过程中起主要作用的菌种。按其对糖的发酵特性可分为同型发酵菌和异型发酵菌。

用细菌进行发酵的中餐制品主要有奶油、酸乳、乳酪等。

（四）混合菌食物发酵

在食物发酵中，由于生产工艺的需要，可单选用一种微生物进行发酵，也可选用多种不同类型的微生物进行发酵，混合菌食物发酵是指用两种或两种以上的微生菌对食物进行发酵。

混合菌食物发酵主要有 3 种组合模式：一是酵母菌与霉菌混合使用；二是酵母菌与细菌混合使用；三是酵母菌、霉菌与细菌混合使用（见图 3-5）。

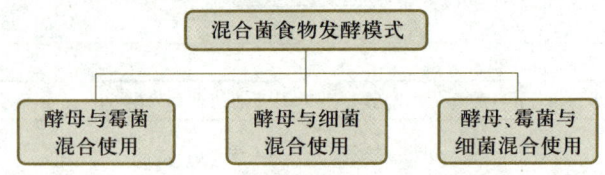

图 3-5　混合菌食物发酵模式

混合菌食物发酵的中餐主要制品有腌菜、奶酒、曲酒及酱类发酵制品等。

二、发酵二级技法

中餐发酵二级技法以各菌种旗下的原料类别划分。因此，中餐发酵二级技法又被称为原料级工艺。这些原料类别包括谷物类、果实类、茎叶类、动物类等。它们共同组成了中餐发酵二级技法体系（见图 3-6）。

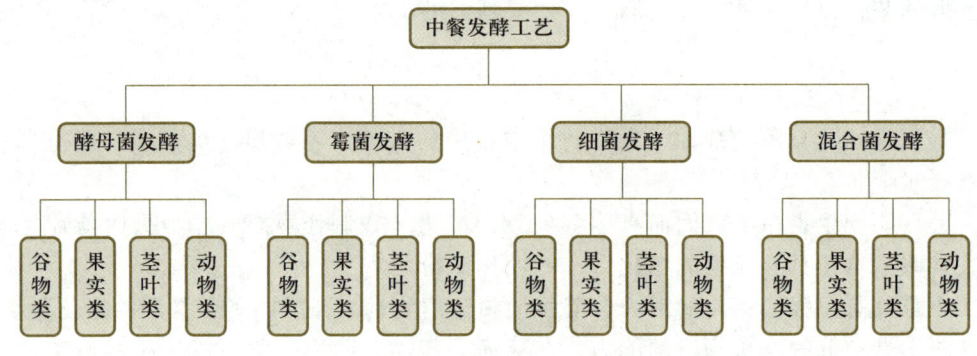

图 3-6　中餐二级发酵工艺

（一）酵母菌原料

运用酵母菌发酵的中餐发酵原料类别主要有谷物类、果实类、茎叶类、动物类等。不同的类别，需要不同的发酵技艺。

谷物类。酵母菌谷物类发酵，是运用谷物为原料的酵母菌发酵种类。

酵母菌是发酵面食的基本配料之一。它的主要作用是将可发酵的碳水化合物转化为二氧化碳和乙醇。酵母菌发酵时所产生的二氧化碳使面食产生疏松、柔软的结构，体积膨大。面食制作所用的酵母有鲜酵母、活性干酵母等。

谷物类的发酵面食有 3 种。一是蒸煮类，包括馒头、花卷、蒸包等；二是烤烙类，包括发面饼、火烧、馕等；三是烘焙类，包括面包、糕点、饼干等。发酵面食口感松软，有的外皮松脆，既方便进食，又口感丰富、富于营养。

果实类。酵母菌果实类发酵，是运用谷物以外的植物果实为原料的酵母菌发酵种类。

果实类酵母发酵的成果，主要是依靠酵母菌发酵生产制作的酒类产品，包括啤酒、葡萄酒、其他果酒等。

啤酒是以大麦为主要原料，添加啤酒花后，采用制麦、糖化、发酵、过滤等技艺酿制而成的一种饮品。啤酒营养丰富，含有 11 种维生素、17 种氨基酸，素有液体面包之称。啤酒生产技术历史悠久，是世界上产量最大的酒种，在中国的生产历史虽短，但是发展迅速，如今中国的啤酒产量已居世界前列。用于制作啤酒的酵母主要有两种，它们是啤酒酵母和葡萄汁酵母。啤酒发酵可分为主发酵和后发酵两个阶段。根据制造工艺的不同，可分为生啤、熟啤、黑啤、黄啤等不同品类。

葡萄酒是由新鲜葡萄或葡萄汁通过酵母发酵而成的一种低酒精含量饮料。葡萄酒是当今餐桌尤其是宴会餐桌上的一种主要饮料。中国生产葡萄酒的历史很长，可以上推到 2 000 年前的汉武帝时代。"葡萄美酒夜光杯"，在唐代的诗歌中，葡萄酒已经成为一种经常出现的酒品。葡萄酒酵母在分类上为囊菌纲酵母属，啤酒酵母种。该属的许多变种和亚种都能对糖进行酒精发酵，但各酵母的生理特性、酿造副产物、风味都有很大不同。从发酵技法看，葡萄酒的发酵要经过前发酵和后发酵两个阶段。前发酵的主要目的是进行酒精发酵、浸提色素物质和芳香物质；后发酵的主要目的是对残糖继续发酵，使酒精澄清并改善酒的风味。

根据发酵和其他技法的不同，葡萄酒可分为红葡萄酒生产技法、白葡糖酒生产技法等类型。根据含糖量，又可分别调配成干型、半干型、半甜型和甜型葡萄酒。

葡萄酒酵母除了用于葡萄酒生产之外，还可以广泛用于其他发酵型果酒的生产，如苹果酒、桑葚酒、黑莓酒、树莓酒、石榴酒、山楂酒、广柑酒、荔枝酒、红橘酒、紫梅酒、山枣蜜酒、猕猴桃酒等。

茎叶类。酵母菌茎叶类发酵，是运用植物茎叶为原料的酵母菌发酵种类。用酵母发酵的茎叶种类，主要有发酵茶。

茶是极具特色的中式饮料，在中国许多地方，餐前、餐后甚至是餐中都习惯于饮茶；在一些以肉类为主食的少数民族地区，茶更是一日不可或缺的重要饮品。茶源于中国，经过多年发展，已经成为一种世界性饮料，制茶技艺也成为一种国粹式的技艺。

中国的茶叶种类非常多，按照工艺的不同，大致可分为六类：青茶制作工艺、绿茶制作工艺、白茶制作工艺、红茶制作工艺、黑茶制作工艺和黄茶制作工艺。按照发酵程度，可分为轻发酵茶、半发酵茶、全发酵茶和后发酵茶。轻发酵茶的发酵程度在 15% 以下，代表品种为绿茶、黄茶，其制作时发酵轻微，绿茶甚至没有发酵过程。半发酵茶的发酵程度在 20%～70%，制作时要经过萎凋、炒青、揉捻、干燥等多道工序，茶叶呈现绿叶红镶边的美感，代表品种有白茶、乌龙茶等。全发酵茶的发酵程度为 100%，发酵后产生新的茶黄素和茶红素成分，香气增加明显，代表品种为红茶。后发酵茶发酵后产生渥堆效应，会有大量微生物参与到茶叶的转化中，形成独有的醇厚顺滑的口感特征，代表品种有黑茶和普洱茶。

发酵茶具有良好的保健功效，可以平衡肠道中的细菌水平，改善免疫系统，改善消化系统，降低人体甘油三酯，增加血液循环能力，是中餐餐桌上常见的饮品。

（二）霉菌原料

运用霉菌发酵的中餐发酵原料类别有谷物类、果实类、茎叶类、动物类等，以谷物类、动物类为主。霉菌发酵成品技法就是根据这些不同的原料类别，采用不同的发酵工艺，取得不同的发酵效果，达成不同的发酵目标。

谷物类。霉菌谷物类发酵，是运用谷物为原料的霉菌发酵种类。属于霉菌发酵的谷物类产品主要有白酒产品、酱油产品、食醋产品和腐乳产品等。相关技法有白酒产品生产技法、酱油产品生产技法、腐乳产品生产技法等。

中国蒸馏白酒的历史悠久，且独树一帜，与白兰地、威士忌、朗姆酒、伏特加、金酒并称为世界六大蒸馏名酒。白酒的发酵方法可以分为固态发酵法和液态发酵法两类。固态发酵法是在配料、蒸粮、糖化、发酵、蒸酒等生产过程中都采用固态流转。液态发酵法有两种，一种是生产出食用酒精，再经过勾兑、串香生产出白酒；另一种是采用固态糖化、液态发酵、液态蒸馏而生产出白酒，也称半固半液态发酵法。

白酒产品还可以从制曲角度分为大曲酒生产工艺和小曲酒生产工艺。以大曲做糖化发酵剂生产出来的白酒称为大曲酒，以小曲做糖化发酵剂生产出来的白酒称为小曲酒。大曲酒的原料主要是小麦、大麦，加上一定数量的豌豆，采用顶部发酵，酵母一直漂浮在发酵液体的表面，这种方式发酵的酒适合温度高的环境，装瓶后白酒会在瓶内继续发酵。小曲酒以大米为原料，小曲为糖化发酵剂，其生产工艺分为先糖化后发酵工艺和边糖化边发酵工艺，制成品有独特的米香。

传统的酱油是制酱的附属品，当今的酱油生产已经是一个独立的行业，各式各样的酱油产品已经成了中餐餐桌上的必备品。酱油的生产原料主要是脱脂大豆，花生饼、葵花籽饼、蚕豆、糖糟等也是酱油的制作原料。菌种的好坏是决定酱油色、香、味的关键因素，酱油酿造的菌种多为米曲菌，也有一些生产厂家采用黑曲霉、甘薯曲霉作为酱油的发酵菌种。

豆腐乳是以大豆豆腐坯和食盐为原料，通过接种、培养、腌坯、装坛发酵而制成的一种发酵品。腐乳生产的主要菌种为毛霉菌和根霉菌，接种后的培养温度为20~25℃，最高不超过28℃。之后还要经过多次翻笼、搓毛、腌坯、配料、装坛发酵等程序，方能制作出成品。腐乳产品风味独特、滋味鲜美、营养丰富、质地细腻，广受欢迎。

豆豉是利用霉菌发酵的一种特色类型。它是大豆经过浸泡、蒸煮、接种、培养、配料、发酵程序酿制而成的。豆豉的发酵菌种为毛霉菌、根霉菌、曲霉菌等霉菌。还有一种细菌型豆豉，用的发酵菌种为枯草芽孢杆菌和小球菌。

动物类。霉菌动物类发酵，是运用动物为原料的霉菌发酵种类。属于霉菌发酵的动物类技法有干鲍发酵技法、干贝发酵技法、虾仁发酵技法等。

由于鲍鱼水分含量过高，它在加工、贮藏过程中极易发生风味变化，大大降低其食用价值。鲍鱼发酵就是利用多种微生物在一定条件下发酵，来改变鲍鱼的生化指标。据研究，影响鲍鱼发酵的微生物主要有米曲霉、戊糖片球菌、瑞士乳杆菌等，其中主要是米曲霉，其他细菌的影响并不明显。在干鲍发酵过程中，由微生物产生的蛋白酶分解鲍肉中的蛋白质，使其成为易为人体吸收的多肽和氨基酸，同时使鲍鱼具有特殊的香味和色泽，并可延长保存期。

其余如干贝、虾仁等水生动物制品，其发酵的机理和技术与干鲍发酵大致相同。

（三）细菌原料

运用细菌发酵的中餐发酵原料类别有谷物类、茎叶类、动物类、果实类等，以前三类为主。这些发酵类别的技法各有特色。

谷物类。细菌谷物类发酵，是运用谷物为原料的细菌发酵种类。属于细菌发酵的谷物种类，主要有酸汤等。

酸汤是中国西北、西南地区民众独有的一种发酵技法。当地不少风味主食和菜肴，如酸汤饭、酸汤饺子和酸汤鱼，都少不了这种细菌发酵的谷物产品。酸汤分为白酸和红酸，其中白酸又分为米制白酸和面制白酸；红酸主要分为毛辣角酸、红油酸、辣酱酸、虾酸和臭酸，要加入植物、动物食材。酸汤具有开胃健脾之功效，是一些地区不可或缺的美食。

茎叶类。细菌叶茎类发酵，是运用植物叶茎为原料的细菌发酵种类。属于细菌发酵的叶茎种类主要有泡菜、酸菜等。

泡菜是一种将新鲜的蔬菜在一定浓度的盐水中长时间浸泡后，形成的中餐品类。泡菜的特点是不变色、不变形、咸酸适口、微带甜辣、鲜香脆爽。泡菜的发酵细菌为乳酸菌。制作泡菜需要特制的坛子，其上部有凹槽，以水封口，上加盖碗，良好的密封性有利于乳酸菌的形成和繁殖。泡菜因盐水的不同而形成不同的风格，从临时配置的盐水到存放两年的老盐水，都可以用于泡制。

发酵酸菜的技法在中国源远流长，在前秦时代的《诗经》中就有"中田有庐，疆场有瓜。是剥是菹，献之皇祖"的描述，其中的菹就是酸菜。

动物类。细菌动物类发酵，是运用动物为原料的细菌发酵种类。属于细菌发酵的动物种类主要有酸乳、乳酪、臭鳜鱼等。

酸乳又叫酸奶，是以鲜奶为原料，经过预处理然后接入细菌作为发酵剂，保温一定时间后产生乳酸使酪蛋白凝结的乳制品。制作酸奶的发酵细菌为保加利亚乳杆菌和嗜热链球菌，在它们的作用下，比较未发酵的牛奶，酸奶的风味更加独特适口，营养更加丰富。

酸奶的生产工艺分为凝固型酸奶生产工艺和搅拌型酸奶生产工艺。区别为前者先冷却分装，后培养发酵；后者先冷却接种发酵，后分装。按生产方法，酸奶又可分为凝固型酸奶和搅拌型酸奶。按脂肪含量高低，还可分为高脂酸奶、全脂酸奶、低脂酸奶和脱脂酸奶。按口味划分，酸奶更可分为纯酸奶和风味酸奶。

奶酪是中华民族的传统食品，在不同地区有不同名称。在内蒙古被称为奶豆腐；在新疆被称为乳饼、奶疙瘩；名扬白族等滇西北各民族中的乳扇也是一种奶酪。

奶酪的发酵过程和酸奶相近，但是奶酪的浓度比酸奶更高，近似固体食物，营养价值也因此更加丰富。奶酪的发酵菌种为乳酸菌。在其作用下，奶酪中富含优质蛋白质、糖类、有机酸、钙、磷、钠、钾、镁、铁、锌、维生素A、胡萝卜素、维生素B1、维生素B2、维生素B6、维生素B12、烟酸、泛酸、生物素等多种营养成分。据测算，每100克软奶酪可提供一个成年人日蛋白质需求量的35%~40%，而每100克硬奶酪的这一数字则可达50%~60%。

（四）混合菌原料

混合菌生物类发酵，是利用多种细菌一起参与发酵，主要原料类别有谷物类混合发酵、茎叶类混合发酵、动物类混合发酵等。

谷物类。混合菌谷物类发酵，是运用谷物为原料的混合菌发酵种类。属于混合菌发酵的谷物品类主要有黄酒等。

黄酒是以稻米、黑米、玉米、小麦、青稞为原料，经过蒸制后拌以麦曲、米曲进行发酵糖化的一种低度酒。黄酒是酵母菌和霉菌混合发酵的产品。

黄酒是世界上最古老的酒类之一，约在 3 000 多年前的商周时代，国人就独创了酒曲复式发酵法，开始大量酿制黄酒。黄酒与啤酒、葡萄酒并称世界三大古酒。

黄酒的主要酿制手法有摊饭法、淋饭法、喂饭法多种。其基本工艺为浸米、蒸煮、冷却、拌曲、糖化发酵、压榨过滤、煎酒、包装，其中酵母曲种质量决定酒质。优质黄酒含有丰富的营养，包括 21 种氨基酸，被称为中餐餐桌上的液体蛋糕。

黄酒时代悠久，产地较广，品种众多。绍兴老酒、即墨老酒、福建老酒、无锡惠泉酒、江阴黑杜酒、绍兴状元红和女儿红、房县黄酒、九江封缸酒、安徽古南丰、张家港沙洲优黄、吴江吴宫老酒、苏州同里红、上海老酒、鹤壁豫鹤双黄、南通白蒲黄酒、江苏金坛封缸酒、丹阳封缸酒、湖南嘉禾倒缸酒、河南双黄酒、河南刘集缸撇黄酒、广东客家娘酒、湖北老黄酒、陕西谢村黄酒、陕西黄关黄酒等，都是其中的著名品种。

动物类。混合菌动物类发酵，是运用动物为原料的混合菌发酵种类。属于混合菌发酵的动物产品种类主要有火腿、奶酒等。

火腿是腌制或熏制的动物的腿，经过盐渍、烟熏、发酵和干燥处理的成品。据研究，参与火腿发酵的有酵母菌、霉菌、细菌等多种。

火腿起源于中国唐代，兴于宋，距今已有 1 200 余年的历史。因其腌制发酵后肉色鲜红似火，故名"火腿"。火腿的制作要经历腌制、晒腿、发酵、堆叠等八十多道工序。其中发酵温度为小于 35℃，相对湿度为 70%～82%。

中国火腿曾多次在国际展会荣获大奖，如今除了在中餐餐桌上显示身手外，还出口到世界多个国家和地区，在国际餐坛上大放异彩。

奶酒属于混合菌发酵动物类制品，主要为中国北方游牧民族酿造饮用。中国春秋时期的古籍上已有对马奶酒的记载，时至今日，中国的一些少数民族依然非常擅长酿造奶酒，也非常喜欢饮用奶酒。随着科技的进步，酿制马奶酒已采用现代生物工程技术，进行批量生产。奶酒味甜、色清，有健胃、补肾等多项健身功能。

三、发酵三级技法

中餐发酵三级技法以发酵产品类别划分，又被称为产品级技法。中餐发酵产品展示了中餐发酵技法的独特魅力。

（一）酵母菌发酵产品

从产品角度分，中餐酵母菌发酵成品主要有馒头、发面饼、包子、团子、花卷、蒸饼、懒龙、面包及以产品形式出现的各种啤酒、葡萄酒、茶制品。它们有些源于古代中国创造，有些属于引进产品。无论是本土创造还是引进产品，如今已和中餐紧密连接成一体，它们的制作技法也成了中餐不可或缺的一个组成部分。

馒头。馒头属于酵母菌发酵谷物类面食。馒头是中国汉族传统发酵食品，远在三国时期，就出现了馒头的相关记载。馒头在中国各地名称不同，有的地区称其为馍、馍馍、卷糕、大馍、蒸馍，有的地区称作面头、窝头、炊饼等。早期的馒头是有馅的，后期才变为无馅，和包子有了区别。

馒头以单一的小麦面粉或数种面粉为主料，除发酵剂外，一般少量或不添加其他辅料（花色馒头除外）。馒头的制作技法，一是和面，二是发酵，三是蒸制。和面时，高筋面粉需高速、短时，低筋面粉需低速、适当延长和制时间。初始发酵时以温度28℃、湿度75%为宜，饧发时以温度36℃、湿度85%～90%为宜。蒸制时间以20～30分钟为宜。

添加不同辅料，改变烹饪技法，使得当今餐桌上的馒头出现了很多变种，如奶油馒头、巧克力馒头、开花馒头、水果馒头、烤馒头等。

发面饼。发面饼主要有烙制和蒸制两类，两者的发酵过程类似，不同的是成熟过程，一个是烙熟，一个是蒸熟。发酵后的面粉含有人体所需的维生素B，松软可口，充满麦香和发酵香味，因而发面饼不仅成为中国北方地区餐桌上的主食，在一些南方地区也受到欢迎。

面包。面包属于酵母菌发酵谷物类面食，是在小麦粉等中加入水、盐、砂糖、牛奶、酵母等，经过充分糅合、发酵后烘焙而成的一种大众食品。面包在人们的印象中属于西餐，实际上它已经普遍进入国人餐桌，成为中餐的一个重要品种。尤其是其中经过改良的中式面包，其制作技术吸取了中餐的发酵、配料方式，形成了口感和风味都有别于西餐面包的中餐产品。就发酵而言，面包的发酵菌种、发酵技术和馒头、发面饼大同小异。不同的是面包的制熟方式是烘焙，即烤制，所以成品的外形和风味与前者有较大区别。

红葡萄酒。红葡萄酒属于发酵酿制而成的酒精饮料。红葡萄酒色泽喜庆，酒精度数宜人，是目前国产葡萄酒中产量最大、普及最广的酒种，也是中餐餐桌上饱受欢迎的酒水饮料。红葡萄酒的原料主要有品丽珠、赤霞珠等葡萄品种。除原料选择之外，其发酵技术在很大程度上左右着产品品质。传统生产中对发酵的控制，一是用酒精的含量控制，只要将酒精含量控制在14%～15%，发酵便会自动停止；二是用温度控制，酵母菌只能在5～35℃的温度范围内生长，如果将温度调至这一温度之外，发酵即会停止。当今这些控制都已由人工控制改为用计算机执行。

依据酒色，红葡萄酒可分为深红、鲜红、宝石红等。如今在中国华北、西北、东北地区，都有一些知名的葡萄酒产地。

白葡萄酒。白葡萄酒也是一种发酵酿制而成的酒精饮料。白葡萄酒与红葡萄酒的外观区别主要是颜色，这种颜色的区别主要来自生产原料和发酵制作技法的不同。白葡萄酒的原料要去除葡萄皮取其果汁，然后直接将果汁置于贮酒桶中进行发酵。白葡萄酒的发酵过程比红葡萄酒缓慢，主发酵期为15～21天，之后还要换塞加酒再发酵15～20天。最佳发酵温度也比红葡萄酒低，为18～20℃，一旦高于30℃，则其色、香都会受到很大影响。

白葡萄酒酒液呈果绿色，清澈透明，气味清爽，酒香浓郁，回味深长，宜于配白肉和鱼类食品等饮用。

生啤酒。生啤酒是依靠酵母菌发酵生产制作的酒类成品。啤酒有多种分类方法，例如，按特性，可分为干啤酒、冰啤酒；按色泽，可分为黄啤酒、黑啤酒等；按发酵，可分为生啤酒、熟啤酒。生啤酒是指不经过传统高温杀菌的啤酒。普通啤酒由于经过高温处理，其营养成分也会受到一定的破坏，而生啤酒由于不用高温杀菌，所以营养成分不易被破坏，口感更鲜、更纯，口味稳定性也更好。但是在保存时间上，由于生啤酒中的菌类仍存在，其保存期限就远不如熟啤酒了。当今的啤酒生产企业在生啤酒的生产工艺中，开始运用无菌灌装和低温膜过滤冷灭菌技术，使生啤酒的保存期大为延长。

熟啤酒。熟啤酒是依靠酵母菌发酵生产制作的酒类产品。生啤酒经过巴氏灭菌法处理即成为熟啤酒。其工艺过程是：生啤酒→装入密封容器→以热水淋洗→终止发酵→熟啤酒。经过杀菌处理后的啤酒稳定性好，保质期可长达4个月，因而便于运输、储存和销售。但熟啤酒在60~65℃的高温灭菌时，多酚和蛋白质被氧化，可溶性蛋白质部分变性，各种水解酶类失活，使啤酒在色泽、澄清度、口味、营养性等方面都发生变化，口感不如生啤酒。

红茶。红茶属于酵母菌发酵茎叶类成品，是一种全发酵的茶叶品种。红茶在加工发酵过程中，发生了以茶多酚酶促氧化为中心的化学反应，鲜叶中的化学成分变化较大。成品中茶多酚减少90%以上，产生了茶黄素、茶红素等新成分，具有红茶、红汤、红叶和香甜味醇的特征。

发酵后的红茶富含胡萝卜素、维生素A、钙、磷、镁、钾、咖啡碱、异亮氨酸、亮氨酸、赖氨酸、谷氨酸、丙氨酸、天门冬氨酸等多种营养元素，对人体具有多种保健作用。

红茶的种类较多，可分为三大类：小种红茶、工夫红茶和红碎茶。其中著名的品种有祁红、滇红、川红、闽红等。当今，红茶已经成为中餐的代表性饮品，出口到全世界60多个国家和地区，出口量占中国茶叶总产量的50%左右。

乌龙茶。乌龙茶也称青茶，属于酵母菌发酵茎叶类产品，是一种半发酵的茶叶品种。乌龙茶的制作技艺，包括杀青、萎凋、摇青、发酵、烘焙等工序，其中摇青是技术关键。经过摇青、发酵的乌龙茶特色鲜明，品尝后齿颊留香，回味甘鲜。

乌龙茶的制作工艺可以追溯到中国宋代的贡茶龙团、凤饼，正式创制于清雍正时期。乌龙茶具有很好的保健作用，也被称为健美茶、美容茶。

乌龙茶为中国特有的茶类，主要品种有武夷岩茶（大红袍）、冻顶乌龙茶、凤凰水仙、安溪铁观音等。

（二）霉菌发酵产品

霉菌发酵产品包括白酒、酱类、酱油、醋类、腐乳类。其三级制作技法主要有白酒类酿造技法、酱类制作技法、酱油类酿造技法、食醋类酿造技法和腐乳类制作技法等。

浓香型白酒。浓香型白酒又称窖香型白酒，是霉菌发酵技艺的产品之一。浓香型白酒的主体香为乙醇乙酯，其酿造工艺可细分为3种。第一种工艺为循环式跑窖生产工艺，其制品特色为味道醇厚，香气悠久，入口甘美，落喉净爽，酒味全面，口味协调。第二种工艺为定窖生产工艺，其制品特色为无色透明，清冽甘爽，醇香浓郁，回味悠长。第三种工艺为老五甑生产工艺，其制品特色为色清如水晶，香醇似幽兰，入口甘美醇和，回味经久不息。这3种技艺虽然门派有别，但都是采用续渣混蒸、泥窖固态发酵技法。

浓香型白酒的代表品牌有五粮液、泸州老窖、古井贡酒、洋河大曲、双沟大曲等。

酱香型白酒。酱香型白酒是霉菌发酵技艺的产品之一，其风格特点是口感柔和，酱香突出，优雅细腻，回味悠长，酒度低而不淡，空杯留香持久。

酱香型白酒的发酵特点为以高粱为原料，使用高温曲，经高温润料、高温堆积、回酒发酵而成。酱香酒的酱香，是由于高沸点的酸性物质和低沸点的醇类物质组合而成的复合香气。

酱香型白酒的代表有贵州茅台酒、四川郎酒等。

生抽。生抽是一种酿造酱油，其特色是呈红褐色，颜色较淡，味道较咸，适合用来炒菜调味，也可用于凉拌。

生抽的"抽"是提取之意。生抽以大豆、脱脂大豆、黑豆、小麦或面粉为主要原料，制作过程为：接入种曲→天然露晒→发酵→提取成品。其产品色泽淡雅红润，滋味鲜美协调，豉味浓郁，体态清澈透明，风味独特。

老抽。老抽是在生抽中加入焦糖色，经特别工艺制成的浓色酱油，适合肉类增色之用。

老抽的制作工艺是在生抽的基础上，加入糖色，再晒制2~3个月，经沉淀过滤后即成。其产品味道鲜美微甜，比生抽更加浓郁。老抽颜色很深，呈有光泽的棕褐色，适于做红烧等需要上色的菜肴。老抽必须经过高温烹煮才能食用，不像生抽可直接用于蘸食、拌食，而且老抽颜色过深，有时会影响菜品的外观和食欲。所以在实际应用时，通常是老抽、生抽混合使用，兼顾制品的颜色和风味。

山西陈醋。山西陈醋又称山西老陈醋，一个老字，说明了它有悠久的生产历史。史载，公元前8世纪晋阳（今山西太原）已有醋坊，春秋时期醋坊已遍布城乡。以发酵技法论，山西陈醋是以高粱、麸皮、谷糠和水为主要原料，以大麦、豌豆所制大曲为糖化发酵剂，经低温浓醪酒精发酵后，再经高温固态醋酸发酵，以及熏醅、陈酿等工序酿制而成。其所使用的红心大曲中含有丰富的霉素，加上特有的熏制技法、长达一至数年的陈酿过程，使得山西陈醋具有香、酸、绵、长的风味特征，其色泽棕红，有光泽，体态均一，较浓稠，醋香、酯香、熏香、陈香相互衬托，醇厚柔和，酸甜适度，口味绵长。

镇江香醋。镇江香醋又称镇江醋，一个香字，说出了它的突出特点。镇江香醋具有色泽清亮、酸味柔和、醋香浓郁、风味纯正、口感绵和、香而微甜、色浓味鲜、久存愈香的特色。尤其是微甜的特色，与其所在地江南的饮食特色风味一致，相得益彰。

镇江香醋的风味特色来源于其独特的酿造发酵技法。在其发酵过程中，先是由曲霉所分泌的淀粉酶将原料中的淀粉转化为葡萄糖，同时又由酵母菌所分泌的酒化酶将葡萄糖转化为酒精。镇江香醋的大曲是由小麦、大麦和豌豆为原料经过大小十几道工序制作而成的。小麦含有丰富的霉菌繁殖所需要的营养成分，并具有适当的黏着力，特别适合大曲的生产。镇江香醋的大曲的制作期一般在 7 月至 8 月，称为"伏曲"，之后经不少于 8 个月的贮存后才可投入使用。在发酵过程中，镇江香醋采用了独特的固态分层发酵工艺，保证原料有足够的氧气、一定的营养比例、恰当的水分和适宜的温度，有利于醋酸菌的繁殖，有利于逐步将原料中的酒精氧化成醋酸。在其作用下，镇江香醋富含醋酸、乳酸、苹果酸、琥珀酸、葡萄糖酸、柠檬酸等多种有机酸，以及氨基酸、还原糖、酯类等多种风味和香气物质，形成了独特的风味。

红方。红方即红方腐乳，也称南乳。可细分为大块腐乳、红辣腐乳、玫瑰腐乳等，是霉菌发酵的谷物类产品。红方表面呈鲜红色或紫红色，切面为黄白色，滋味可口，风味独特。

制造红方的原料主要是黄豆和芋类。制作技艺为先将原料切成小块发酵，并在再发酵时以绍兴黄酒作汤料，再用红曲作为着色剂，使产品的表面呈红色。有些地方在制作红方时还要加入辣椒、食盐，并用茶油浸泡，成品称为茶油腐乳。

青方。青方即青方腐乳，又名臭豆腐，是一种闻着臭、吃着香的发酵食品。

青方风味奇特，颜色呈青色或豆青色，因而得名。青方以优质大豆为原料，利用毛霉菌发酵。产品经过磨浆、成坯、培养、前期发酵、腌渍、装坛、后期发酵等主要工艺后，毛霉菌使腐乳中的蛋白质分解，生成多种氨基酸、醇及有机酸等化合物，同时将豆腐蛋白中的胱氨酸、蛋氨酸、半胱氨酸等分解成尸胺、硫化氢。尸胺有刺鼻的粪臭味，硫化氢有臭鸡蛋的气味，所以青方具有明显的臭味。青方在制作时需不断添加黄浆水、盐硝，使原本洁白的豆腐呈现出豆青的颜色。青方对蛋白质的分解比红方等品种更为彻底，因而含有丰富的氨基酸、丙氨酸、谷氨酸、天门冬氨酸、乌苷酸、肌苷酸和醇类生成芳香酯类的化合物，使得青方在闻着臭的同时，具有十分独特的滋味。

（三）细菌发酵产品

细菌发酵产品主要有酸奶、乳酪、酸菜、泡菜等。其三级制作技法主要有酸奶类制作技法、奶酪类制作技法、酸菜类制作技法、泡菜类制作技法等。

脱脂酸乳。脱脂酸乳是在酸奶制作的基础上，除去上层的奶油，所含的脂肪在 1% 以下的一种酸奶。全脂酸奶脂肪含量是 3%，低脂酸奶脂肪含量为 1%～1.5%，而脱脂酸奶脂肪含量只有 0.5%。脱脂酸奶有效降低了酸奶中的脂肪成分，更适合那种需要减肥的人群、需要控制脂肪摄取量的糖尿病患者及心血管病人。

脱脂酸奶的制作发酵工艺和普通酸奶基本一致，都是配料、预热、均质、杀菌、冷却、接种、灌装（用于凝固型酸奶）、发酵、冷却、搅拌（用于搅拌型酸奶）、包装和后熟，不同的是原料的选用。全脂酸奶选用的是没有经过脱脂的普通牛奶，脱脂酸奶选用的是脱脂牛奶。

乳扇。乳扇是流行于滇西北各民族中的一种奶酪制品。乳扇由牛奶制成，色乳白，成品状如折扇，故名乳扇。

比较中国北方少数民族的奶酪制作，乳扇的发酵制作技法有所不同。先在锅内加入半勺木瓜制成的酸水，加温至70℃左右，再将牛奶倒入锅内，牛奶在酸和热的作用下迅速凝固。此时迅速加以搅拌，待牛奶变为丝状凝块时，用竹筷夹出并用手揉成饼状，再将其两翼卷在筷子上，之后将筷子的一端向外撑大，使凝块大致变为扇状，最后将其挂在架子上晾干，即成乳扇。

云南乳扇生吃、干吃、油炸、煎烤均可，也可与云腿等材料一起用于烹调还可切碎后加进茶中饮用。

四川泡菜。四川泡菜是中餐泡菜中的优秀代表，其色泽鲜亮，味道咸酸，口感脆生，香味扑鼻。四川泡菜用料广泛，不仅能够泡制萝卜缨、白菜帮、青菜茎、黄瓜、豆角等植物性食材，还能泡制鸡爪、猪耳、百叶等动物性食材。

以制作技法论，四川泡菜又可分洗澡泡菜和深水泡菜。两者泡制时间有别：前者在泡菜水里泡上一两天即成，适用于萝卜皮、莴苣条、叶类菜等长时间浸泡会变酸的蔬菜；后者适用于长期浸泡，如泡椒、仔姜、心里美萝卜、大蒜等蔬菜。四川泡菜对原料的选择十分讲究，例如，为了有利于发酵，泡菜用盐需选用不含碘的泡菜盐；在泡渍发酵的过程中严禁沾油，避免大量产生霉菌，导致泡菜"生花"、腐烂。

东北酸菜。酸菜实际上是泡菜的一个分支，其制作技法又称渍酸菜技法，酸菜制作遍布中国东北、华北、西南等北方地区，其中以东北地区的最为有名。

渍酸菜是世界上最早的蔬菜保存技法。酸菜古称菹，古籍《周礼》中就有其名。在成书于北魏时期的《齐民要术》中，更是详细记载了用菘（白菜）等原料腌渍酸菜的多种方法。

在制作东北酸菜时首先要挑好白菜，摘去残根、黄叶后在太阳底下晒几天，然后用清水洗净，一棵棵、一层层地在大缸里摆放整齐，每层菜中撒上适量粗盐，菜顶压上一块大石头后，加入生水或者凉白开密封存放，在寒冷的环境中让白菜慢慢发酵，约30天以后便可取得成品，这种技法叫生腌。熟腌技法为先烧一锅开水，把洗净的白菜放在锅里烫一下，放凉后再压进缸里，加水密封存放，这样可以加快泡渍时间。

从发酵原理看，东北酸菜是利用乳酸菌分解大白菜中的单糖、二糖，产生乳酸，使pH下降，发酵产生的二氧化碳使发酵容器处于厌氧状态，从而阻止食品受其他微生物的侵染而发生腐败变质，进而起到延长产品保存期的作用。在发酵过程中产生的二氧化碳、醋酸、乙醇、高级醇、芳香族脂类、醛类和硫化物等，赋予了酸菜独特的风味。

（四）混合菌发酵产品

混合菌发酵产品主要有黄酒、火腿、臭鳜鱼等。其三级制作技法主要有黄酒酿造技法、火腿制作技法、臭鳜鱼腌制技法等。

绍兴黄酒。绍兴黄酒又称绍兴老酒，是黄酒中最为知名的成品。

绍兴黄酒以甜、酸、苦、辛、鲜、涩6种味道融合而成，这6种味道来源于其特有的酿制发酵技法。其中的甜味是米和麦曲经酶的水解所产生的糖类，发酵中产生的甜味氨基酸和 2，3-丁二醇、甘油及发酵中遗留的糊精、多元醇等物质，也均呈甜味。酸味主要来自米曲及添加的浆水氧化，大多是在发酵过程中由酵母代谢产生的。苦味来自发酵过程中所产生的某些氨基酸、酪醇、甲硫基腺苷和胺类，糖色也会带来一定的焦苦味。恰到好处的苦味，使味感清爽。辛味由酒精、高级醇及乙醛等成分构成，适度的辛辣味可增进食欲。鲜味来自众多氨基酸中的谷氨酸、天门冬氨酸，蛋白质水解所产生的多肽及含氮碱，以及琥珀酸和酵母自溶产生的 5-核苷酸等物质。涩味主要由乳酸、酪氨酸、异丁醇和异戊醇等成分构成。涩味适当，能使酒味有浓厚的柔和感。以上 6 种味道成分互相影响，形成了绍兴黄酒澄黄清亮、醇厚甘甜、馥郁芬芳的特色。

金华火腿。火腿中外都有生产，金华火腿是其中的知名产品。金华火腿皮薄爪细，皮色黄亮，形似琵琶，肉色红润，香气浓郁，以色绝、香绝、味绝、形绝闻名于世。

金华火腿的发酵过程相当复杂，采用 5~10 千克的金华猪腿，经过修整、腌制、叠腿、翻腿、修腿、暴晒、风干等程序，方可令其发酵，产生大量的黄色、绿色菌群。其后还要经历清洗，刮除菌斑、脂肪及黑肉等程序，方为成品。在长达数月的发酵过程中，在酸、碱和酶的共同作用下，能分解出多达 18 种氨基酸，形成其独特的风味和外形。

臭鳜鱼。臭鳜鱼是经典的徽州菜产品，为鳜鱼抹淡盐水发酵而成。

臭鳜鱼闻起来臭，吃起来却很香很嫩。其秘诀在鳜鱼含有丰富的蛋白质，在湿热的气温下发酵，部分蛋白质发生分解，变成了视蛋白和少量氨基酸，所以会产生黏液和淡淡的臭味。也是因为氨基酸产生，所以又会使鱼肉呈现明显的鲜味，也更容易为人体消化吸收。

臭鳜鱼发酵的关键在于腌鱼时要掌握好盐量，用盐不可太多，否则将变成咸鱼；也不可太淡，否则鱼肉会腐败。臭鳜鱼的发酵温度为 25℃左右，时间为 6 天左右。发酵成功的臭鳜鱼形态完整，色泽红亮，除臭味之外，还有纯正、特殊的腌鲜香味，其制成品肉质细腻，口感滑嫩，醇香入味。

思考题

1. 中餐发酵的定义是什么？
2. 什么是中餐发酵工艺 4-3 体系？
3. 用酵母菌发酵的主要产品有哪些？
4. 为什么把白酒和红茶归类于中餐发酵产品？
5. 臭豆腐为什么闻着臭吃着香？
6. 东北酸菜的发酵原理是什么？
7. 绍兴黄酒是哪个类型的发酵产品？

第四章

中餐产品

产品是一个餐系的砖石。无论这个餐系多么庞大，多么复杂，都缺少不了产品这个基础构件。

产品也是一个餐系的成果。无论是食材还是技艺，都要通过产品来显示和达成。

中餐产品不仅包括烹饪产品、发酵产品和碎解产品，还包括原生性的定式菜和传播性的变式菜，总体数量大约有 3 万款之多，是世界所有餐系中体量最为庞大的餐系产品。中餐每个菜系、每个流派乃至每个师门，都有一批代表性的产品。

中餐代表产品的具体信息，请扫描二维码阅读。

巨无霸式的体量，让中餐产品可以从不同角度去认知，例如，可以从结构角度认知，也可以从功能角度认知，还可以从多种角度进行分类，如空间角度、时间角度、食材角度、技法角度、食者角度、感官角度、时节角度、民族角度等。正如一个魔方有六面，不同视角看到的颜色不同，六面之和才是魔方的全貌，对中餐产品的多角度认知和多角度分类，也是全面认知中餐的必由之路。

在中餐的理论建设中，对中餐产品的多角度分类具有重要意义。为了彻底理清中餐产品的个体差异，理清中餐产品的总体数量，在对中餐产品给予多角度认知的前提下，为其编制一套编码体系，势在必行。

资料：中餐
代表产品

第一节　本章相关名词解释

一、核心名词

中餐产品：使用中国传统烹饪、发酵、碎解等工艺制作出来的食品。

二、相关名词

产品：生产出来的物品。

中餐产品体系：由餐系、风格、菜系、流派、门派、产品 6 个层级构成的相互联系的整体。

中餐烹饪产品：使用中国传统烹饪工艺制作出来的食品。

中餐发酵产品：使用中国传统发酵工艺制作出来的食品。

中餐碎解产品：使用中国传统碎解工艺制作出来的食品。

生食产品：没有经过烹饪、发酵的原生态的食物。

中餐产品认知维度：认知中餐产品差异性的不同角度。

中餐产品空间维度：从空间角度划分中餐产品，包括风格、菜系、流派、门派等分类。

中餐产品时间维度：从时间角度划分中餐产品，包括千年级、百年级、十年级、岁级和月级等分类。

中餐产品原料维度：从原料角度划分中餐产品。

中餐产品工艺维度：从工艺角度划分中餐产品。

中餐产品呈现维度：从感官呈现维度划分中餐产品。

中餐产品食者维度：从食者的角度划分中餐产品。

中餐产品时节维度：从时节的角度划分中餐产品。

中餐产品民族维度：从民族的角度划分中餐产品。

中餐产品功能：从产品使用功能的角度认知中餐产品。

小吃产品：日常生活中辅助充饥的烹饪、发酵、碎解的食物。

凉菜产品：低于人体口腔温度的菜品。

热菜产品：高于人体口腔温度的菜品。

汤菜产品：带有大量汤汁的菜品。

中餐产品结构：从结构角度认知中餐产品，包括产品名称、主料、辅料、调味料、技法和五觉呈现。

产品名称：产品的名称，是中餐产品的六大结构之一。

产品主料：产品的主料，是中餐产品的六大结构之一。

产品辅料：产品的辅料，是中餐产品的六大结构之一。

产品调味料：产品的调味料，是中餐产品的六大结构之一。

产品呈现：产品的感官呈现方式，是中餐产品的六大结构之一。

中餐产品礼俗维度：从礼节、风俗角度划分中餐产品。

年节产品：过年、过节食用的风俗食品。

特事产品：婚、丧、生日等特殊日子食用的食品。

定式菜：主要结构稳定的菜点产品。

变式菜：在传播过程中结构发生演变的菜点产品。

中餐产品编码：利用数字化技术对中餐产品进行分类统计的数字编码系统。

中餐产品身份证：中餐产品编码系统的别称。

第二节　产品的结构和功能

任何事物都有其结构和功能。其中结构是指事物内各要素的组合方式，功能是指该事物作用于其他事物的能力。比较外餐，中餐的结构和功能既有相似性和普遍性，也有不同性和特殊性。

一、中餐产品的结构

中餐产品的结构又叫中餐产品的构件。除了个别产品外，中餐产品基本上是由六大基本构件组成的。这六大构件分别是名称、主料、辅料、调味料、技法和感官呈现方式（见图 4-1）。这六大构件中任何一个构件的改变，都会影响该产品的风格与特色，甚至让其成为另外一款产品。

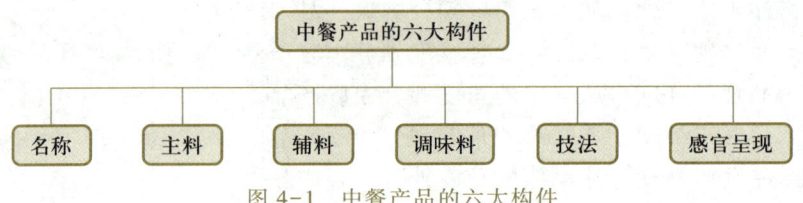

图 4-1　中餐产品的六大构件

（一）名称

名称即产品名称。比较外餐，产品名称是中餐的一大特色。西餐菜名一般是主辅料加上烹调方法，如玉米奶油蘑菇浓汤、牛排番茄意面、蔬菜干果沙拉、芝士焗蓝莓薯泥等，这样起名的优点是直接、实用。中餐菜名除了强调体现菜品的主要风味特色之外，还包含了诸多的情感和艺术成分，如突出乡土风情、地方特色，力求文字简短、音韵和谐，追求雅俗共赏、富有寓意等。中餐菜名取名的具体方式有以下几种。

一是在主料名称前加上烹调方法，如扒猪脸、红烧肉、清蒸鲥鱼、焖炉烤鸭、粉蒸肉、凉拌黄瓜、大煮干丝。这种命名方式简单明了，让食客听到菜名马上就能明白这是一款用什么食材、什么技法烹饪的菜品，通俗实用。

二是在主料名称后加上烹调方法，如鸭心卷、鲤鱼过桥。这种起名方式的特点与上边的方法相似，却更加突出了主料，诱人食欲。

三是在主料前加调味料种类或调味方式，如蚝油牛肉、糖醋排骨、京酱肉丝、鱼香肉丝。这种起名方式可以突出调味料或调味特色。

四是主料、辅料同时出现在菜名中，如干贝豆腐、蒜蓉海带、蟹黄包、虾子面。这种起名方式中，配料往往放在主料前，突出了配料的风味特色。

五是将菜品主料、辅料和烹调方法全数列上，如梅菜扣肉、尖椒炒腊肉、芹菜炒牛肉丝。这种起名方式可以让食客听到菜名，就能把菜品的主料、辅料和成菜方式了解得八九不离十。

六是按菜品的颜色起名，如白汁元鱼、白玉干贝、三色鱼丸、黄焖鸡。这种取名方法突出了菜品的视觉特色。

七是按菜品的形状起名，如绣球白菜、柴把鸭子、葡萄鱼、葫芦鸡。这种取名方法同样突出了菜品的视觉特色，形象易记。

八是在主料前加味觉、触觉、嗅觉特征，如香酥鸭、怪味豆、麻辣豆腐、臭鳜鱼。这种取名方法突出了菜品的主要感受特征。

九是在主料前加地名、人名，如东北大拉皮、西湖醋鱼、北京烤鸭、东坡肉、宫保鸡丁、宋嫂鱼羹、胡适一品锅、李鸿章杂碎。这种取名方法突出了地方和人文特色，能够给人留下深刻印象。

十是蕴含文化典故，如孔府菜中的带子上朝、诗礼银杏等。这种起名方法可以增加菜品的文化内涵。

十一是利用比喻或寓意起菜名，如蚂蚁上树、它似蜜、灯影牛肉、老婆饼、夫妻肺片。这种取名方法可以引发食客联想，颇具情趣。

十二是在烹饪工具和盛器上做文章，如铁板牛柳、铁锅炖大鹅、剪刀面、锅仔饭。这种起名方法让食客在了解工具、盛器的同时，也勾起了品尝兴趣。

其中第六至第十二的起名方法，突出了中餐菜名的特色。通过上述中餐命名方法，我们可以看到中餐菜名在突出实用性的同时，比外餐更加注重艺术性，更富有意境和情趣。

（二）主、辅、调味料

中餐产品结构中的主料、辅料、调味料的身份虽然不同，但在中餐产品的呈现中，都具有重要的地位。

同为狮子头，主料为猪肉、鱼肉或豆腐，外形虽变化不大，却呈现出 3 种不同的味道。

辅料也是这样，山东的大葱烧肉和江南的春笋烧肉，主料都是猪肉，却因辅料的变化而成为风味相差很大的两款菜品。

调味料的作用更大，同样的主料、辅料，调味料一变，就可以变化出千姿百态的菜品。可以酱香浓郁，可以酸甜可口，可以麻辣袭人，也可以酸香四溢。

（三）技法

技法是中餐产品结构中重要的一极。中餐能够傲立世界餐系之林，技法的作用绝对不能小视。中餐中技法的丰富性堪称世界第一。其中的炒制技法为中餐特有，并衍生出多种分类，为中餐烹炒出成百上千的菜品。其他烹饪方法，如蒸、炸，其层级和分类也远比外餐丰富。这在第三章中已有详解，此处不再赘述。

（四）感官呈现

感官呈现是中餐产品的结果，世界上任何一款菜品都具有自身的味觉、嗅觉、触觉、视觉和听觉呈现，只不过中餐产品的五觉呈现更为复杂、微妙、细致。如麻婆豆腐，有麻、辣、烫、香、酥、嫩、鲜、活八大特色。其中的麻和辣是川菜的代表风味，烫是产品温度，香是嗅觉气味，酥和嫩都是口腔触觉，鲜和活则是在味觉、触觉、视觉和嗅觉的共同作用下，给人的一种进食的愉悦您。

二、中餐产品的变化

将上述中餐产品的六大构件细分一下，可以分为两组：名称、主料是稳定构件，辅料、调味料、技法和感官呈现是变动构件。由此可以把中餐产品划分成两个系列：一个是构件稳定的定式菜，另一个是构件变化的变式菜（见图4-2）。

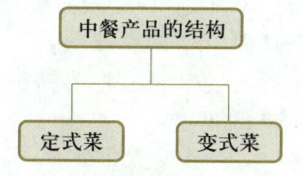

图4-2　中餐产品的结构认知

（一）定式菜

定式菜中的定式，是指一款菜品在原产地的原生性和稳定性。一款菜肴的形成有一个过程，当其六大构件在数量、质量等方面相对固定后，就进入了一个相对规范的阶段，有了约定俗成的规定形式，这就是定式。

从历史角度来看，定式菜也不是绝对的不变，定式菜也会随着时代的发展产生微变化，以适应不同时代的食客需求。例如，古籍《齐民要术》中的"范炙"和当今的北京烤鸭，其主料都是整鸭，烹饪技法都是烤，被认定是一脉相承的菜品，但是其中的名称、辅料和制作细节，都已经发生了变化。

（二）变式菜

变式菜是指菜品在空间传播过程中，产品结构发生演变的菜肴。

变式菜的成因很多，一是食客口味的差异，不同地域，人们的口味诉求不同；二是物产的差异，一方水土孕育一方物产，地域不同，同名的食材口感不同；三是交通贸易的限制，外地、外国不能获得原产地的地道食材；四是专门的技术人才不足，令烹饪技术走样；五是文化的差异，人们对食物的鉴赏要求不同。以上五点都是导致产品构件变化的原因，而其根本原因只有一个，那就是入乡随俗，以满足、适应当地食客的饮食习惯和口味诉求。

产品结构维度的划分，具有四方面的意义。一是有利于更科学、更准确地评价中餐产品的社会价值。传播范围越广的菜，惠及人群越多，价值越高。二是有利于对中餐产品数量的认知。中餐产品到底有多少，种种说法差距很大。其根本原因是没有弄清楚中餐产品的定式、变式关系，不确立定式和变式的概念，就很难理清中国菜的数量。三是为推动中餐产品在海外传播提供了理论支撑。从产品结构角度看，正宗的就是定式菜，非正宗的就是变式菜，正宗与非正宗是产品的两种存在形式，它们分别满足不同地域的食客需求，没有孰是孰非。四是有利于认清中餐标准化的问题。定式菜强调标准，变式菜强调适应人类口味的多样性，维护中餐产品的多样性和艺术性，两者都为中餐的发展壮大做出了贡献。

三、中餐产品的功能

中餐产品的功能即中餐产品在餐桌上承担的作用，有广义和狭义之分。广义的功能是转化为人的肌体，延续人的生命。狭义的功能则指中餐产品在餐桌上担负的角色功能。

戏曲舞台上有生、旦、净、末、丑，餐桌上的菜点也要担负不同的角色，分工合作，方能唱好进食这出"大戏"。这种功能角色，在宴会上表现得最全面，如在西餐宴席中，菜点被划分为汤品、前菜、大菜、甜点等角色；中餐产品的功能划分与西餐有别，一般将菜品按功能角度划分为凉菜、热菜、汤菜、主食、点心、果品等（见图4-3）。

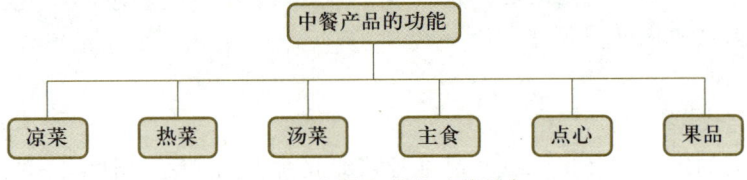

图4-3 中餐产品的功能认知

（一）凉菜

凉菜亦称冷菜、冷盘、前菜，在中餐各菜系中，其地位是极其重要的。对中餐凉菜的记载始见于先秦，其后随着制作技术的不断发展，凉菜的内容和形式一天比一天完善，制作凉菜的食材及方法也在不断创新，如酱制法、风干制法、卤制法、拌制法、腌制法、糟制法、醉制法等，层出不穷。

凉菜的作用有三。其一，凉菜是菜肴的脸面。凉菜是宴席上与食客接触的第一道正式菜品，是迎宾菜，担负着先声夺人的重任。其二，凉菜是热菜的先导。凉菜担负着开胃的作用，成功的凉菜可以使食客味蕾大开，为之后所上的热菜做足铺垫，使之与热菜互相衬托，相互呼应。其三，凉菜能够烘托气氛。凉菜制作的好坏，是否赏心悦目、味美适口，对于整个宴会的气氛和情趣影响很大。俗话说，好的开端等于成功的一半，如果凉菜能让食客在视觉和味觉上感到称心愉快，会为整个宴会奠定良好的基础，促进宴会高潮的形成。

中餐中经典的凉菜有东北大拌菜、四川泡菜、水晶肴蹄、白斩鸡、酥鲫鱼、芥末鸭掌等。

（二）热菜

热菜是指有一定温度的菜品。热菜符合中国人的饮食传统，契合人体自身的温度，因而成为中餐产品中的重要组成部分。

在中餐餐桌上，热菜可以单独出现，也可以为了一定的目的、按照一定规格质量组配成一套菜品。热菜集纳了炒、蒸、煮、炸、烤、复合等诸多烹饪技艺，是中餐产品中的精华，是宴席上的主角、大菜。

中餐中经典的热菜有糖醋黄河鲤鱼、北京烤鸭、东坡肘子、宫保鸡丁、葱烧海参、鸡蛋炒西红柿等。

葱烧海参

（三）汤菜

汤菜简称汤，即烹调后以汁液为主的菜肴，是中餐产品中一个重要的种类。

中餐各大菜系都有一些知名的汤菜。鲁菜中的奶汤蒲菜早在明清时期便负有盛名；豫菜中的胡辣汤酸辣可口、经济实惠，为许多河南人的固定早餐；粤菜中的老火靓汤有养生祛病之效；赣菜中的瓦罐煨汤堪称中华一绝。汤不仅能够成为单品，还能以汤成席，河南洛阳的水席便是集汤菜之大成的作品。作为宴席的组成部分，汤还有明确程序的功能。在粤菜、闽菜、桂菜席面中，一般于开席时上汤；而在中国其他地区的宴席中，汤都是最后出场，上汤表示本次宴席的终结。

中餐中经典的汤菜有乌鱼蛋汤、蛋花汤、老火靓汤、蘑菇三鲜汤、萝卜丸子汤、开水白菜等。

（四）主食

主食一般是指以谷类、豆类和块茎类食材制作的成品，如米饭、馒头、包子、花卷、面条、糕饼等。在传统概念中，它们是人们赖以生存的主要食物，所以有"主食"之称。

主食是人类日常饮食所需蛋白质、淀粉、油脂、矿物质等维生素的主要来源，是碳水化合物特别是淀粉的主要摄入源。

由于种植的作物不同，传统上的中餐主食因地域而有很大的区别，南方地区以稻米及其加工品为主食，北方地区以小麦、玉米、小米等谷物为主食。伴随着科技进步和社会发展，如今这种区别越来越不明显。

中餐中经典的主食有扬州炒饭、青岛大包、山西刀削面、广东云吞面、锅仔饭、奥灶面、鲅鱼饺子等。

（五）点心

点心作为中餐产品的一个组成部分，具有比糕点店售卖的点心更多的内容：除了小吃之外，一些点缀性的主食，如馄饨、糕团、粥类等，在中餐中都可被称为点心。

点心口味多样，咸甜皆备，形态也丰富多彩。因风俗习惯的不同，各地方点心的品种与口味也各具特色。其中比较出名的有重油轻糖、酥松绵软、口味单纯的京式点心；口味重甜、制作精致、极具江南风味的苏式点心；重糖重油、皮薄馅多、油润软滑、口味甜中含咸的广式点心；饼皮疏松、油而不腻、馅料咸甜适口的滇式点心；甜香软糯、花色繁多的沪式点心；秉承传统手工制作、保持中式点心风味的津式点心；软糯油润、香甜酥脆的川式点心；油而不腻、酥而不碎的晋式点心；选料讲究、加工精细、造型别致、酥软脆分明的宁式点心；口味甜酥油润、海鲜风味突出的闽式点心；口感酥松香软、美味可口的东北点心；等等。

中餐中经典的点心有闻喜饼、老婆饼、炸卷果、元宵、青团等。

（六）果品

果品是水果和干果的总称。在中餐宴席中，糖花生、桂圆干、白瓜子、栗子、葡萄干等干果及水果制品，常和水果一起出现在压桌席面中。水果则更多地出现在餐后，以果盘的形式赢得食客的青睐。还有一些果品是作为菜肴主料、辅料乃至盛器出现在菜品中的，如拔丝苹果、菠萝咕咾肉、蟹酿橙、木瓜船等。

在中餐中，果品的功用有三：一是增加营养，二是丰富色泽，三是中和口感。

思考题

1. 中餐产品的 6 个结构要件分别是什么？
2. 什么是定式菜？什么是变式菜？
3. 什么是广义的中餐产品功能？什么是狭义的中餐产品功能？
4. 中餐产品中的凉菜具有什么功能？
5. 中餐产品中的主食具有什么功能？
6. 中餐产品中的果品具有什么功能？

第三节　中餐产品划分

中餐产品洋洋洒洒有数万种之多，是一个大的集群。除多样性之外，还具有交叉性、历史性、模糊性等几大特征。如何正确观察、认知中餐产品，的确具有很大的复杂性。拆解的办法只有一个，这就是对中餐产品进行多个维度的认知。就像观察魔方，只有对其 6 个面进行全方位的观察，方能得出全面、准确的认知结果。

这些认知维度，包括中餐产品的空间维度的划分、时间维度的划分、原料维度的划分、技法维度的划分、感官维度的划分、时节维度的划分、食者维度的划分、民族维度的划分等。

一、空间分类

中餐产品的空间分类，是从地域角度对中餐产品的划分，展现的是中餐产品的广度。

中国地大物博，使得中餐产品的空间地域特征十分明显。中国南方地区的传统主食是米饭，而北方地区则以面食为主食。在菜品的主要味型上，更有南甜北咸、东辣西酸的说法。就具体菜品来说，同一种主料、同一种菜名，由于地域不同，其呈现方式就有很大差别，例如湖南长沙的臭豆腐和浙江绍兴的臭豆腐，颜色一为黝黑，一为金黄，蘸料也有区别。又如扒猪脸，东北地区的和江苏地区的产品，同样区别甚巨。由于这种地域区别，中餐的许多菜点，在名字前要加上地名，如山东丸子、四川泡菜、东北拉皮、山西刀削面、南京板鸭、粤式烧鹅、保定驴肉火烧、上海蟹壳黄、黄桥烧饼、太湖银鱼、长江三鲜等。

中餐的空间维度是一个体系，包括餐、格、系、派、门、品 6 个层级。产品是中餐空间体系的第六个层级，也是这一体系的基础层级，其上的 5 个层级都是依靠产品层级而建立的（见图 4-4）。关于这个体系的具体介绍，请见第五章。

二、时间分类

中餐产品的时间分类即依据产品存在的年代远近，对中餐产品的进行划分，展现的是中餐产品的时间跨度。

中餐是全世界最古老的菜系之一，其中有文字的记载就有 3 000 多年。按照时间维度认知中餐，就是从中华文明数千年的长度去认知它们，用时间给中餐分类。中餐的时间维度认知，可以分为 5 个层级：千岁菜、百岁菜、十岁菜、岁级菜和不满周岁的月级菜（见图 4-5）。

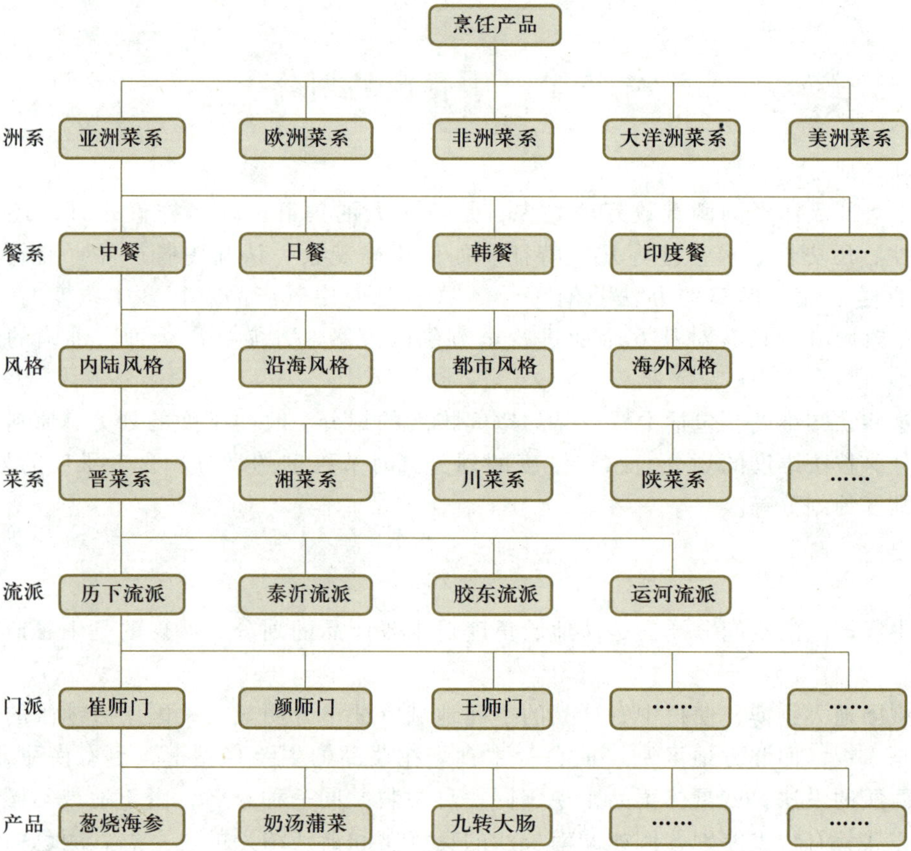

```
                          ┌──────────┐
                          │ 烹饪产品 │
                          └────┬─────┘
        ┌─────────┬─────────┼─────────┬─────────┐
   ┌────┴───┐ ┌───┴───┐ ┌───┴───┐ ┌──┴─────┐ ┌──┴────┐
洲系│亚洲菜系│ │欧洲菜系│ │非洲菜系│ │大洋洲菜系│ │美洲菜系│
   └────┬───┘ └───────┘ └───────┘ └────────┘ └───────┘
        │
   ┌────┴───┐ ┌───────┐ ┌───────┐ ┌────────┐ ┌───────┐
餐系│  中餐  │ │  日餐  │ │  韩餐  │ │ 印度餐 │ │ …… │
   └────┬───┘ └───────┘ └───────┘ └────────┘ └───────┘
```

图 4-4　中餐产品的空间分类

```
                  ┌────────────────┐
                  │ 中餐产品时间分类 │
                  └────────┬───────┘
        ┌─────────┬────────┼────────┬─────────┐
   ┌────┴───┐ ┌───┴───┐ ┌──┴───┐ ┌──┴───┐ ┌──┴───┐
   │ 千岁菜 │ │ 百岁菜 │ │十岁菜│ │岁级菜│ │月级菜│
   └────────┘ └───────┘ └──────┘ └──────┘ └──────┘
```

图 4-5　中餐产品的时间分类

千岁菜。千岁菜是指传承了 1 000 年以上且仍然活跃在今天的菜品。它们是中国菜的老祖宗，如见载于《齐民要术》的烤乳猪。

千岁菜历经千年岁月洗礼不衰不败，经过不断的微创新，至今仍活跃在中华民族饮食生活中，是中餐的瑰宝。

中餐产品中的千年经典菜点有牛炙（烤牛肉）、羊炙（烤羊肉）、豕炙（烤猪肉）、鹿炙（烤鹿肉）、脍鲤（鲤鱼刺身）、鱼酢、胡饼（烧饼）、馒头（包子）、汤饼（面条）、烤鸭、烤乳猪等。

百岁菜。百岁菜是传承百年以上、千年以下且仍然活跃在今天的菜品。百岁级菜点在中国各菜系都有一批，如浙菜、楚菜中的东坡肉，川菜中的宫保鸡丁，鲁菜中的诗礼银杏，闽菜中的佛跳墙，京菜中的老北京炸酱面等。它们虽然年过百年洗礼，仍旧青春不老，在许多地方风味菜馆中，仍是当家菜、代表菜。

佛跳墙

中餐产品中的百年经典菜点有蒸鲥鱼、佛跳墙、糟茄子、赤豆饭、萝卜羹、莲子粥、烧鹅、蒜茄儿、山药拨鱼、熟灌藕、煨蛋、酒蟹、熏鸡、糟泥螺、百合粥、虾圆、酥鱼、粉蒸肉、荷包鱼、汽锅鸡、茯苓糕、面茶、它似蜜等。

十岁菜。十岁菜是指存在十年以上、百年以下的菜品，如大盘鸡、酸菜鱼。它们之中有些诞生于民国时期，大多出生于中华人民共和国成立后，走红于改革开放年代。在当今的中餐菜谱中，它们是不折不扣的主力军。

中餐产品中的十岁经典菜有白切肉、元宝肉、冰糖肘子、回锅肉、鱼香肉丝、焦熘里脊、爆三样、烤全羊、牛头方、三套鸭、小鸡炖蘑菇、三杯鸡、葱烧海参、烤鱿鱼、琵琶虾等。

岁级菜。岁级菜指存在一年以上、十年以内的菜品。其中的部分菜品有成长为十岁菜的势头，但大多数菜品是潮起潮落，红火几年后，发展情况不佳，最终寿数几何，有待人们用嘴投票。

中餐产品中的岁级经典菜有雕爷牛腩、黄焖鸡、钢管鸡、麻辣火锅饭及中餐分子料理等。

月级菜。月级菜指不足一岁的菜品。或是出于顾客消费的推动，或是出于自身创新的探索，或是出于餐饮老板的督促，每月都有成千上万的中餐创新菜摆上餐桌。这种菜品数量众多，但绝大多数经不起市场的考验，活不到周岁，最短命的在"月子"里就会被淘汰，真正能够活下来、活出长寿的少之又少。月级菜虽然短寿，但它们是岁级菜、十岁菜、百岁菜和千岁菜的成长基础，不可小视。

月级菜数量众多，因面世时间过短，能否成为经典还有待检验，故此处不再列出具体名单。

三、原料分类

中餐产品的原料分类，是从食材角度对中餐产品的一种划分。

中餐食材琳琅满目，以植物、动物、菌物、矿物、人造 5 种食材为基础，可以细分为禽类食材、畜类食材、河湖食材、海产食材、蔬果食材、菌藻食材和谷物食材等多个分支（见图 4-6）。从应用角度看，食材还可以划分为主料、辅料、调味料等。

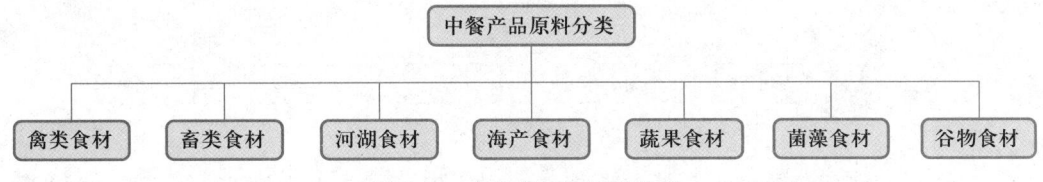

图 4-6　中餐产品的原料分类

中餐产品原料的分类，在本书第二章已做过介绍，在此不再赘述。

四、技法分类

中餐产品的技法分类，是指以不同的加工技法为中餐产品分类。

中餐产品的加工技法包括烹饪加工技法、碎解加工技法和发酵加工技法（见

图 4-7）。不同的加工技法，不仅可以改变产品的外观、口感、口味，甚至可以改变食材的性格。

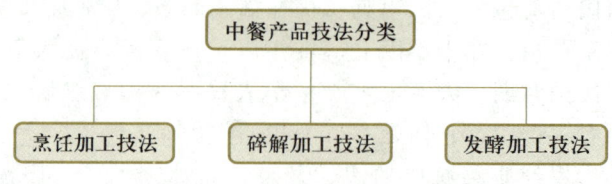

图 4-7　中餐产品的技法分类

中餐技法十分丰富，仅以烹饪技法为例，横向讲，有炒这种中餐独有的技法；纵向讲，热介、热量、感官三级层次齐全。即使是第一层级，也有烤、煮、蒸、炸、炒、复合、无热等多种加工技法分类。

中餐烹饪技法的 7 种分类和 3 个层级，已经在本书第三章中予以介绍，本章不再赘述。

除烹饪加工技法之外，中餐制作还包括发酵技法和碎解技法，如酿酒法、制茶法、制酱法、制醋法、食材切割法、食材发制法等，它们都是中餐技法的重要组成部分。

以技法为中餐产品分类，可以让中餐产品更接近于中餐制作实际。

五、食者分类

中餐产品的食者分类，也叫中餐产品食者阶层分类。餐饮产品因食者需求而生，中餐也不例外。食者是一个整体性的概念，自古代起，因社会地位、经济条件和所属人群的不同，食者也分为许多阶层。而产品因流传过程中食者阶层的不同，也会出现相应的变化，例如同为豆腐菜，帝王吃的是御膳豆腐，官府吃的是一品豆腐，市井百姓吃的是家常豆腐，三者间的原料、制法都有较大的区别。食者分类，就是从消费者身份角度对中餐产品的划分。

依据食者阶层不同，可将中餐产品划分为宫廷菜、官府菜、市肆菜、乡宴菜、寺庙菜、家庭菜 6 个层级（见图 4-8）。

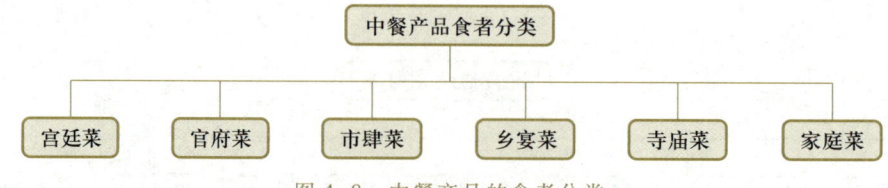

图 4-8　中餐产品的食者分类

宫廷菜。宫廷菜是帝王御用的菜肴。中国历史上一共出现过 83 个王朝，559 个帝王（包括 397 个"帝"和 162 个"王"），宫廷菜就是为这些帝王和他们的家眷服务的。

由于历朝帝王的种族不同，所处地区不同，执政的时间不同，兴衰时期也不同，具象的宫廷菜有很大的差异性。但从整体上看，宫廷菜还是有这样几个共同特点：一是选料精，二是技艺精，三是数量丰，四是席面奢。从某种角度讲，宫廷菜带动了中餐的精益求精。

由于宫廷菜受众较少，故流传于世的产品不多，有一些还带有演绎的成分，名大于实，没有得到市场的认可。

宫廷菜的经典产品有周代八珍、烤全羊、清宫万福肉、御用佛跳墙、凤凰卧雪、它似蜜、御膳房小窝头等。

官府菜。官府菜是官僚士大夫的私家菜，其受众群体还包括一些退职官僚和地方豪门。他们经济条件优越，对饮食非常讲究，又常有往来应酬，所以官府菜在等级、排场上虽比不上宫廷菜，但在厨艺和产品质量上却不输前者。古代名画《韩熙载夜宴图》（见图 4-9）描绘的就是一场色、香、味、演俱全的官府宴会。

图 4-9　《韩熙载夜宴图》（部分）

官府菜的特点是制作精细，讲究味道，带有浓郁的地方特色和私家烙印，流传下来的名菜名点比较多，集群如孔府菜、谭家菜，单品如东坡肉、宫保鸡丁等，至今仍活跃在市场上。一些官府菜是在主人的需求和指导下完成的。例如，写下《随园食单》的袁枚和他的私厨王小余，就常常在一起切磋厨艺，被后人传为佳话。

官府菜经典产品有烤花篮鳜鱼、一品豆腐、寿字鸭羹、乌龙戏珠、鲅鱼炖鸭、白玉虾园、雪梨鸡片、宫保鸡丁、清汤燕窝、三丝鱼翅、李鸿章杂碎等。

市肆菜。市肆菜即人们常说的餐馆、餐厅出售的菜肴。它的特点是经营的商业性，产品的多样性，技术的专业性，发展的流动性。

中国的市肆菜起源于秦汉时期，随着工业文明的兴起，如今已经成了一个大的行业。市肆菜的制作者是职业厨师，这是一支规模庞大的专业队伍，在当今中国少说有 800 万之众，这些人是中国烹饪传承与发展的中坚力量。

市肆菜的经典产品有鱼香肉丝、羊肉火锅、羊肉泡馍、木须肉、锅包肉、大盘鸡等。

乡宴菜。乡宴菜是农村村民举办"红白喜事"和其他庆典时的菜品。

乡宴作为一种农业社会的传统"食事"，在今天城镇化的大潮中，不仅没有丢失，而且仍有发展。许多地方有乡宴专业户，有的地方还成立了专门的乡宴协会，时常举办乡宴烹饪比赛等活动。乡宴菜的制作者一般不是专职的，他们平日务农，宴时为厨。

乡宴菜的特点是口味醇厚，形式古朴，乡土气息浓郁，一方水土，一方饮宴，产品中蕴含的食俗文化丰富多彩。

乡宴菜的经典产品有扣肉、酱肘子、杀猪菜、侉炖鱼、手把羊肉等。

寺庙菜。寺庙菜也称斋食，是在宗教场所制作、食用的菜肴。

寺庙菜原料特色鲜明，一般是当地产的蔬菜，没有荤腥，甚至不用葱、蒜等"小荤"调味料。寺庙菜属于小众菜，多由庙观内专事烹饪的人员制作。特殊的饮食诉求和有限的食材，形成了寺庙菜独具特色的素食烹制技术体系，有些产品流向民间，流向餐饮行业。

寺庙菜的经典产品有罗汉斋、鼎湖上素、素鱼翅、酿扒竹笋等。

家庭菜。家庭菜是以家庭为单位制作的菜肴。家庭菜的特点是厨艺简单，原料寻常，注重口味，品种不多。

家庭菜发展传承的一大特色是交融，两个人的婚姻组成一个家庭，一个新家庭的饮食，就是双方口味和厨艺的一次碰撞，由双方或单方家族传承来的拿手菜成为主角，然后由下一代再传承。家庭菜是中国饮食文化的一个重要传承途径。

家庭菜的经典产品有地三鲜、家常炖肉、鸡蛋羹、麻酱面、酸汤面、家常拍黄瓜等。

六、感官分类

感官即对中餐产品进行五觉感官鉴赏，其中的五觉，是指人的味觉、嗅觉、触觉、视觉、听觉 5 种感觉。五觉鉴赏是食客运用舌、鼻、口、眼、耳对中餐产品进行全方位的品评。

五觉鉴赏中，味觉、触觉、嗅觉的鉴赏十分重要。味觉可以辨别中餐产品中的甜味、咸味、酸味、苦味和复合味，口腔触觉可以辨别食物的温度、硬度、稀度、酥度、嫩度和辣感，嗅觉可以辨别产品的香气、臭气、腥气、膻气，视觉可以辨别产品的颜色和形状，听觉可以听到口腔内的咀嚼声和口腔外与菜品相关的声音。

中餐产品五觉感官鉴赏是一个新创的美学鉴赏体系。在本书第六章有关于它的完整论述。

七、时节分类

时节维度是从季节、节令和节日角度对中餐产品的分类。

中国大部分国土处于温带地区，寒暑交替，冷热分明。这种地域和气候的特色在很大程度上影响着中餐产品的生产和利用。

中国的先圣孔子曾留下一句名言，"不时不食"，意思是进食要遵循自然之道，要应时令、按季节，到什么季节吃什么东西。

中餐产品的时节维度，不仅仅是针对食材，在口味调整和制作技法上，也提倡应时当令，按季节变化来调味、配菜。例如，冬季人们的口味厚重，冬季的中餐产品中炖煮菜较多；夏季人们的口味偏于清爽，夏季的中餐产品中有不少凉拌菜。

从时节角度看，中餐产品可以划分为春季菜、夏季菜、秋季菜、冬季菜、跨季菜和年节菜 6 个类别（见图 4-10）。

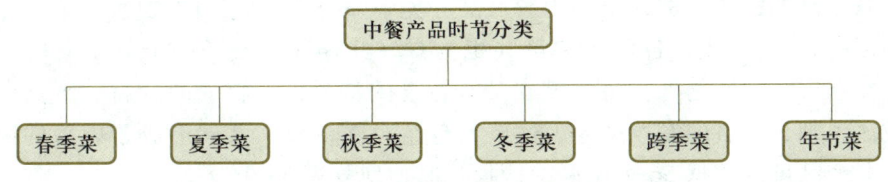

图 4-10　中餐产品的时节分类

春季万物生发，春季菜品由冬季的浓厚肥腻转变为清温平淡，宜清淡微甘少酸，宜少用过浓、过重调味料，以突出原料原有鲜味与本味。中餐讲究春食酸，酸有平肝散瘀、解毒杀虫等作用。春季菜有 4 个烹调要求：一是用好应季料，研发绿色菜；二是口味偏清淡，多醋少盐；三是养生菜以清补为宜；四是烹调技法宜快不宜慢，多用炒法，少用烧、焖、炖。

夏季骄阳似火，暑热难耐，容易导致人心火旺盛，食欲降低。因此中餐在夏季膳食调配上，提倡少食肥肉和油腻食物，少食辛甘燥烈食物。在夏季适宜吃一些凉性带苦味的蔬菜，如苦瓜、苦菜、芜菁、莴笋等。这些食材有利于生津止渴，除烦解暑。夏季烹调选料，应以寒凉清香为宜，寒凉能清热生津，清香可醒脾开胃，有助消化。烹调方法应多用清蒸、滑炒、冻、拌、炝等。产品色泽上应选用冷色、白色为主，配菜多用顺色。口味宜清凉、淡雅、爽口、微带清香气味。

秋季气温凉爽、干燥，干燥的空气会大量消耗人体内的水分，引起呼吸道感染，因此中餐的秋季饮食非常注重养生。秋季烹调选料宜选用甘淡平凉或微温的食材。烹饪方法多用白扒、白烧、清炖、黄焖、酸熘等。色泽上多用中间色，黄色为主，绿色为辅，配菜多用花色。口味上宜清淡、酸、甜。此外，各式各样的粥是中餐中颇有特色的秋季养生佳品。

冬季冰封雪冻，寒风凛冽。中餐理论认为，此时人体阳气潜藏，阴气盛旺，应吃一些性温、御寒、补益的食物，如羊肉、鹅肉、甲鱼、鹌鹑、鸽子、鲜虾、海参、枸杞、韭菜、核桃、糯米、芝麻等。烹调方法宜用红烧、红扒、煮、炖、焖、煨等。色彩上宜选用红色、紫色等。配菜时偏重于花色，口味上宜醇重并带有浓郁的香味。

跨季菜是指一年四季都可以制作和食用的菜品。伴随着科技的进步和食材的反季供应，当今跨季菜已呈越来越多的趋势。跨季菜品可以长年供应，这对餐饮经营是一件好事。但是跨季菜中一些品种属于反季生产，其营养成分如何，长期食用对食者身体会产生怎样的影响，还需深入研究。

年节菜世界各民族都有，但都没有中餐和年节配合得紧密。腊八节喝粥，春节吃饺子，正月十五吃元宵，端午节吃粽子，中秋节吃月饼……在中餐中，几乎每个节日都有与之相配的食物。中餐中的年节菜，不仅丰盛，连名字都要讨喜。例如，中国人的年夜饭讲究餐桌上有鸡、有鱼，鸡寓意着大吉大利，鱼谐音年年有余。

八、民族分类

民族，是指在文化、语言、历史与其他人群在客观上有所区分的一群人，是近代以来通过研究人类进化史及种族所形成的概念。餐饮和文化、语言、历史息息相关，中餐产品的民族分类，也是中餐产品分类中一个不可或缺的维度。

中国有 56 个民族，各民族和谐共生、友好共存，形成了一个其乐融融的大家庭。从饮食讲，共性之外，每个民族又有各自的特色，如特殊的食材、特点鲜明的烹调技法、别具一格的餐饮产品。这些特色组合在一起，共同形成了中餐的民族体系。中餐产品可以依据 56 个民族的饮食状况，划分为 56 个分支。

中国的民族饮食文化已经传承数千年，是非物质文化遗产的瑰宝。中国是一个统一的多民族国家，少数民族有 55 个，人口虽然约只占全国总人口的 8%，居住面积却占到全国面积的 50%～60%。这些少数民族居住地的气候、地形、自然资源等不同，饮食也各具特色。从居住地区论，大致可以分成青藏高原集聚地、内蒙古高原集聚地、黄土高原集聚地、云贵高原集聚地、西北地区集聚地和东北地区集聚地。每个集聚地都有多个少数民族居住，都有特色鲜明的少数民族饮食。

思考题

1. 中餐产品有哪些认知维度？它们分别是什么？
2. 中餐产品的时间维度是怎样划分的？
3. 中餐产品的原料维度是怎样划分的？
4. 中餐产品的技法维度是怎样划分的？
5. 中餐产品的感官维度是怎样划分的？
6. 中餐产品的时节维度是怎样划分的？
7. 中餐产品的食者维度是怎样划分的？
8. 中餐产品的民族维度是怎样划分的？

第四节 中餐产品编码

中餐产品多如繁星，一菜多名、一名多菜的现象相当普遍。即使是同名同菜，由于地区、原料、传承和技艺的差别，其菜品也有较大差异，这就给中餐产品的认知带来一系列的难题。在这种情况下，连最起码的中餐产品数量都难以统计清楚，何谈给它们搭建一个科学的体系！中餐产品编码的出现，给解决上述难题提供了一个科学的工具。

中餐产品编码体系的构建规则，是依据中餐产品 8 个分类维度，以及产品结构和功能，加上制作人识别信息，进行数字化编码。有了这套编码，每一款中餐产品都能得到全面覆盖和有效区分，没有缺漏和重叠。

一、构建方法

中餐产品编码体系的构建方法是以空间、时间、原料、技法、感官、时节、食者、民族 8 个认知维度为基本架构，加上结构、功能和作者 3 个维度，进行数字化编码。根据维度的内涵不同，每个维度分别占 1~8 位码长，总共 25 位码长（见图 4-11）。

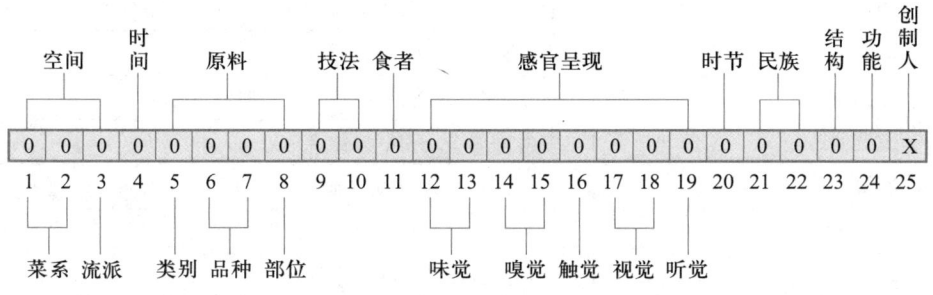

图 4-11 中餐产品编码系统

在维度内部，则以数字 0~9 表示该维度不同的呈现状态，其中 0 表示该产品不具有这个分类维度，9 表示其他状况，1~8 表示该产品在这个分类维度中的状态。例如，在时节维度中，1 代表春季菜，2 代表夏季菜，3 代表秋季菜，4 代表冬季菜，5 代表跨季菜，6 代表年节菜。

空间维度编码是从地域维度对中餐产品的数字规范，占 3 位码长，排列于编码体系表的 1、2、3 号位。其中前两位是菜系编码，如"37"为鲁菜，"51"为川菜；第三位是流派编码，与菜系编码连用，如"371"为鲁菜系的历下流派，"514"为川菜系的川西流派，等等。具体如表 4-1 所示。

表 4-1 空间维度编码表

菜系（第 1、2 位）	流派（第 3 位）
京菜 11	0
津菜 12	城区流派（津）1，非城区流派（津）2
冀菜 13	保府流派 1，冀北流派 2，冀东流派 3，冀中南流派 4
晋菜 14	晋北流派 1，晋东南流派 2，晋西南流派 3，晋中流派 4
蒙菜 15	蒙东流派 1，蒙西流派 2
辽菜 21	辽河流派 1，辽东流派 2
吉菜 22	吉东流派 1，吉西流派 2，吉中流派 3
龙菜 23	哈埠流派 1，嫩江流派 2，兴安岭流派 3
沪菜 31	0
苏菜 32	淮扬流派 1，金陵流派 2，苏锡流派 3，徐海流派 4
浙菜 33	杭帮流派 1，瓯帮流派 2，绍帮流派 3，甬帮流派 4
徽菜 34	合肥流派 1，淮南流派 2，皖南流派 3，沿淮流派 4，沿江流派 5
闽菜 35	闽北流派 1，闽南流派 2，闽西流派 3，闽中流派 4
赣菜 36	赣东流派 1，赣西流派 2，赣州流派 3，九江流派 4，南昌流派 5
鲁菜 37	胶东流派 1，历下流派 2，泰沂流派 3，运河流派 4
豫菜 41	豫北流派 1，豫东流派 2，豫南流派 3，豫西流派 4，郑州流派 5
楚菜 42	鄂州流派 1，汉河流派 2，荆南流派 3，襄郧流派 4

菜系（第1、2位）	流派（第3位）
湘菜 43	洞庭流派 1，湘江流派 2，湘西南流派 3
粤菜 44	潮州流派 1，东江流派 2，广府流派 3
桂菜 45	滨海流派 1，桂北流派 2，桂东南流派 3，桂西流派 4
琼菜 46	琼北流派 1，琼南流派 2，琼中流派 3
渝菜 50	城区流派（渝）1，非城区流派（渝）2
川菜 51	川东流派 1，川西流派 2，上河流派 3，小河流派 4
黔菜 52	黔北流派 1，黔东南流派 2，黔西南流派 3
滇菜 53	滇东北流派 1，滇南流派 2，滇西流派 3，滇中流派 4
藏菜 54	藏北流派 1，藏东流派 2，藏南流派 3
陕菜 61	关中流派 1，陕北流派 2，陕南流派 3
陇菜 62	陇西流派 1，陇东流派 2，陇中流派 3
青海菜 63	青北流派 1，青南流派 2
宁菜 64	宁北流派 1，宁南流派 2
新疆菜 65	北疆流派 1，南疆流派 2
港菜 81	0
澳菜 82	澳葡流派 1，澳粤流派 2
台菜 83	台北流派 1，台中流派 2，台南流派 3
亚洲中餐 91	0
美洲中餐 92	0
欧洲中餐 93	0
大洋洲中餐 94	0
非洲中餐 95	0

时间维度编码是从时长角度对中餐产品的数字规范。时间维度编码占 1 位码长，排列于编码体系表的第 4 号位。时间维度编码按照产品传承时间长短排列，其中数字代号 1 为千岁级菜，2 为百岁级菜，3 为十岁级菜，4 为岁级菜，5 为月级菜（见表 4-2）。

表 4-2　时间维度编码表

时间维度（第4位）	编码
千岁菜	1
百岁菜	2
十岁菜	3
岁级菜	4
月级菜	5

原料维度编码是从原料维度对中餐产品的数字规范，占4位码长，排列于编码体系表的第5、6、7、8号位。原料维度主要是对产品主料的规范，其中第5号位为类别，第6、7号位为品种，第8号位为部位。主料分类众多，具体如表4-3所示。

表4-3 原料维度编码表

类别（第5位）	品种（第6、7位）	部位（第8位）
禽类1	白鸡01，土鸡02，三黄鸡03，芦花鸡04，乌鸡05，珍珠鸡06，文昌鸡07，白鸭11，麻鸭12，北京鸭13，绍鸭14，高邮鸭15，金定鸭16，临武鸭17，白鹅21，籽鹅22，太湖鹅23，雁鹅24，狮头鹅25，豁眼鹅26，乌鬃鹅27，朗德鹅28，鸽子31，鹌鹑32，板鸭41，腌蛋51，皮蛋52，其他99	整体1，头脖2，胸部3，翅部4，腿爪5，内脏6，蛋7，其他9
畜类2	白猪01，黑猪02，香猪03；黄牛11，牦牛12，三河牛13，水牛14，和牛15，波尔山羊21，白山羊22，黑山羊23，青山羊24，苏尼特羊25，乌珠穆沁羊26，哈萨克羊27，阿勒泰羊28，兔31，驴41，马51，香肠61，火腿62，红肠63，腊肉64，奶酪71，其他99	整体1，头部2，腿部3，胴体4，内脏5，皮6，肉骨7，其他9
河湖3	草鱼01，鳜鱼02，黄鳝03，黄鱼04，鲫鱼05，鲤鱼06，鲢鱼07，河鲈鱼08，鳙鱼09，泥鳅10，鲶鱼11，青鱼12，武昌鱼13，银鱼14，鲅鱼15，河鲀16，河虾41，小龙虾42，竹筒虾53，大闸蟹61，毛蟹62，河蟹63，河蚌71，田螺72，甲鱼81，牛蛙82，其他99	整体1，头2，身3，鳍尾皮4，内脏5，膏黄6，贝柱7，加工品8，其他9
海产4	安康鱼01，八带鱼02，鲳鱼03，大海鳝04，大黄鱼05，带鱼06，刀鱼07，多宝鱼08，海黑鱼09，海鲫鱼10，海鲈鱼11，海鲶鱼12，海鳝鱼13，黑鱼14，黄花鱼15，金鲳鱼16，金枪鱼17，海鲈鱼18，鳗鱼19，三文鱼20，沙丁鱼21，石斑鱼22，梭鱼23，乌鱼24，鳕鱼25，鹳鱼26，对虾31，黑虎虾32，基围虾33，皮皮虾34，竹节虾35，帝王蟹41，红蟹42，青蟹43，梭子蟹44，鲍鱼51，北极贝52，蛏子53，赤贝54，虎皮贝55，花螺56，芒果贝57，牡蛎58，青口贝59，扇贝60，蚬子61，香螺62，象拔蚌63，章鱼64，海参71，海肠72，海胆73，海星74，海蜇75，海带81，海木耳82，龙须菜83，裙带菜84，紫菜85，其他99	整体1，头2，身3，鳍尾4，内脏5，膏黄6，贝柱7，加工品8，其他9
蔬菜5	大白菜01，小白菜02，包心菜03，菠菜04，甘蓝05，贡菜06，花菜07，黄花菜08，茴香09，芥菜10，芥蓝11，韭菜12，蕨菜13，空心菜14，苦菜15，芦蒿16，芦笋17，木耳菜18，芹菜19，生菜20，蒜苗21，甜菜22，茼蒿23，娃娃菜24，豌豆尖25，莴笋26，芜菁27，西芹28，香菜29，香椿30，油菜31，油麦菜32，圆白菜33，紫苏34，萝卜35，山药36，竹笋37，冬瓜38，番茄39，佛手瓜40，黄瓜41，豇豆42，苦瓜43，辣椒44，南瓜45，茄子46，青椒47，丝瓜48，四季豆49，西葫芦50，甜椒51，大葱52，小葱53，蒜54，姜55，其他99	茎叶1，根块2，果实3，其他9

续表

类别（第5位）	品种（第6、7位）	部位（第8位）
果品 6	西瓜 01，菠萝 02，菠萝蜜 03，草莓 04，橙子 05，凤梨 06，柑橘 07，橄榄 08，哈密瓜 09，香瓜 10，甜瓜 11，火龙果 12，柠檬 13，蓝莓 14，梨 15，李子 16，荔枝 17，龙眼 18，芒果 19，梅子 20，猕猴桃 21，木瓜 22，枇杷 23，苹果 24，葡萄 25，山楂 26，山竹 27，圣女果 28，石榴 29，柿子 30，桃 31，香蕉 32，杨梅 33，杨桃 34，樱桃 35，柚子 36，枣 37，乌梅 38，甜瓜 39，椰子 40，板栗 41，银杏 42，腰果 43，核桃 44，瓜子 45，花生 46，松子 47，其他 99	果皮 1，果核 2，茎叶 3，其他 9
菌类 7	草菇 01，茶树菇 02，黑木耳 03，猴头菇 04，鸡腿菇 05，鸡㙡菌 06，金针菇 07，口蘑 08，灵芝 09，白灵菇 10，滑子菇 11，牛肝菌 12，平菇 13，松茸菌 14，双孢菇 15，香菇 16，杏鲍菇 17，羊肚菌 18，银耳 19，猪肚菌 20，竹荪 21，台蘑 22，其他 99	整体 1，菌伞 2，菌茎 3，其他 9
谷物 8	小麦 01，大麦 02，大米 03，高粱 04，荞麦 05，小米 06，燕麦 07，莜麦 08，玉米 09，大豆 10，黍米 11，黄米 12，香米 13，黄豆 21，绿豆 22，红豆 23，芸豆 24，蚕豆 25，豌豆 26，鹰嘴豆 27，土豆 31，红薯 32，豆腐干 41，粉皮 42，粉丝 43，腐竹 44，薯粉 45，其他 99	整体 1，种胚 2，种芽 3，种肉 4，根茎 5，其他 9

技法维度编码是从技法角度对中餐的数字规范，占 2 位码长，排列于编码体系表的第 9、10 号位。其中第 9 号位为一级技法，其中 1 为无热工艺，2 为烤制工艺，3 为煮制工艺，4 为蒸制工艺，5 为炸制工艺，6 为炒制工艺，7 为复合工艺，8 为发酵工艺，9 为其他工艺；第 10 号位为二级技法，如无热工艺中的 1 为拌，2 为冻，3 为醉，4 为腌，5 为炝，6 为泡等，具体如表 4-4 所示。由于三级技法以感官维度呈现，故放在其后的感官呈现编码处。

表 4-4　技法维度编码表

一级技法（第9位）	二级技法（第10位）
无热工艺 1	拌法 1 冻法 2 醉法 3 腌法 4 炝法 5 泡法 6 其他 9
烤制工艺 2	烤法 1 熏法 2 其他 9

一级技法（第9位）	二级技法（第10位）
煮制工艺 3	烧法 1 焖法 2 炖法 3 熬法 4 涮法 5 卤法 6 煮法 7 浸法 8 其他 9
蒸制工艺 4	粉蒸 1 清蒸 2 扣蒸 3 旱蒸 4 包蒸 5 酿蒸 6 糟蒸 7 汽锅蒸 8 其他 9
炸制工艺 5	干炸 1 脆炸 2 酥炸 3 软炸 4 淋炸 5 浸炸 6 清炸 7 其他 9
炒制工艺 6	炒法 1 爆法 2 煎法 3 烩法 4 熘法 5 糟法 6 煽法 7 扒法 8 其他 9
复合工艺 7	焗法 1 蜜汁法 2 琉璃法 3 拔丝法 4 挂霜法 5 焐法 6 其他 9

续表

一级技法（第9位）	二级技法（第10位）
发酵工艺 8	酵母菌发酵 1 霉菌发酵 2 细菌发酵 3 混合菌发酵 4
其他工艺 9	微波工艺 1 光波工艺 2 其他 9

食者维度编码是从食者阶层维度对中餐产品的数字规范，占 1 位码长，排列于编码体系表的第 11 号位。食者维度编码按照不同食者阶层排列，其中数字代号 1 代表宫廷菜，2 代表官府菜，3 代表市肆菜，4 代表寺庙菜，5 代表乡宴菜，6 代表家庭菜，如表 4-5 所示。

表 4-5　食者维度编码表

食者维度（第11位）	编码
宫廷菜	1
官府菜	2
市肆菜	3
寺庙菜	4
乡宴菜	5
家庭菜	6

感官维度即五觉鉴赏维度，是对中餐产品的味觉、嗅觉、触觉、视觉、听觉予以数字规范，占 8 位码长，排列于编码体系表的第 12~19 号位。其中第 12、13 位为味觉编码，第 14、15 位为嗅觉编码，第 16 位为触觉编码，第 17、18 位为视觉编码，第 19 位为听觉编码，如表 4-6 所示。

表 4-6　感官维度编码表

感官维度（第12~19位）	性状	程度
味觉（第12、13位）	主酸 1 主甜 2 主咸 3 主苦 4 主鲜 5 混合 6 其他 9	轻微 1 中度 2 较重 3

感官维度（第 12~19 位）	性状	程度
嗅觉（第 14、15 位）	肉香 1 鱼香 2 果香 3 蔬香 4 奶香 5 酱香 6 酒香 7 茶香 8 其他 9	轻微 1 中度 2 较重 3
触觉（第 16 位）	酥 1 脆 2 软 3 硬 4 黏 5 糯 6 麻 7 辣 8 其他 9	—
视觉（颜色，第 17 位）	红色 1 绿色 2 黄色 3 白色 4 黑色 5 褐色 6 肉色 7 混合色 8 其他 9	—
视觉（形状，第 18 位）	块状 1 条状 2 丝状 3 丁状 4 片状 5 球状 6 整形 7 其他 9	—
听觉（第 19 位）	口腔外声音 1 口腔内声音 2	大 1 中 2 小 3

　　时节维度编码是从季节和节日角度对中餐产品的数字规范，占 1 位码长，排列于编码体系表的第 20 号位。其中，1 为春季菜，2 为夏季菜，3 为秋季菜，4 为冬季菜，5 为跨季菜，6 为年节菜，如表 4-7 所示。

表 4-7 时节维度编码表

时节维度（第 20 位）	编码
春季菜	1
夏季菜	2
秋季菜	3
冬季菜	4
跨季菜	5
年节菜	6

民族维度编码是从民族维度对中餐产品的数字规范，占 2 位码长，排列于编码体系表的第 21、22 号位。民族维度采取双位号码排列，如 01 为汉族菜品，11 为满族菜品，56 为基诺菜品等，如表 4-8 所示。

表 4-8 民族维度编码表

民族维度（第 21、22 位）	编码
汉族	01
蒙古族	02
回族	03
藏族	04
维吾尔族	05
苗族	06
彝族	07
壮族	08
布依族	09
朝鲜族	10
满族	11
侗族	12
瑶族	13
白族	14
土家族	15
哈尼族	16
哈萨克族	17
傣族	18
黎族	19
傈僳族	20
佤族	21

民族维度（第 21、22 位）	编码
畲族	22
高山族	23
拉祜族	24
水族	25
东乡族	26
纳西族	27
景颇族	28
柯尔克孜族	29
土族	30
达斡尔族	31
仫佬族	32
羌族	33
布朗族	34
撒拉族	35
毛南族	36
仡佬族	37
锡伯族	38
阿昌族	39
普米族	40
塔吉克族	41
怒族	42
乌孜别克族	43
俄罗斯族	44
鄂温克族	45
德昂族	46
保安族	47
裕固族	48
京族	49
塔塔尔族	50
独龙族	51
鄂伦春族	52
赫哲族	53

续表

民族维度（第 21、22 位）	编码
门巴族	54
珞巴族	55
基诺族	56

结构维度编码是从产品结构维度对中餐产品的数字规范，占 1 位码长，排列于编码体系表的第 23 号位。其中，1 为定式菜，2 为变式菜，如表 4-9 所示。

表 4-9　结构维度编码表

结构维度（第 23 位）	编码
定式菜	1
变式菜	2

功能维度编码是从功能维度对中餐产品的数字规范，占 1 位码长，排列于编码体系表的第 24 号位。其中，1 为凉菜，2 为热菜，3 为汤菜，4 为主食，5 为点心，6 为果品，如表 4-10 所示。

表 4-10　功能维度编码表

功能维度（第 24 位）	编码
凉菜	1
热菜	2
汤菜	3
主食	4
点心	5
果品	6

中餐产品编码体系的最后一位即第 25 号位编码，为创制人信息编码，这是一个链接码，点开后可见该菜品创制人的姓名和身份证号码。这个编码保证了菜品创制人信息的唯一性，保护了创制人的作品权益。

二、编码示例

中餐产品编码看似复杂，但因使用了电子计算机的编码技术，具有很强的易用性。以下我们就以中餐厨师董振祥的代表菜"酥不腻烤鸭"为例，生成这款菜的产品编码。

第一，植入这款菜的空间维度编码。空间维度编码位于产品编码表的前三位。其中第 1、2 位是菜系，第 3 位是流派。查相应表格，酥不腻烤鸭属于京菜系，编码为 11；都市菜没有流派，编码为 0，对应的空间维度编码是 110。

第二，植入时间维度编码。时间维度编码位于产品编码表的第 4 位。酥不腻烤鸭创制于 20 世纪晚期，迄今有十年以上、百年以下的历史，属于十岁菜，对应的时间维度编码为3。

第三，植入原料维度编码。原料维度编码位于产品编码表的第5~8位，由三部分组成，即类别、品种和部位。酥不腻烤鸭属于禽类，编码为1；北京鸭种，编码为13，部位为整体，编码为1。整个原料维度编码就是1131。

第四，植入技法编码。技法编码位于产品编码表的第9、10位。其中，第9位是一级技法，即热介级技法；第10位是二级技法，即热量级技法。酥不腻烤鸭使用的一级技法是烤制工艺，编码为2；二级技法是烤（挂炉烤），编码为1。技法编码的两位数字为21。

第五，植入食者维度编码。食者维度编码位于产品编码表的第11位。酥不腻烤鸭属于餐馆经营的服务于大众的市肆菜，对应的食者维度编码为3。

第六，植入感官维度编码。感官维度编码占8位码长，排列于编码表的第12~19号位。其中第12、13位为味觉编码，酥不腻烤鸭的主味为咸，编码为3，程度为中度，编码为2；第14、15位为嗅觉编码，酥不腻烤鸭的嗅气为肉香，编码为1，程度为较重，编码为3；第16位为触觉编码，酥不腻烤鸭的触觉为外酥里嫩，编码为9；第17、18位为视觉编码，酥不腻烤鸭的颜色为红褐色和肉色的混合色，编码为8，形状为片状，编码为5；第19位为听觉编码，酥不腻烤鸭的听觉为口腔内声音，编码为2。合起来的8位感官编码是32139852。

第七，植入时节维度编码。时节维度编码位于产品编码表的第20位。酥不腻烤鸭属于一年四季皆可供应的跨季菜，对应的编码为5。

第八，植入民族维度编码。民族维度编码位于产品编码表的第21、22位。酥不腻烤鸭是汉族菜品，对应的编码是01。

第九，植入结构维度编码。结构维度编码位于产品编码表的第23位。酥不腻烤鸭属于北京烤鸭的变式菜，编码为2。

第十，植入功能维度编码。功能维度编码位于产品编码表的第24位。酥不腻烤鸭属于热菜，对应的编码为2。

中餐产品编码的最后一位是一个链接二维码，点开可见该产品的创制人姓名和身份证编号。涉及隐私，在本编码中，这个个性化的二维码以"X"代替，届时登录到系统中才可查阅。这样最终生成的酥不腻烤鸭的25位产品代码就是11031131213321398525 0122X，如表4-11所示。

表4-11　酥不腻烤鸭产品编码

11	0	3	1131	21	3	32139852	5	01	2	2	X
菜系	流派	时间	原料	技法	食者	感官呈现	时节	民族	结构	功能	作者信息

三、编码价值

中餐产品编码体系的创立，具有以下4个方面的价值。

有利于中餐产品的数量统计。中餐产品数以海量化的状态存在。中餐究竟有多少款产品？即使在大数据横行天下的今天，也是一个说不清的问题。中餐产品难以进行精确数量统计有多个原因，其中最主要的就是缺少一个科学的统计工具。工欲善其事，必先利其器。中餐产品编码体系的出现和应用，让每一款中餐产品都具有唯一的标识，从而可以对中餐产品的总量进行准确的数据统计。

有利于餐饮产品储存和检索的数字化，让古老的中餐与现代科技接轨。 有了中餐产品编码体系，在对中餐产品的总量统计之外，还可以根据需求进行不同的分项统计。例如，可以统计出中餐或某一菜系、某一流派乃至某一师门中，有多少鸡肉菜，有多少红烧菜，有多少汤菜，有多少酸辣菜，有多少百年菜，有多少定式菜等。

有利于餐饮产品的标准化。 中餐的一大不足就是它的模糊性，只能口传心授，难以进行科学的量化界定。有了中餐产品编码体系后，经过对菜品原料、技法和感官呈现等菜点要素的界定，让餐饮产品的制作和呈现由模糊走向标准化和科学化。而这种标准化和科学化，不仅有利于中餐产品自身的复制，还有利于中餐产品的准确传承。

有利于对产品版权的保护。 中餐产品领域是一个新品迭出的领域，但一直缺乏有效的保护手段，导致好菜一出，效仿者群起，时间一长，难免会挫伤创制人和相关企业的积极性，又难以诉诸法律。中餐产品编码体系的出现，可以对创新菜和创制人进行有效保护，可以理清许多有关菜品的法律纠纷。

思考题

1. 中餐产品编码体系的编码规则是什么？
2. 说说中餐产品编码体系的编码方法。
3. 中餐产品编码体系中感官呈现占到8位码长，原因是什么？
4. 中餐产品编码体系有哪些价值？

第五章

中餐体系

　　中餐是一个庞大的体系，它可以从多个角度来认知和划分。从空间角度对中餐进行划分，是出现最早、最普遍，也最传统的一种划分方式。

　　传统的中餐空间划分方式有多种，它们既有各自的优势，也有明显的不足。为了扬长避短，本书从新的角度，对中餐空间体系进行了构建。这一新的中餐空间体系被称为"4-39-6中餐体系"（见图5-1）。

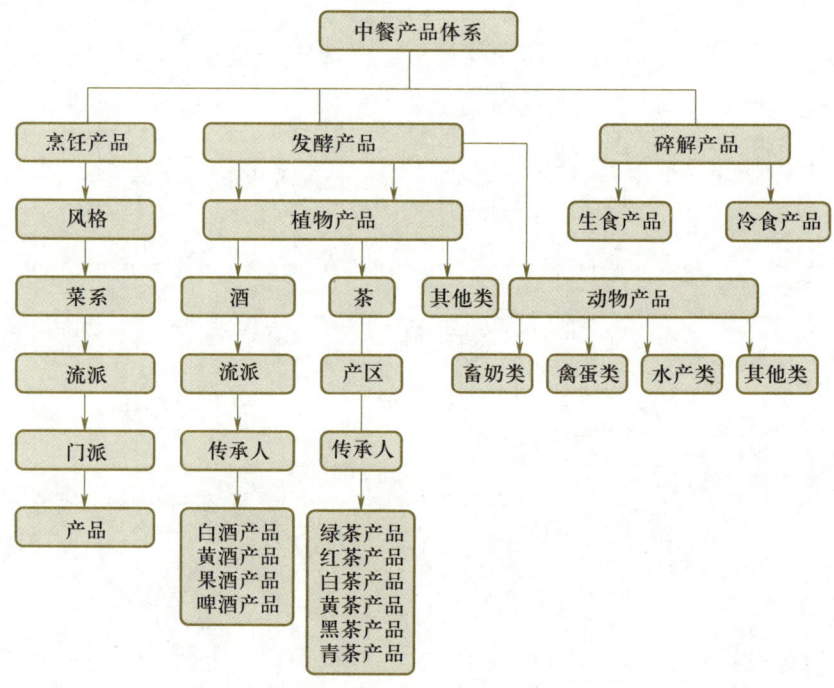

图 5-1　中餐产品体系

　　新构建的中餐空间体系有八大优势：一是从空间角度体现产品的个性差异；二是能够覆盖整个中餐地域；三是能够涵盖每一款中餐产品，包括发酵产品和碎解产品；四是使边界基本清晰有度；五是具有层级；六是有利于中餐的传承和发展；七是能够调动中餐企业、政府部门和广大民众的积极性；八是根据发展情况，可以延展迭代。

第一节　本章相关名词解释

一、核心名词

中餐体系：由中餐不同要素构成的相互联系的整体。

二、相关名词

体系：若干有关事物或某些意识互相联系而构成的一个整体。

中餐风格：中餐产品所表现的主要特点，是中餐产品空间差异性划分的第一级，中餐空间体系的第二级。

中餐沿海风格：中餐沿海地区产品的共性特征，是中餐风格的差异性划分之一。

中餐内陆风格：中餐内陆地区产品的共性特征，是中餐风格的差异性划分之一。

中餐都市风格：中餐特大都市产品的共性特征，是中餐风格的差异性划分之一。

中餐海外风格：中餐海外产品的共性特征，是中餐风格的差异性划分之一。

中餐菜系：中餐省级产品的共性特征，是中餐产品空间差异性的第二级，中餐空间体系的第三级。

中餐流派：中餐产品空间差异性的第三级，中餐空间体系的第四级，中餐菜系的下一级。

中餐菜系及
品牌体系

中餐师门：中餐产品空间差异性的第四级，中餐空间体系的第五级，中餐流派的下一级。

中餐产品：中餐产品空间差异性的第五级，中餐空间体系的第六级，中餐空间体系的基础层级。

中餐系说：以"系"命名并划分中餐产品的空间差异性的理论。

中餐圈说：以"圈"命名并划分中餐产品的空间差异性的理论。

中餐派说：以"派"命名并划分中餐产品的空间差异性的理论。

中餐34菜系：境内中餐产品空间划分的第二级结果。划分方式为中国境内每个省级行政区各有一个菜系。

中餐39菜系：世界中餐产品空间划分的第二级结果。划分方式为中餐国内菜系+五大洲中餐菜系。

亚洲中餐：亚洲境内（除中国）中餐的共性特征，是中餐产品空间体系划分的第三级，是中餐海外风格的下一级。

美洲中餐：美洲境内中餐的共性特征，是中餐产品空间体系划分的第三级，是中餐海外风格的下一级。

欧洲中餐：欧洲境内中餐的共性特征，是中餐产品空间体系划分的第三级，是中餐海外风格的下一级。

大洋洲中餐：大洋洲境内中餐的共性特征，是中餐产品空间体系划分的第三级，是中餐海外风格的下一级。

非洲中餐：非洲境内中餐的共性特征，是中餐产品空间体系划分的第三级，是中餐海外风格的下一级。

白酒的六大产区：中餐白酒产品空间差异性划分的结果，即川黔产区、苏皖产区、鲁豫产区、两湖产区、东北产区和华北产区。

茶的四大产区：中餐茶产品空间划分的结果，即江北茶区、江南茶区、西南茶区和华南茶区。

第二节　中餐空间维度

中餐空间维度认知，是从地域角度对中餐产品进行的划分。这一划分方式由来已久，从清代川、鲁、淮扬、粤四大风味初步形成，到近几十年来扩展为八大菜系、十大菜系、十二大菜系，都是从空间维度对中餐产品的一种划分，也是迄今为止一种主流的划分方式。

一、中餐空间维度以往

从空间维度探讨中国饮食的地域差异和体系归属，过去主要有"系说""圈说"和"派说"几大流派。

系说侧重餐饮产品，把某几个区域的菜肴风格称为"系"，强调来龙去脉。其中有四大菜系说，即中餐有鲁菜、淮扬菜、川菜、粤菜四大菜系。"系说"强调地理环境，认为三大流域孕育了四大菜系，黄河流域为鲁菜，长江上游为川菜，长江下游为淮扬菜，珠江流域为粤菜。有八大菜系说，即中餐有京菜、鲁菜、川菜、粤菜、苏菜、闽菜、湘菜、徽菜八大菜系。此外还有十大菜系和十二大菜系之说，即在八大菜系上又增加了沪菜、赣菜和津菜、辽宁菜。菜系之说引发了菜系之争，如内蒙古菜、冀菜、吉菜都曾争当过第九大菜系，豫菜、渝菜等也曾步入过大菜系之争。

圈说侧重饮食文化，把饮食与地理、民族、习俗乃至宗族等因素融在一起考察，用"文化圈"的理论诠释饮食事象。这种说法认为，中餐中较为明显的饮食文化圈有 11 个：东北地区饮食文化圈、京津地区饮食文化圈、中北地区饮食文化圈、西北地区饮食文化圈、黄河中游饮食文化圈、黄河下游饮食文化圈、西部高原饮食文化圈、长江中游饮食文化圈、长江下游饮食文化圈、西南地区饮食文化圈、东南地区饮食文化圈。这些饮食文化圈没有明确的地理界限，各以其特有的历史文化风貌，在相互不间断地同化、异化过程中存在和发展。

派说则把中餐划分成内陆和沿海两大流派。

从 0 到 1，对中国菜进行空间划分，这是一种时代的进步。但是，传统的空间菜系划分也有比较明显的缺陷。

一是空白太多。无论是四大菜系、八大菜系，乃至十大菜系、十二大菜系，都仅仅是中餐产品的一部分，是一种对中餐优质产品的涵盖，并没有涵盖中餐整体，因而不能反映中餐的全貌。比如，陕西是中华民族的发源地之一，西安是十三朝古都，具有悠久的历史文化，其中包括饮食文化传统；又如新疆、西藏，其餐饮都很有特色，但是它们都未跻身中餐菜系之林。此外，传统的空间菜系划分只涉及中国大陆地区，没有将一母同胞的港、澳、台餐饮划归进来，更没将遍及世界的海外中餐包含进去。

二是边界模糊。传统的中餐菜系空间划分指代不清。例如，鲁菜的"鲁"到底是今天山东省的简称"鲁"，还是 2 000 年前行政区中齐鲁的"鲁"，指代不明。徽菜同样也遇到了这个问题。有人说徽菜的"徽"是指当年的徽州，也有人说它代表的是如今的安徽省。到底是哪个？同样缺乏科学、准确的定义。

三是深度不够。传统的中餐空间划分体系只到菜系这一级。其实，在菜系下面还存在许多差异。比如，同为鲁菜的山东省东部和西部地区，就存在着物产不同、烹饪方法有异的现象。就算在同一个区域内，对于同一款菜，不同餐厅、不同师门的出品仍有差异。这些差异需要进行更细致的划分，才能够展现中餐的博大精深。

四是不能代表所有的中餐产品。当今餐桌上的中餐并不仅仅局限于烹饪产品，还有发酵产品和碎解产品。在以往的中餐产品分类中，只有烹饪产品，而把茶、酒等发酵产品和碎解产品排除在外，这并不符合中餐实际。

五是不能满足当代中餐的发展需求。当今的菜品发展举措，如举办美食节、烹饪比赛，日常的经营卫生管理等，多是以行政区域划分、组织、推动的。想象一下，如果中餐菜系只限于几个、至多十几个区域，那对其他区域是不是一种不公平，是不是一种对发展积极性的打击？

如何解决上述问题？破解的方式是打破中餐空间划分的固有模式，建立一个新的中餐空间划分体系。

二、中餐空间体系新构

新的中餐空间体系的特色，是纵横两端都比原有的中餐空间体系有所扩展。横轴不仅包括国内所有省级行政区的中餐，还包括海外中餐；不仅包括烹饪产品，也包括酒、茶等发酵产品及碎解产品。纵轴则从菜系一个层级，扩展为餐、格、系、派、门、品六个层级。

在新的中餐空间体系中，第一个层级是餐系。餐系只有一个分类，即中餐本体。

餐系是个大概念，世界各国、各民族都有自己的饮食，但是能够称为餐系的只有十几个，如中餐这样的传承悠久、技法多样、产品丰富、风格鲜明、文化厚重的餐系。

第二个层级是风格。风格是依据不同的地貌、物产、烹饪技法和产品，对餐系的大块划分。中餐有四大风格，它们是沿海风格、内陆风格、都市风格和海外风格。

沿海风格的特色是出味厨艺，清鲜菜式；内陆风格的特色是入味厨艺，香浓菜式；都市风格的特色是多元厨艺，多元菜式；海外风格的特色是变式厨艺，非宗菜式。

第三个层级是菜系。菜系包括烹饪产品，也包括发酵产品。这种结构称为餐系或二级餐系更为合适。现将这一层级称为菜系，是照顾到传统习惯。菜系划分有两个模式：在国内，按照现在的省级行政区域划分，即 23 个省、5 个自治区、4 个直辖市和 2 个特别行政区，每个区域自成一个菜系，总共 34 个国内菜系；在海外，以洲分系，共 5 个海外菜系。34+5，整体中餐共分为 39 个菜系。

第四个层级是流派。流派是因地貌、食材和加工技法的不同，对某一个菜系的细分。流派的划分除了考虑地貌因素外，还充分考虑了历史、文化等因素。在这个原则下，国内约有 110 个流派。

第五个层级是门派。门派又称师门，主要用于区分同一流派区域内中餐产品的差异性。其中烹饪领域按某一个流派内的师门划分，厨艺风格是构成师门的核心要素。在发酵领域，则依据技艺传承人来进行划分，也具有师门的性质。门派的命名以开创者的姓名为主。中餐中有影响的师门当在1 200个以上。

第六个层级是产品。产品是整个体系的基础，没有产品，其他层级就无从提起。中餐产品是按照自身结构的差异性而划分的，包括烹饪产品、发酵产品和碎解产品。由于统计手段的欠缺，中餐产品的数量迄今没有准确数字，一般认为有3万款之多。

综上所述，中餐空间体系计有餐系1个，风格4个，菜系39个，流派110个，门派1 200个以上，产品约3万款，总共6个层级。为了表达简洁，这一体系在本书中被称为"4-39-6中餐体系"。

对于中餐体系第一层级即中餐餐系，本书在第一章中已经做了比较详尽的解析，这里不再赘述。第六层级中餐产品，在本书第四章已有论及。在本章的论述中，我们将以中餐风格为纲，对中餐风格、中餐菜系、中餐流派、中餐门派4个层级进行解析。

思考题

1. 传统的中餐空间体系有几种划分方式？主要观点分别是什么？
2. 新的中餐空间体系有几个层级？分别是什么？
3. 在新的中餐空间体系中，为什么每个省级行政区都有一个菜系？
4. 在新的中餐空间体系中，为什么要把海外中餐囊括在内？
5. 在新的中餐空间体系中，风格主要指什么？共有几种划分？
6. 在新的中餐空间体系中，流派主要指什么？为什么要设定这样一个层级？

第三节·沿海风格、菜系及流派

海洋是人类食材的一大宝库。海洋生物中的鱼类、哺乳类、甲壳类及一些软体动物和腔肠动物等，大多可以食用，但在获取方式、口味和加工技法上，却与内陆的畜禽食材大相径庭。沿海居民在长期的生活中，逐渐形成了一整套利用海洋食材的方式方法，久而久之，便发展成阵容可观的沿海风格、菜系和流派。

一、沿海风格

中国的海洋可食资源是一个自成体系的生物链，南北物种虽然有别，但性质如一。沿海居民用近似的方式捕获海鲜，从食材选择、产品加工到烹饪手法都大体相近。在风格方面，沿海各地有着不可分割的共性。

中国的沿海地方菜最早仅限于沿海的狭长地带，与内陆派相比显得势单力薄，但是，沿海物产有着巨大的储藏量，有着不可抗拒的鲜美诱惑力，随着现代运输保鲜技术的发展和食物冷链建设的不断完善，沿海风格菜系在突飞猛进地扩张。沿海的多个省份都"靠海吃海"，创造出丰富的沿海饮食文化，形成了既与内陆结合又区别于内陆的饮食烹饪风格。

沿海菜系共同的烹饪风格是"出味"。沿海地区的人们多以海鲜为主要原料，而海产品的氨基酸含量远远高于陆产品，所以在烹调上遵循"有味者使其出"的原则，就很容易烹制出可口的海鲜美味。要想使海产品的美味显现出来，不需要很复杂的工艺，甚至可以不讲究刀功，不用糊、浆、芡等附着物，只需把原料加热到一定温度就可以了，因而沿海菜系所使用的烹调方法远不如内陆菜系的多。"出味"厨艺多以水、蒸汽为传热介质，最常用的就是蒸、煮、氽、炒等，这几种方法最容易使原料中的美味释放出来。另外，沿海居民还有生食海鲜的习惯，因为多数海产品都极为鲜美，不需要加热，只要鲜活，生食也可。

沿海风格厨艺虽然简单，口味也不如内陆风格丰富，但它却得天独厚占有了一个鲜味。沿海风格不仅烹调方法使用得少，而且调味料品种也少，同时很少掺加辛香味浓的调味料，追求的是原料之本味，蒸煮即得佳品。

沿海菜品的鲜味主要来自原料本体，各种鱼、贝、虾、蟹等体内蕴含着大量的呈鲜物质，鲜这种味道最集中地释放于海产原料。沿海风格最具代表的菜肴有清蒸活蟹、盐水对虾、清氽海蚶、原壳鲍鱼、清蒸加吉鱼、白煮文蛤、拌海蜇、拌海螺、拌海参、拌海肠、韭黄炒海肠、清蒸石斑鱼、白灼螺片等。这些沿海菜肴不仅味鲜，而且味淡，盐的用量比较少。口味清淡才能够突出鲜味，如果使用陆味调味料和烹饪技法烹饪海产品，会使海产品的鲜味受到掩盖。所以，沿海菜肴中经常出现清蒸、白煮、凉拌生吃的烹食手法，表现出与陆味菜不同的呈鲜技法。

二、沿海菜系、流派

在国内 34 个中餐菜系中，属于沿海风格的有辽菜、冀菜、津菜、鲁菜、苏菜、浙菜、闽菜、粤菜、桂菜、琼菜、澳菜、台菜 12 个菜系，每个菜系均有下属流派（见图 5-2）。

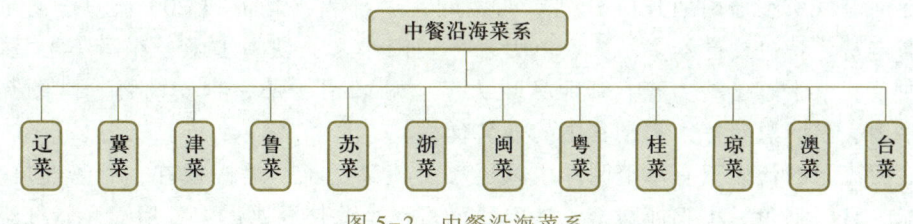

图 5-2　中餐沿海菜系

（一）辽菜菜系及流派

辽菜 [21] 是辽宁省的地方菜系，其口味以咸、鲜为主，甜、酸为辅。同南方菜相比，口味偏浓。在辽菜大系统内，各地菜肴又稍有差异。辽菜注重刀功、勺功和火功的运用，常用的技法有 30 多种，尤以炖、烧、熘、扒、爆见长，加以围、镶、酿。炖分清炖、浑炖、侉炖、隔水炖等。扒以 180 度大翻勺为长，翻勺后，原菜形不变，两面受热均匀，入盘色形美观。

辽宁餐饮文化源远流长，已有 3 000 多年的历史。早在先秦时期，生活在辽河两岸的人们就创造了自己的饮食文化。出土于喀喇沁左旗的战国时青铜器燕侯盂，铭文有"匽侯作馈盂"字样，是当时此地饮食文明的佐证。辽阳市捧台子出土的东汉一号墓的庖厨壁画，证明东汉时期辽阳一带的烹饪技艺已具备相当高的水平。到了金代，食俗"以羊为贵"。《松漠纪闻》记载："金人旧俗，凡宰羊但食其肉，贵人享重客间，兼皮以进曰全羊。"可见，金代已盛行全羊席。清入关后，皇帝多次东巡盛京（今沈阳），谒陵祭祀，赐宴群臣。满族擅于养猪，喜食猪肉，烹制方法独具特色。清袁枚的《随园食单》记载："满菜多烧煮。"每逢萨满祭祀时，皇帝、皇后祭神完毕，宴食白水煮熟的猪肉，不加盐酱，名曰"白肉"。清代末期是辽宁省南北菜交流、满汉菜大融汇时期，辽宁一带饮食市场繁荣。《奉天通志》称："奉天城内有饭店 416 户。"当时著名的饭店有三春（鹿鸣春、明湖春、洞庭春）、六楼（德馨楼、万兴楼、龙海楼等），名厨云集，奉派菜馆与京鲁菜馆争相媲美，融奉菜、鲁菜于一炉。中华人民共和国成立以来，辽宁餐饮更是得到大踏步的发展。

辽菜的代表作有小鸡炖蘑菇、锅包肉、酸菜炖粉条等，辽酒的代表作有沈阳的老龙口、铁岭的铁刹山、阜新的三沟、锦州的道光廿五、朝阳的凌塔等白酒，以及雪花、岛城、松林等啤酒。

辽菜菜系分为辽东、辽河两个流派。

辽东流派 [211] 涵盖辽宁的大连、丹东、营口等沿海城市，以海鲜为优势，讲究原汁原味，清鲜脆嫩。辽东流派靠海吃海，各式各样的海产品琳琅满目，其中海鲜焖子、五彩雪花扇贝、咸鱼饼子等菜肴独具特色。此处居民多为山东移民的后代，传统菜肴和烹饪手法偏向鲁菜，同时吸取东北菜的精华。

辽东流派的代表菜多与海鲜有关，代表性的有卤水冻野生大连鲍、熘鱼片、凉拌蜇皮、烧熘鱼块、软炸里脊、松鼠鱼、全家福、清蒸蟹等。

辽河流派 [212] 以沈阳为中心，其菜肴制作特点是香鲜酥烂，口感醇浓，讲究明油亮芡。

辽河流派所在地山地丘陵分列东西两厢，中部为平均海拔 200 米的辽河平原，农产品丰富，特色食产众多。苏家屯大米、朝阳小米、铁岭玉米、沈阳小土豆、大民屯白菜、三十家子鳞棒葱、开原紫皮大蒜、岫岩滑子蘑、台安肉鸭、昌图豁鹅、法库牛肉、昌图黑猪等，都是其中的知名食材。

辽河流派的代表菜有掌上明珠、凤还巢、麒麟送子、蟠桃猴首、清汤鹿尾、红娘自配、宫门献鱼、小鸡炖蘑菇、炒肉渍菜粉、小葱拌豆腐爆肉、熘三样、红烧肉、白肉血肠、四绝菜（熘肝尖、熘腰花、摊黄菜、煎丸子）等。

（二）冀菜菜系及流派

冀菜 [13] 是河北省的地方菜系。河北省东临渤海、内环京津，西为太行山，北为燕山，燕山以北为张北高原。多样的地貌养育了赵州雪梨、深州蜜桃、宣化葡萄、兴隆红果、望都辣椒、玉田荠菜、承德鹿肉等知名食材，为冀菜的形成与发展提供了坚实的基础。

在距今四五千年前的黄帝时代，河北地区居民结束了延续了几十万年的烘烤、石烹生活，开始向以水传导热量的蒸煮法和气蒸法上迈进。夏朝到春秋战国时期是河北饮食文化的形成时期，烹饪原料范围进一步扩大，炊具、饮食器具已不再由原来的陶器一统天下，青铜制成的饪食器和饮食器在上层社会中已成主流，烹调手段也呈现出前所未有的丰富。在商代，河北平原一些区域就已经掌握了用人工酒曲酿造谷物酒的先进技术。春秋战国时期，农业和游牧业在河北境内有了较大的发展。众多的物产资源、多样的炊具器皿丰富了河北饮食文化的内容。西汉时期，冀菜引进大量烹饪原料。隋开皇六年在真定（现正定）修建隆兴寺，素食文化兴起。唐以来，冀菜的烹调方法更加多样，刀工技术有了发展，烹饪原料丰富多彩，菜肴的风味、质地有了突破性的提高，筵席形式有了改进。

冀菜的特点是口味鲜香，烹调技法全面，注重味、型、器，擅长炆、浆、汤。冀菜的体系呈典型的金字塔结构，塔尖为宫廷菜，塔身为直隶官府菜，底座有冀东菜、赵都菜、民间菜及河北各地名特色小吃等。

冀菜的知名菜品有李家狮子头、烹虾段、荷包里脊、鸡里蹦、炒代蟹、锅包肘子、总督豆腐、阳春白雪、李鸿章烩菜、直隶海参等。知名白酒有衡水老白干、御河春、涿鹿、避暑山庄、五合窖、三井、板城烧锅酒等。葡萄酒有华夏长城、昌黎干红葡萄酒等。名茶有五岳山茶、鸟接茶、连翘茶、三坡茶、金莲花茶、香菊茶等。

冀菜菜系有保府、冀北、冀东、冀中南4个流派。

保府流派 [131] 主要分布于保定、廊坊等冀中地区，它是伴随着保定等地区物产、政治、经济、文化的不断演变而产生、发展的，既有本土特色，又兼容天下食风。它自远古走来，鼎盛于清代至民国，特别是直隶总督府的设立，总管河北大部与河南、山东小部，影响过整个北方菜。

冀中地势较为平坦，地形以平原为主，河流纵横交错，食材丰富。冀中特色食产有容城绿芦笋、保定春不老、冀州天鹰椒、安次甜瓜、深州蜜桃、满城磨盘柿、定州鸭梨、满城草莓、保定面酱、白洋淀皮蛋、高碑店豆腐丝、三河豆皮等。

保府流派的代表菜有李鸿章烩菜、炸烹虾段、总督豆腐、上汤酿白菜、锅包肘子、鸡里蹦、炒代蟹、白羽鸡脯等。

冀北流派 [132] 主要分布于张家口、承德。冀北流派是宫廷菜和塞外菜融合的产物，也是多民族融合的产物。冀北流派有别于京城御膳，是满、汉、回、蒙等民族的菜品集萃，多以山珍野味为主料，口味鲜香，技法独特考究。

冀北地势较高，有东西走向的燕山，水资源丰富，特色食产非常丰富，有蔚州贡米、蔚县桃花小米、黄旗小米、沽源甜玉米、崇礼蚕豆、兴隆板栗、张家口山药、平泉香菇、宣化生奶葡萄、承德国光苹果等。

冀北流派的代表菜有御品锅、满族八大碗（雪菜炒小豆腐、卤虾豆腐蛋、扒猪手、灼田鸡、小鸡榛蘑粉、年猪烩菜、御府椿鱼、阿玛尊肉）、八旗羊汤、御土荷叶鸡、鲜花玫瑰饼、碗托等。

冀东流派 [133] 以秦皇岛、唐山、沧州为主要分布区域，濒临渤海，盛产海鲜，以烹饪鲜活水产见长。擅长刀花和柔丝连片，讲究明油亮炆。

冀东位于华北平原东北部，北依燕山，南临渤海，特色食产繁多，有柏各庄大米、孟村小米、卢龙甘薯、玉田包尖白菜、肃宁韭菜、茶棚西红柿、青县白灵菇、山海关大樱桃、段家沟李子、抚宁梨、青龙苹果、沧州金丝小枣、海兴冬枣、昌黎猪、黄骅梭子蟹、河北对虾、渤海湾皮皮虾等。

冀东流派的代表菜有酱汁瓦块鱼、炸饹馇、清蒸白菜卷、水晶鸡片、任丘茄子饼、鸿宴肘子、海参扒肘子、京东乳香扣肉等。

冀中南流派 [134] 主要分布于石家庄、衡水、邢台及邯郸，其特点是选料广泛，以山货和白洋淀鱼、虾、蟹为主。正定等地有著名的"十大名菜"和"三八席"（八凉、八热、八蒸碗），技法上有"甩刀法"等令人叫绝的独特技巧。

冀中南位于华北平原腹地，地势平坦，可利用土地资源丰富，特色食产丰富，有南和金米、黄粱梦小米、馆陶黑小麦、滏河贡白菜、鹿泉香椿、磁州白莲藕、任县高脚白大葱、永年大蒜、灵寿金针菇、赵县雪花梨、富岗苹果、新乐西瓜、赞皇金丝大枣、涉县柿子、巨鹿枸杞等。

冀中南流派的代表菜有金毛狮子鱼、热切丸子、正定八大碗（扣肘、酥肉、扣肉、方肉、萝卜、海带、粉条、豆腐）、马头天福酥鱼等。

（三）津菜菜系及流派

津菜 [12] 是天津市的地方菜系。天津市位于华北平原海河五大支流汇合处，河多、湾多，加上湖、淀、塘等，水域宽阔，距海又近，故水产极为丰富，河鱼、海鱼、虾、蟹、蚌类，应有尽有。

天津因漕运而兴起，明永乐二年正式筑城，历经 600 多年，形成了独特的饮食风貌。天津地当九河津要，商贾萃集，九方之民所杂处，开埠后相继设立了九国租界，这种特殊的人文地理态势，使得天津饮食呈现出了千姿百态，宫廷菜、官府菜，闽菜、粤菜、江浙菜及西洋饮食，在天津都有一定的市场。

津菜系的代表菜有罾蹦鲤鱼、煎烹大虾、软炸银鱼、八珍豆腐、笃面筋、贴饼子熬小鱼、老爆三等。天津小吃是津菜的一个重要组成部分，其代表作有嘎巴菜、耳朵眼炸糕、天津麻花、煎饼果子、百果碗糕、糕干等。天津名酒有津酒、渔阳、挂月、芦台春、直沽高粱等。天津不产茶，却是茶的集散地之一，"一天三遍茶"是人们对津人喜茶的评价。

津菜菜系分为城区、非城区两个流派。

城区流派 [121] 位于天津城区。依据行政划分，天津的河东区、河西区、河北区、南开区、红桥区、和平区为城区。天津历史上为军事重镇，大量驻军由安徽等地而来。这不仅造成了城区、非城区口音上的较大差别，也造成了饮食风格上的较大差异。这一特色延续至今，城区口味在传统徽菜、鲁菜基础上，融合了部分外地菜和外国菜特色，形成了当今津菜的主流风味。

非城区流派 [122] 位于天津郊区。依据行政划分，天津的东丽区、西青区、津南区、北辰区、武清区、宝坻区、滨海新区、宁河区、静海区、蓟州区等为非城区。非城区流派风格多样，西部地区接近于传统京菜，南部和北部地区与冀菜风格交融。

（四）鲁菜菜系及流派

鲁菜［37］是山东省的地方菜系。山东省位于黄河下游，气候温和，省内汇集有丘陵、平原等多样性地貌，造就了鲁菜食材选料的异常丰富与均衡。得天独厚的物质条件，菜品烹饪技法的丰富多样，加上"食不厌精，脍不厌细"的精神追求，终成鲁菜菜系的洋洋大观。

鲁菜历史极其久远。《尚书·禹贡》中载有"青州贡盐"，说明至少在夏代，山东已经用盐调味；《诗经》中已有食用黄河的鲂鱼和鲤鱼的记载，可见其源远流长。鲁菜的雏形可以追溯到春秋战国时期。齐、鲁两国自然条件得天独厚，尤其是傍山靠海的齐国，极具鱼、盐、铁之利。从出土的汉画像石来看，含有庖厨内容的图像全国有近40幅，山东就出土了20多幅，数量居各省首位。从贾思勰所著的《齐民要术》一书可以看出，南北朝时期山东的烹调技术得到了长足的发展。该书不但详细阐述了煎、烧、炒、煮、烤、蒸、腌、腊、炖、糟等烹调方法，还记载了烤鸭、烤乳猪等名菜的制作方法。唐宋是中国古代华夏文明发展的巅峰，当时鲁菜的烹饪技法已达到了极高的水准。唐朝临淄人段成式在《酉阳杂俎》中记载了当年鲁菜的烹调水平之高："无物不堪食，唯在火候，善均五味。"宋代汴梁、临安的"北食"，即指以鲁菜为代表的北方菜。北宋灭亡之后，民族大融合使此时的鲁菜大量引入了阿拉伯风味香料，丰富了鲁菜的调味；元、明、清三代，毗邻京城的优势，使鲁菜厨师成了宫廷和官府厨师的重要人力来源。

鲁菜代表菜有糖醋鲤鱼、九转大肠、葱烧海参、德州扒鸡等。知名的白酒有孔府家、孔府宴、秦池、齐民思、金贵、扳倒井、泰山生力源、兰陵、景芝、烟台古酿等，葡萄酒有威龙、张裕等，青岛啤酒是驰名中外的啤酒品牌。

鲁菜菜系有胶东、历下（济南）、泰沂、运河（济宁）4个流派。

胶东流派［371］地处的胶东半岛，盛产海参、扇贝、鲍鱼、海螺、大对虾、加吉鱼，这就决定了胶东流派长于海鲜制作，尤以烹制小海鲜见长。由于原料独特，加上技术精湛，成就了胶东流派以清鲜、脆嫩、原汤、原味为主的风味特色，技法以炸、熘、爆、炒、蒸、煎、扒为主。

胶东半岛面临渤海、黄海，东北部山丘起伏，西南部山地、丘陵、平原相间分布，北部主要为平原地带，河网密布。因此特色食产众多，有涛雒大米、胶州大白菜、马家沟芹菜、潍县萝卜、平度大花生、安丘大蒜、烟台苹果、莱阳梨、文登大樱桃、莱阳五龙鹅、里岔黑猪、灵山岛海参、莱州梭子蟹、烟台海参、日照金乌贼、威海海带、威海刺参等，以及青岛啤酒、烟台葡萄酒。

胶东流派又分为以烟台福山为代表的"本帮胶东菜"和以青岛为代表的"改良胶东菜"。其中本帮胶东菜的主要名菜有糟熘鱼片、熘虾片、炸蛎黄、清蒸加吉鱼、葱烧海参、浮油鸡片、油爆乌鱼花、红烧大蛤、油爆海螺片、芙蓉干贝等。青岛改良派广泛吸收西餐技艺，采用果酱、面包等原料制作菜肴，代表菜有烤加吉鱼、茄汁菊花鱼、炸虾托、咖喱鸡块、尒西施舌、油爆双花、龙凤双腿等，以及利津水煎包、虾酱菜团子、杠子头火烧等风味小吃。

历下流派［372］也称济南流派，位于山东省中西部，以汤菜最为著名，其清汤、奶汤制法在《齐民要术》中都有记载。济南流派注重爆、炒、烧、炸、烤、尒等烹调方法。

历下流派所处地区的地貌以黄泛平原为主要形态，南依泰山，北跨黄河，地势平坦，起伏不大，特色食产丰富，有明水香稻、黄河大米、齐河玉米、齐河小麦、明水白莲藕、章丘大葱、商河彩椒、曲堤黄瓜、博山韭菜、荆家实秆芹菜、邹平香椿、沾化冬枣、沾化白山羊、沾化黑猪、白云湖甲鱼、汪子岛鳎麻鱼、德州扒鸡、桓台金丝鸭蛋、强恕堂酒等。

历下流派代表菜有糖酱鸭块、酱焖鳜鱼、油爆双脆、爆肚仁、爆鸡丁、糖醋黄河鲤鱼、九转大肠、怀胎鲤鱼、拔丝地瓜、麻花肘子、博山酥锅、周村煮锅等。

泰沂流派 [373] 地处泰安、临沂、莱芜等地区，其技法受到历下流派的影响，以烧、炸、煎、熘、炒见长，色调淡雅，口味清鲜滑嫩。

泰沂流派所在地区以泰沂山脉为主体贯穿，整个地势自东北向西南倾斜，中部山地、丘陵、洼地兼而有之。泰沂流派的特色食产众多，有泰安大白菜、苍山大蒜、沂南黄瓜、八湖莲藕、沙沟芋头、高庄芹菜、莱芜鸡腿葱、肥城桃、宁阳大枣、徂徕黄金梨、大王樱桃、东平镇香瓜、雨山核桃、莒南花生、莱芜黑猪、吉山黑鸡、泰山赤鳞鱼、泰安豆腐、东平湖松花蛋、东平湖咸鸭蛋、蒙阴煎饼、沂蒙绿茶等。

泰沂流派代表菜有锅塌豆腐、软烧豆腐、炸豆腐丸子、烧二冬、泰山清汤三美、临沂炒鸡、八宝豆豉、一品三鲜鸡、蒜泥鱼、岱崮全羊、沂水全羊汤及临沂糁、煎饼果子、呱嗒、武大郎烧饼等小吃。

运河流派 [374] 又称济宁流派。运河悠久的历史文化孕育了两岸居民丰富的饮食文化，其膳食用料广泛，上至山珍海味，下至瓜果豆菜等，皆可入馔，日常饮食多是就地取材，多以乡土原料为主。

运河流派所处地区的地貌以丘陵、黄河冲积平原、洼地为主，运河自西北向东南在境内穿过，中部有南四湖（微山湖、南阳湖、昭阳湖、独山湖的总称）贯穿南北。该地区特色食产丰富，有鱼台大米、泗水绿豆、泗水地瓜、城前山豆角、泗水豇豆、莘县蘑菇、肖庄韭薹、陈集山药、成武大蒜、青堌集芦笋、滕州马铃薯、龙阳绿萝卜、香城长红枣、长沟葡萄、嘉祥小尾寒羊、鲁西黄牛、嘉祥大蒲莲猪、阳谷黑猪、微山湖大闸蟹、丁马甲鱼、高唐老豆腐、东阿阿胶、高唐驴肉、盟台宴酒、微山湖麻鸭蛋等。

运河流派的代表菜有一品锅、御笔猴头、御带虾仁、带子上朝、怀抱鲤、神仙鸭子、油泼豆莛、枣庄辣子鸡、地锅鸡、滕州羊肉汤等。

（五）苏菜菜系及流派

苏菜 [32] 是江苏省的地方菜系，江苏省位于中国大陆东部沿海、长江下游，东濒黄海，淮河、京杭大运河从中穿过，气候、植被兼具南方和北方特征。江苏是中国古代文明的发祥地之一，江苏风味具有鲜明的江南特色。

江苏气候温和，雨水充足，处于江、湖、河、海之间，物产丰富，主食稻麦、粱菽兼有，猪犬禽蛋，鱼虾鳖蟹，沿海山珍，蔬素瓜果，各季均有。便利的交通，发达的经济，为江苏风味的形成和发展提供了雄厚的物质基础。无论是苏州的大菜小吃，还是扬州的刀技宴品，以及秦淮河上的船宴、船菜、船点，都呈现出轻柔雅致的烹饪艺术风格。

江苏风味源远流长，传说古时的彭祖善于烹调，曾制作野鸡羹供尧享用，因而被封赏。商汤时，太湖佳蔬已有"菜之美者……具区之菁"的赞誉。春秋时代，善调五味的易牙常在江苏传艺，创制佳肴"鱼腹藏羊肉"，成为"鲜"的典范。东汉的华佗为广陵太守陈登治病，提倡火化熟食。汉代淮南王刘安创制豆腐，成为江苏风味中丰美的烹饪原料。南朝建康厨师手艺高超，一种蔬菜可以制作几十种素食，并可制成多种口味。隋炀帝下令开大运河后，扬州成为重要商埠，经济繁荣，促进了烹饪的发展。"金齑玉脍""缕金龙凤蟹""玲珑牡丹虾""缕子脍"等，均反映了当时江苏工艺菜肴刀工精细、烹饪讲究。到了唐代，南京、扬州的外国人甚多，胡食进入江苏，并在江苏逐渐占有一定的地位。到了宋代，江苏风味发生变化，大批中原士族南迁，中原风味融于江苏，南方开始重甜。在明清时，特别是在清代，江苏风味又出现了许多新因素，蒙食、满食进一步融入汉食。清中叶，苏州、扬州市上有了"满汉席"，秦淮河上出现了船菜、船点。清代康熙、乾隆巡游苏州、扬州等地，客观上促进了江苏烹饪的发展，名肴佳馔、菜点故事层出不穷。这一时期，江苏文人先后撰写了一系列烹饪专著，如袁枚在南京著的《随园食单》、童岳荐于扬州编的《调鼎集》，均是反映了江苏风味的文化成果。

苏菜菜系用料广泛，选料精良，制作精细，善烹江鲜、家禽，善制花色菜点。其菜肴清淡适口，醇和宜人，注重用糖，咸甜适宜，浓而不腻，淡而不薄。其烹调方法多样，特别擅长炖、焖、煨、焐、蒸、炒、烧等，同时又精于泥煨、叉烤等，讲究炖焖。

江苏菜系的代表作有松鼠鳜鱼、软兜长鱼、大煮干丝、蟹粉狮子头、南京盐水鸭、无锡排骨、天目湖砂锅鱼头、水晶肴蹄等。名酒有三沟一河，即汤沟酒、高沟酒、双沟酒和洋河酒。名茶有洞庭碧螺春、南京雨花茶、花果山云雾茶、二泉银毫、前峰雪莲、金山翠芽、金坛雀舌、茅山青峰等。

苏菜菜系有淮扬、金陵、苏锡、徐海4个流派。

淮扬流派 [321] 以扬州、淮安为中心，以大运河为主干，南至镇江，东至里下河地区延及沿海南通等地。淮扬流派选料严格，突出主料，刀工精细；注重火候，色调清新，造型雅致，瓜灯雕刻尤为精美；重视本味，口味清鲜，咸甜适中，适应面广。淮阳流派在烹调上擅长煨、焐、炖、焖、叉烤，尤擅长制汤。其点心小吃、发酵面食、豆制品等品种多而精美。

淮扬流派地处黄淮平原和江淮平原，无崇山峻岭，境内河湖交错，水网纵横，是典型的"平原水乡"。淮扬流派的特色食产有盱眙大白菜、洪泽荷藕、淮安蒲菜、安东萝卜干、宝应慈姑、邵伯菱、盱眙水蜜桃、新狼山鸡、洪泽草鸡、金湖白鹅、大仪风鹅、淮阴绿头鸭、沙头绿壳鸡蛋、高邮鸭蛋、洪泽银鱼、盱眙龙虾、白马湖大闸蟹、平桥豆腐、洪泽湖藕粉等。

淮扬流派代表菜有大煮干丝、三套鸭、醋熘鳜鱼、清炖蟹粉狮子头、软兜长鱼、淮安茶馓、清蒸鲥鱼、双皮刀鱼、三丁包子、洪泽小鱼锅贴、贵妃羊肉、拆烩鱼头、十三香龙虾、扬州炒饭、扬州灌汤包、界首茶干、翡翠烧卖等。

金陵流派 [322] 以南京为中心。南京地处中国东部，濒江近海，为六朝古都，素有"金陵天厨"的雅名。南京菜刀工细腻，火工纯熟，水产原料讲究鲜活，各式鸭肴久负盛名，清真菜肴功夫独到，花式菜品精巧细致，野蔬入馔清雅奇妙，菜肴滋味醇和。

金陵流派擅长炖、焖、叉、烤。特别讲究七滋七味：酸、甜、苦、辣、咸、香、臭，鲜、烂、酥、嫩、脆、浓、肥。南京菜以善制鸭馔而出名，有"金陵鸭馔甲天下"的美誉。

金陵流派的特色食产有六合水芹、八卦洲芦蒿、花香藕、溧水青梅、江心洲葡萄、固城湖螃蟹等。

金陵流派的代表菜有盐水鸭、手抓鸡、六合盆牛脯、八百大糕、桂花糖芋苗、南京小笼包、鸭血粉丝汤、如意回卤干、油火烧、太史饼、秦淮八绝等。南京小吃为中国四大小吃之一，历史悠久，风味独特，品种繁多，自六朝时期流传至今已有千年历史，多达上百个品种。

苏锡流派［323］以苏州、无锡为中心，旁及常州、常熟、昆山等地。苏锡流派广取江河湖鲜，擅长炖、焖、煨、焐，成菜甜咸适中，酥烂可口，清新腴美，配色绚丽，口味略甜。

苏锡流派所处地区江河、湖泊纵横交错，长江东西横贯境内，太湖、阳澄湖、滆湖等散落其间。苏锡流派的特色食产有苏州鸡头米、新毛芋芳、苏州水芹、吴江香青菜、苏州茭白、苏州荸荠、苏州塘藕、千灯南瓜、太湖绿洲葡萄、八坼皮蛋、横泾猪、千灯羊肉、长江银鱼、吴江鲈鱼、阳澄湖大闸蟹、苏州豆腐干等。

苏州佳肴和太湖船菜让苏州在民间拥有了"天下第一食府"的美誉。无锡菜点在制作工艺上注重情景交融，太湖水乡风情的借用，充分体现了无锡菜点的文化内涵。

苏锡流派的代表菜有糖醋排骨、银鱼炒蛋、镜镶豆腐、清炒虾仁、香菇炖鸡、松鼠鳜鱼、鲃肺汤、碧螺虾仁、响油鳝糊、雪花蟹斗、虾仁锅巴、清蒸大闸蟹等。苏州小吃是中国四大小吃之一，是品种最多的地方小吃，主要有卤汁豆腐干、枣泥麻饼、猪油年糕、小笼馒头、苏州汤包、藏书羊肉、奥灶面等。

徐海流派［324］是自徐州沿陇海线至连云港一带的地方风味。徐海地区果蔬、野味和海产品极为丰富，徐海流派利用当地狗肉、羊肉制菜，远近闻名。徐海菜口味以咸鲜为主，兼具五味，"比南不甜，比北不咸"。徐海流派注重原汤原味，一菜一味，色彩浓淡适宜。在烹调方法上多用炸、熘、爆、炒，擅长蒸、烩、炖等，拔丝名菜是徐海地区不可缺少的菜品。

徐海流派位居平原，东部濒临黄海，南部滨江，拥有大面积滩涂。京杭大运河沿扬州、淮安和徐州向山东延伸。其特色食产有沛县大米、丰县山药、沙塘韭黄、丰县芦笋、艾山瓜、邳州苔干、新沂水蜜桃、巴斗杏、徐州黄牛、沛县狗肉、睢宁豆腐等。

徐海流派的代表菜有霸王别姬、沛公狗肉、荷花铁雀、凤尾对虾、拔丝搅糕、高皇羊肉汤、徐州把子肉、棉布地锅鸡、徐州煎饼、两来风辣汤、徐州壮馍、鸳鸯鸡、羊方藏鱼等。

（六）浙菜菜系及流派

浙菜［33］是浙江省的地方菜系。浙江省位于中国东海之滨，素有"鱼米之乡"之称。浙江西南丘陵起伏，盛产山珍野味；东部沿海渔场密布，水产资源丰富，有经济鱼类和贝壳水产品 500 余种。丰富的物产为浙菜的形成提供了沃土。浙菜具有 4 个特点：选料讲究，烹饪独到，注重本味，制作精细。

浙菜具有悠久的历史。1973 年，考古学家在浙江余姚河姆渡发掘出一处新石器时代早期的文化遗址，出土的文物中有大量的籼稻、谷壳，很多菱角、葫芦、酸枣的核，以及猪、鹿、虎、麋（四不像）、犀、雁、鸦、鹰、鱼、龟、鳄等 40 余种动物的残骸。同时，还发掘出了陶制的古灶和一批釜、罐、盆、盘、钵等生活用陶器。据科学家考证，这些文物距今约有 7 000 年的历史。春秋末年，越国定都会稽（今绍兴市），在稽山办起了大型的养鸡场，故浙菜中最古老的菜要首推绍兴名菜"清汤越鸡"。南北朝以后，江南几百年免于战争，隋朝开通京杭大运河，宁波、温州两地海运业得到拓展，对外经济贸易交往频繁，尤其是五代吴越钱镠建都杭州，使当时的宫廷菜肴和民间饮食等烹饪技艺得到了长足的发展。南宋建都杭州，浙菜在"南食"中占主要地位。在此次大迁移中，北方的社会名流、达官贵人和劳动人民大批南移，把北方的京都烹饪文化带到了浙江，使南北烹饪技艺得到广泛交流，饮食业兴旺繁荣，烹饪技术不断提高，名菜名馔应运而生。吴自牧的《梦粱录》、西湖老人的《西湖老人繁胜录》、周密的《武林旧事》等书，都记载了杭州饮食市场的繁华和"齐味万方"的浙江美食佳肴。现当代以来，浙江名菜、名点仍层出不穷。

浙菜菜系中名菜很多，有西湖醋鱼、东坡肉、干炸响铃、西湖莼菜汤、龙井虾仁、叫花童鸡、油焖春笋、冰糖甲鱼、嘉兴五芳斋粽子、宁波汤团、湖州千张包子等。浙江的黄酒闻名天下，绍兴女儿红、花雕、乌毡帽黄酒、古越龙山等，都是其中的知名品牌。浙江也是产茶大省，有西湖龙井、顾渚紫笋、天目青顶、安吉白片、兰溪毛峰、建德苞茶、江山绿牡丹、开化龙顶、婺州举岩、仙居碧绿、华顶云雾、雁荡毛峰、珠茶、日铸雪芽、普陀佛茶、香菇寮白毫、乌牛早茶、银猴茶、惠明茶等众多品种。

浙菜菜系有杭帮、瓯帮、绍帮、甬帮 4 个流派。

杭帮流派［331］的口味以咸为主，略有甜头。清淡是杭帮流派的一个标志性特征。杭帮菜可分为湖上、城厢两个分支。前者用料以鱼虾和禽类为主，擅长生炒、清炖、嫩熘等技法，讲究清、鲜、脆、嫩的口味，注重保留原汁原味；后者用料以肉类居多。杭帮流派烹调方法以蒸、烩、氽、烧为主，讲究轻油、轻浆，口味清淡鲜嫩，注重鲜咸合一。

杭帮流派所处地貌半为河湖密布的平原，半为丘陵地区，多变的地貌让其所在地区食材资源丰富，主要有西湖莼菜、里叶白莲、胥仓雪藕、富阳芦笋、德清早园笋、安吉冬笋、姚庄蘑菇、新丰生姜、塘栖枇杷、秀洲槜李、凤桥水蜜桃、临安山核桃、千岛银针、长兴白果、王店三园鸡、湖州太湖鹅、湖州湖羊、萧山甲鱼、千岛湖鱼、杨庙雪菜、天目笋干、西湖龙井茶等。

杭帮流派代表菜有西湖醋鱼、东坡肉、龙井虾仁、笋干老鸭煲、八宝豆腐、干炸响铃、红烧栗子肉、老鸭煲、宋嫂鱼羹、叫花童子鸡、砂锅鱼头豆腐、油焖春笋、红烧狮子头、一品豆腐、清汤鱼圆、杭菊鸡丝等。

瓯帮流派 [332] 包含以温州风味为代表的瓯菜和与瓯菜关联较高的台州菜，菜肴种类繁多，大多采用近海鲜鱼与江河小水产类，活杀现烧，其传统烹调方法擅长于鲜炒、清汤、凉拌、卤味。

瓯帮流派所处地区以丘陵、平原为主，东濒东海，地势由西向东倾斜，食材丰富。主要蔬菜资源有平阳马蹄笋、羊栖菜、永嘉红柿、临海西兰花、苍南槟榔芋、瓯柑、文成杨梅、丁岙杨梅、黄岩枇杷、乐清泥蚶、大陈黄鱼、仙居鸡、洞头紫菜、黄岩红糖等。

瓯帮流派的代表菜有温州鱼圆、三层鱼片、炸熘黄鱼、三片敲虾、双味獭蛏、三丝敲鱼、蛋煎蛏子、酒蒸跳鱼、松门白鲞、温岭嵌糕、椒江蛋饼、台州食饼筒等。

绍帮流派 [333] 以淡水河鲜及家禽、豆类为烹调主料，成菜注重香酥绵糯、原汤原汁、轻油忌辣、汁味浓重，而且常用鲜料配以腌腊食品同蒸同炖，醇香甘甜，回味无穷。

绍帮流派所处地区从北到南分别是平原、丘陵和山地。特色食产有同康竹笋、永康五指岩生姜、兰溪小萝卜、兰溪杨梅、磐安香菇、武义宣莲、龙泉黑木耳、缙云麻鸭、绍兴麻鸭等，加工食产有绍兴黄酒、绍兴老酒、绍兴腐乳、绍兴醉鱼、金华火腿、义乌红糖等。

绍帮流派的代表菜有清蒸越鸡、梅干菜烧肉、糟鸡、糟熘虾仁、糟青鱼干、醉蟹、醉河虾、鲞蒸肉、鲞扣鸡、臭豆腐、霉千张等。

甬帮流派 [334] 濒临舟山渔场，海产资源十分丰富。甬帮流派擅长烹制海鲜，以蒸、烤、炖等技法为主，讲究鲜咸合一、鲜嫩软滑、原汁原味、色泽浓艳。

甬帮流派所处地区地势西南高，东北低，有山地、丘陵、盆地和平原。其特色食产有黄鱼、带鱼、墨鱼、石斑鱼、香鱼、弹涂鱼、海鳗、梭子蟹、海虾、蚶子、缢蛏、牡蛎、泥螺、贡干、海蜇、苔菜、奉化芋艿头、余姚杨梅、慈溪葡萄、慈城年糕、余姚皮蛋、邱隘雪菜等。

甬帮流派的代表菜有冰糖甲鱼、剔骨锅烧河鳗、苔菜小方烤、雪菜大黄鱼、腐皮包黄鱼、网油包鹅肝、荷叶粉蒸肉、黄鱼海参羹、彩熘全黄鱼、炒鳝背等。名点有猪油汤团、龙凤金团、水晶油包、豆沙八宝饭、猪油洋酥块、三丝宴面、鲜肉小笼包、鲜肉馄饨、酒酿圆子。

（七）闽菜菜系及流派

闽菜 [35] 是福建省的地方菜系，兼有中原汉族文化和闽越文化两种基因。闽菜厨师以擅制山珍、海鲜著称，其菜品淡雅、鲜嫩、醇和、隽永，质嫩味鲜，富有南国风味。

闽菜具有悠久的历史，在闽侯县甘蔗镇昙石山新石器文化遗址中，保存有新石器时期福建先民使用过的炊具陶鼎和连通灶，证明福州地区在 5 000 年前就已从烤食进入煮食时代了。两晋、南北朝时期的"永嘉之乱"以后，大批中原衣冠士族入闽，带来了中原先进的科技文化，与闽地古越文化进行融合交流，促进了当地的发展。晚唐五代，河南光州固始的王审知兄弟带兵入闽建立"闽国"，对福建饮食文化的进一步开发、繁荣，产生了积极的促进作用。据考证，在唐代以前中原地区已开始使用红曲作为烹饪的作料，这种红曲由中原移民带入福建后，福建烹饪大量使用红曲，红色也就成为闽菜烹饪的主要色调，有特殊香味的红色酒糟也成了烹饪时常用的作料，红糟鱼、红糟鸡、红糟肉等都是闽菜著名的菜肴。由于福州、厦门、泉州先后对外通商，四方商贾云集，文化交流日益频繁，海外的技艺也相随传入。闽菜在继承传统技艺的基础上，博采各路菜肴之精华，对粗糙、滑腻的风格加以调整变异，使之逐渐朝着精细、清淡、典雅的品格演变，发展成为格调甚高的闽菜体系。福建是中国著名的侨乡，旅外华侨从海外引进的食品和调味料，对丰富福建饮食文化、充实闽菜体系的内容，也产生过不容忽略的影响，闽菜也成为带有开放特色的菜系。

闽菜中的名菜别树一帜，主要有佛跳墙、鸡汤氽海蚌、醉糟鸡、荔枝肉、海蛎煎、同安封肉、白斩河田鸡、家生鱼片、武夷熏鹅等。知名闽酒有武夷王酒、福建老酒、福矛窖酒、青红酒、东平老窖、闽源春白酒、曲斗香、二宜楼白酒、丹凤高粱、春生堂养生酒等。福建有1 000多年的茶叶生产历史，是乌龙茶、青茶、红茶、白茶的发源地，其中武夷岩茶、大红袍、安溪铁观音、白毫银针、永春佛手茶等扬名中外。

闽菜菜系有闽北、闽南、闽西、闽中4个流派。

闽北流派 [351] 以南平菜为代表，其特产富足，历史悠长，文化丰富，地瓜糕、笋燕、文公菜、岚谷熏鹅、双钱蛋茹等美食都具有鲜明的地方特色。

闽北地区山地切割明显，具有丰富的自然次生林资源，加之潮湿的亚热带海洋性气候，为闽北出产各类山珍提供了良好的条件。特产食材有喷鼻菇、红菇、竹笋、建莲、邵武红米、城贡米、浦城薏米、武夷山北米、建阳漳墩锥栗、浦城板栗、水南芥菜、水吉荸荠、里外曹笋、建阳竹荪、武夷山野生黑木耳、建阳红菇、武夷山红菇、政和锥栗、顺昌竹荪、莒口棕梨、考亭葡萄、小湖杨梅、邵武蜜橘、武夷黑猪、闽北花猪、黄坑石鲮、五夫黄鳝、武夷石斑鱼等。加工食产有武夷黄酒、武夷山笋干、建瓯笋干、邵武笋干等。

闽北流派的代表菜有伏羲八卦宴、文公菜、幔亭宴、茶宴、涮兔肉、熏鹅、鲤干、龙凤汤、菊花鱼、双钱蛋茹、茄汁鸡肉、峡阳木樨糕等。

闽南流派 [352] 位于福建省厦门、漳州、泉州、莆田一带。闽南菜具有清鲜淡爽的特色，与潮州菜风味较为相似，但以海鲜及制品为主。作料方面长于使用花生酱、沙茶酱等。

闽南流派讲究根据本地特殊的天然资源，结合时令的变化制作菜品，讲究"应季"，即四时海鲜与不同季节蔬菜搭配，按季节物产烹制色、香、味、形俱全的好菜。闽南流派长于制作海鲜、海鲜制品、药膳、南普陀素菜、莆仙菜等。闽南莆田的地方风味小吃有上百种，它们精工细作，调味多样，风味十足。

闽南流派立足的江南丘陵，地势由西北向东南倾斜，西北高、东南低，背山面海。特色食产有郭山蔬菜、翔安胡萝卜、天竺辣木、长泰佛手瓜、云霄薤菜、进士芋、石铭槟榔芋头、古宅大蒜、乌山青葱、上官青葱、新村琯溪蜜柚、永春芦柑、同安龙眼、火田菠萝、文旦柚、兴化桂圆、赤土土鸡、德化黑鸡、永春白番鸭、新圩鹅肉、闽南牛、莆田猪、江东鲈鱼、沙西血鳗、海田鸡、南日鲍鱼、南日紫菜、莆田牡蛎、莆田海蜇、仙游皮蛋等。

闽南流派的代表菜有闽南药膳，这是典型的传统寺庙素菜。闽南流派中的厦门分支和莆仙分支，都有各自的代表菜，如东海玉螺香、鲜贝酿辽参、鹭岛明珠、南海金莲、兴化米粉、莆田卤面、炝肉、五花肉滑、炒泗粉、土笋冻、酸辣鱿鱼汤、包心鱼丸等。闽南知名小吃有蚵仔煎、鱼丸、葱花螺、生烫血蛤、烧肉粽、酥鸽、牛腩子、炸五香、油葱果、韭菜盒、薄饼干、豆沙糍粑、面线糊等。

闽西流派 [353] 位于粤、闽、赣三省接壤处的多水多山地区。西南部与广东省接壤，又因为客家的首府长汀位于此地，所以除了闽西本土菜品外，以龙岩客家菜为主，具有原料独特、多汤、清淡、滋补的特色。闽西流派东北部以三明为代表，其中以沙县小吃最为著名。

闽西地区的地貌以山地、丘陵为主，东北部溪流密布，河谷与盆地错落其间。其特色食产有武平西郊盘菜、文亨红衣花生、涂坊槟榔芋、宣和雪薯、永定红柿、河田鸡、连城白鸭、宁化米仁、桂阳萝卜、永安莴苣、永安鸡爪椒、明溪淮山、建宁黄花梨、尤溪金柑、大田兔肉、清流黄牛、安砂鱼、明溪肉脯干、清流豆腐皮等。

闽西流派代表菜众多，有薯芋类的芋子饺、芋子包、炸雪薯、煎薯饼、炸薯丸、芋子糕、酿芋子、蒸满圆、炸满圆，野菜类的苦斋汤、炒马齿苋、炒马蓝草、炒木槿花，瓜豆类的冬瓜煲、酿苦瓜、脆黄瓜、番瓜汤、番瓜伤、狗爪豆、阿罗汉豆、炒苦瓜、酿青椒，饭食类的红米饭、高粱粟、麦子伤、拳头粟伤等。闽西流派的特色小吃品种丰富，主要有烧卖、扁肉、芋饺、泥鳅粉干、鱼丸、豆腐丸、米冻皮、米冻糕、水晶蒸饺、拌面等。

闽中流派 [354] 以福州为中心，是闽菜风味的代表。其选料精细，刀工严谨；讲究火候，注重调汤；喜用作料，口味多变，具有四大鲜明特征。一为刀工巧妙，寓趣于味，素有切丝如发、片薄如纸的美誉。二为汤菜众多，变化无穷，素有"一汤十变"之说。三为调味奇特，别具一格。民众流派善于用糖，以甜去腥腻；巧于用醋，成品酸甜可口；味偏清淡，保持原汁原味；善用红糟、虾油、沙茶、辣椒酱、喼汁等调味，风格独特，别开生面。四为烹调细腻，雅致大方，以炒、蒸、煨技术最为突出。

闽中山岭起伏，高低悬殊，地貌以山地、丘陵为主，其间杂有山间盆地，沿海一带夹滨海堆积平原，海岛棋布，海域辽阔。特产食材有闽侯南屿笋丝、长乐番薯、罗源秀珍菇、茶树菇、古田银耳、周宁高山马铃薯、福鼎槟榔芋、闽清檀香橄榄、渔溪龙眼、一都枇杷、福州荔枝、长乐鹅、福安花猪、福州黑猪、罗源下廪羊、福清白对虾、琅岐红蟳、福建金鲟、嘉儒蛤、连江缢蛏、长乐漳港海蚌、连江鲍鱼、平潭丁香鱼、桐江鲈鱼等。

闽中流派有五大代表菜：佛跳墙、鸡汤氽海蚌、淡糟香螺片、荔枝肉、醉糟鸡。五碗代表菜：太极芋泥、锅边糊、肉丸、鱼丸、扁肉燕。风味小吃有马蹄糕、拗九粥、菜头饼、福清海蛎饼、肉松、千页糕等。

（八）粤菜菜系及流派

粤菜［44］是广东省的地方菜系。广东省位于中国大陆南端沿海，自秦朝开始就有中原移民不断迁入，逐渐形成广府、客家、潮汕三大民系，并形成独特的岭南文化。粤菜的特点是选材丰富精细，味道讲究清、鲜、嫩、滑、爽、香，追求原料的本味、鲜味。粤菜调味料种类繁多，遍及酸、甜、苦、辣、咸、鲜，但只用少量姜、葱、蒜头做"料头"，少用辣椒等辛辣性佐料，成品不会大咸大甜。

广东地处亚热带，濒临南海，雨量充沛，四季常青，物产富饶，故其食材丰富，得天独厚。特色食产有台山黄油蟹、惠阳胡须鸡、横琴蚝、蓝塘猪、潮汕马鲛鱼、沙虫等，香蕉、荔枝、龙眼和菠萝是岭南四大名果。广东名酒有红酒、飞霞液、珠江纯生啤酒、大埔娘酒、九江双蒸、客家黄酒、长乐玉液、石湾玉冰烧、花开富贵、蓝带啤酒等。名茶有韶关保健茶、英德红茶、岭头单丛茶、凤凰单丛茶、石古坪乌龙茶、西岩乌龙茶、南华大叶奇兰茶、三峰黄金桂茶、鸿雁金萱乌龙茶、龙星水仙香茶等。

粤菜代表作有白切鸡、烧鹅、红烧乳鸽、烤乳猪、蜜汁叉烧、清蒸东星斑、上汤焗龙虾、鲍汁扣辽参、白灼象拔蚌、椒盐濑尿虾、干炒牛河、菠萝咕噜肉、支竹羊腩煲、萝卜牛腩煲、蚝烙、潮州卤水、沙茶牛肉、客家酿豆腐、梅菜扣肉、盐焗鸡、猪肚包鸡、盆菜等。

粤菜菜系分为潮州（潮汕）、东江（客家）、广府（广州）三大流派。

潮州流派［441］又称潮汕流派是粤菜菜系的一个重要组成部分。其选料考究、刀工精细，烹调方式多样，色、香、味俱全，在粤菜里拥有至高的地位。

潮州流派所处地区地势自西北向东南倾斜，西、北、东部多山地，中间为丘陵，南部沿海地区有韩江、榕江、练江、凤江等形成的几个冲积平原，河道纵横，土地肥沃。特产食产的有普宁甘蔗、洪阳蕉柑、普宁乌橄榄、凤湖青橄榄、南澳石榴、葵潭菠萝、溪口杨桃、溪口香蕉、邹堂青皮梨、石狗坑鸟梨、梅林红柿等。

潮州流派的代表菜有潮汕海鲜、砂锅粥、工夫茶、卤水、牛肉火锅、肉丸、卤猪舌炒韭菜花、清蒸金枪鱼、普宁豆酱焖黄花鱼、香煎带鱼、菜脯煎蛋、鸭母捻、炒粿、护国菜、普宁豆干等。

东江流派［442］又称客家流派。客家原是中原人，南迁后，其风俗习惯仍保留着一定的中原风貌。菜品多用肉类，极少水产，主料突出，讲求香浓，下油重，味偏咸，以砂锅菜见长。广东的客家菜主要流行于惠州、河源、梅州等地。与潮州菜比较，客家菜的口感偏重肥、咸、熟。

惠州全境有大小河流20多条，湖泊和大小水库约130个，南部靠海，有上百个大小岛屿。惠州的特色食产有罗浮山大米、福田菜心、惠州梅菜、龙门年桔、镇隆荔枝、观音阁花生、柏塘山茶等。河源的特色食产有龙川大米、龙川金钩豆、连平鹰嘴蜜桃、天光牛肉、伯公坳凉粉、东门头水煮豆腐、铁勺喇等。梅州的特色食产有梅州金柚、梅县金柚、平远慈橙、桂岭蜂蜜、五华长乐烧酒、马图绿茶、蕉岭绿茶、西岩乌龙茶等。

东江流派的代表菜有梅菜扣肉、盐焗鸡、客家酿豆腐、猪肚包鸡、酿苦瓜、白斩河田鸡、兜汤、汀州泡猪腰、仙人冻、麒麟脱胎、盆菜、四星望月、芋子包、芋子饺、三杯鸭等。

广府流派［443］又称广州流派，是中国传统饮食文化最重要的流派之一，是粤菜的代表。其流行范围包括珠江三角洲和肇庆、韶关、湛江等地。广府菜集南海菜、番禺菜、东莞菜、顺德菜、中山菜、四邑菜等风味特色于一炉，讲究"清、鲜、嫩、滑、爽、香"，追求原料的本味、清鲜味。由于早期国外华侨、华人大部分来自粤语区，故在一些国家，广府菜也成了中国菜的代表。

广府流派所在地区倚山临海，地貌多样。其特色食产有增城丝苗米、迟菜心、新垦莲藕、炭步槟榔香芋、增城荔枝、从化荔枝、萝岗甜橙等。

广府流派的代表菜有白切鸡、烧鹅、烤乳猪、红烧乳鸽、蜜汁叉烧、上汤焗龙虾、清蒸石斑鱼、鲍汁扣辽参、白灼虾、干炒牛河、老火靓汤、煲仔饭、广式烧填鸭、豉汁蒸排骨、鱼头豆腐汤、菠萝咕噜肉、蚝油生菜、香煎芙蓉蛋、太爷鸡、香芋扣肉、南乳粗斋煲、龙虾烩鲍鱼、米网榴莲虾、麒麟鲈鱼、蚝皇凤爪等。

（九）桂菜菜系及流派

桂菜［45］是广西壮族自治区的地方菜系。广西壮族自治区地形复杂且地处亚热带地区，气温高，雨量足，禽、畜种类繁多，蔬果四时不断。居民除汉族外，还有壮、瑶、苗、侗、彝等11个少数民族。多民族的聚居，多种烹饪方法的碰撞交流，让桂菜丰富多彩，发展形成了"东甜西酸，南鲜北辣"的风味格局。

桂菜始于秦汉，兴于宋、元，盛于当今。桂菜不仅承接了自秦汉、两晋、南北朝到隋朝时中原人南迁岭南的饮食风尚，还获得了北宋末年中原人逃难中流传到广西的宫廷烹调技艺及明清时期随外省官员入桂的官府厨艺。清光绪年间，北海、龙州、梧州、南宁先后辟为通商口岸，饮食市场日益兴盛，推动了烹饪技艺的发展。抗战中期，桂北成为大后方，大江南北的文化名流、富商巨贾纷纷南下，随各地名流显贵入桂的国内各种地方特色菜烹饪技艺，也给广西餐饮带来一个博采众长的机遇。长期的厨艺交融，让桂菜形成了鲜明的特色：讲究火候运用，擅长焖、煮、扣、炖、酿等烹调方法，口味偏重于鲜、香、酸、辣。

桂菜特色食材丰富，平原地区的麻鸭、三黄鸡，滨海地区的海产品，以及环江菜牛、巴马香猪、廉州鱿鱼、桂林马蹄、荔浦芋头、贵县莲藕等许多驰名特产，为其提供了扎实的物质基础。当地名酒有桂林三花酒、东园家酒、神蜉酒、梧州蛤蚧酒、梧州三蛇酒、都安野生山葡萄酒、桂平乳泉酒、丹泉酒等。广西制茶历史悠久，唐代就有吕仙茶、象州茶、容州竹茶等的记载，如今知名的有广西红碎茶、苍梧六堡茶、桂平西山茶、凌云白毛茶、覃塘毛尖、漓江银针、白牛茶、龙脊茶、桂林毛尖、屯巴茶、南山白毛茶、龙山绿茶、横县茉莉花茶、桂花茶等。

桂菜的知名菜品有盐焗鸡、柠檬鸭、横县鱼生、酿豆腐、灵马鲶鱼、桂花鱼、白切猪手、黄豆酸笋焖鱼仔、烧鸭、荔浦芋头扣肉等。

桂菜菜系有滨海、桂北、桂东南和桂西4个流派。

滨海流派［451］位于北海、钦州、防城港一带，擅长以海鲜为主要原料，口味清淡、鲜嫩、爽滑。其菜品讲究调味，注重配色，海产品讲究原味制作，河鲜、家禽的菜式也有独到之处。

滨海流派地处北部湾沿岸，沿海有近700个岛屿。特色食产有上思香糯、东兴红姑娘红薯、北海西瓜、灵山荔枝、浦北香蕉、香山鸡嘴荔、灵山香鸡、合浦鹅、钦州海鸭蛋、浦北黑猪、涠洲黄牛、北海生蚝、合浦文蛤、钦州青蟹、防城港鱿鱼、北海墨鱼、浦北官垌鱼、花刺参、北海沙虫、广西肉桂、东兴八角等。

滨海流派的代表菜有春梅红烧海参、葵花扣鲜鱿、花衣𫘦皮、芍药虾扇、核桃斑鸠片、沙蟹汁炒豆角、钦州烤大蚝、香煎葵龙鱼饼、北海海鲜粉、马鲛鱼丸、盐花煎鱼等。

桂北流派 [452] 位于桂林、柳州、兴安、全州、灌阳、资源一带。其菜品口味醇重，色泽浓重，擅长炖扣，喜辛辣。民间曾流传有"兴全灌，没有辣椒不送饭"之说。

桂北流派地处南岭山地，特色食产众多。有富硒丝苗米、资源高山玉米、宛田冬笋、柳江莲藕、荔浦芋头、平乐慈姑、茶洞香菇、石塘生姜、全州生姜、灌阳长枣、平乐山楂、全州文桥鸭、融水香鸭、地灵花猪、东山良种母猪、禾花鱼、阳朔九龙藤蜂蜜、红枣糯米酒、平乐木薯淀粉、全州血粑豆腐、桂林腐乳等。

桂北流派的代表菜有双冬烧竹鼠、蛤蚧炖全鸡、清蒸漓江鳜鱼、荔芋扣肉、漓江啤酒鱼等。特色小吃有桂林米粉、恭城油茶、螺蛳粉、五彩金花酿、全州醋血鸭、灵川狗肉、阳朔啤酒鱼、平乐十八酿、灌阳十大碗、瑶乡簸箕宴等。

桂东南流派 [453] 位于梧州、贵港、玉林、南宁一带。善于选择当地良种禽畜、蔬果烹制风味菜肴，菜品讲究鲜、嫩、爽滑，用料多样化。

桂东南流派所处地貌复杂多样，山地、丘陵、台地、谷地、平原均有分布，为食材生产提供了有利的条件。其特色食产有上林大米、古辣香米、水芹菜、博白蕹菜、黎塘莲藕、横县大头菜、刘圩香芋、那楼淮山、玉林香蒜、南宁香蕉、上林八角、温氏肉鸡、岑溪三黄鸡、霞烟鸡、凉亭鸡、马山黑山羊、清水黑山羊、陆川猪、大龙洞清水鱼、上林土鲶鱼、上林大龙湖银鱼、梧州腊肠、梧州蛤蚧酒、乌石酱油、何源记豉油膏等。

桂东南流派的代表菜有上林白切土鸡、上林粉蒸肉、梧州纸包鸡、邕城醉子鸡、串烧金钱鸡、蚝油桂皮鸭、挂绿爽果肉、梧州脆皮葱油鱼、玉州红扣肉、容县柚皮酿、玉林牛肉巴、陆川白切猪手、岑溪水蒸鸡、甘家界柠檬鸭、横县鱼生、南宁老友粉、南宁粉饺、蕉叶糍等。特色小吃有南宁酸嘢、一条龙花生、清蒸切粉、生炒田螺等。

桂西流派 [454] 位于河池、百色一带。桂西是广西少数民族的主要聚集地，口味偏爱酸辣。各少数民族利用当地土特产制作出多种特色风味菜，尤其对江河中的野生鱼种、高山蔬菜、山间野菌、田埂野菜、乡村土鸡、土鸭情有独钟。桂西地区多为喀斯特地貌，土地碱性大，故当地饮食多酸，如酸鱼、酸肉等。

桂西流派地势由西北向东南倾斜，四周多被山地、高原环绕，呈盆地状。特色食产有南丹巴平米、东兰墨米、百色番茄、田林八渡笋、南丹长角辣椒、龙滩珍珠李、南丹椪柑、乐业猕猴桃、百色芒果、东兰乌鸡、西林麻鸭、靖西大麻鸭、巴马香猪、都安山羊、河池环江香猪、东兰黑山猪、隆林猪、隆林黄牛、环江香牛、罗城野生毛葡萄酒、东兰墨米酒等。

桂西流派的代表菜多为各少数民族菜，如壮族的狗肉、鱼托、酥鸡、清蒸豆腐圆、巧酿南瓜花、酸笋炒牛肉，侗族的竹笋肉，苗族的竹板鱼，毛南族的烤香猪等。

（十）琼菜菜系及流派

琼菜［46］是海南省的地方菜系。海南省位于中国大陆最南端，北以琼州海峡与广东省划界，管辖范围包括海南岛和西沙群岛、中沙群岛、南沙群岛等岛礁及其领海。琼菜原材料丰富，具有鲜明的亚热带、热带特色。

东山羊、嘉积鸭、文昌鸡、和乐蟹为琼菜中的四大名菜，具有悠久的历史。东山羊自宋朝以来就已享有盛名，并曾被列为"贡品"。嘉积鸭本产于东南亚，亦称"番鸭"，于100多年前由嘉积镇的华侨从南洋引进养殖。文昌鸡为"海南传统四大名菜之首"。相传明代有一文昌人在朝为官，回京时带了几只文昌鸡请皇帝品尝。皇帝品尝后大为称赞，文昌鸡由此誉满天下。和乐蟹也是海南久负盛名的传统名菜。海南小吃历史悠久，从西汉元封年间至今，已历经2100多年。依托得天独厚的热带地理环境和富饶的物产，融合闽粤烹艺、南洋风味、黎苗食俗等饮食文化，孵化出了海南餐饮不容替代的地域特色。

琼菜中的知名产品除了上述四大名菜外，还有临高烤乳猪、琼州椰子盅、琼式烧鱼肚等菜品，以及海南清补凉、琼海鸡屎藤粑仔等一批特色小吃。海南名酒有椰岛鹿龟酒、海口大曲、槟榔酒、椰子酒、山兰酒等。海南名茶荟萃，其中以火山岩苦丁茶和兰贵人最为知名。

琼菜菜系分为琼北、琼南和琼中3个流派。

琼北流派［461］分布于海南岛的北部地区，主要包括海口市、文昌市、琼海市等。当地食材多以海鲜为主，也盛产黄牛肉、石山乳羊。烹调手法主要有蒸、烤、煎、炸、烩等。

琼北地势相对平缓，海南岛最长的河流——南渡江从海口市中部穿过。琼北流派的特色食产有石山黑豆、永兴黄皮、永兴荔枝、海口蜜柚等。

琼北流派的代表菜有海南炭烤生蚝、四宝琼山豆腐、金华海鲜卷、海南煎粽、曲口海鲜、酸豆、百果香、姜盐琵琶虾、海南大米鸡饭、石山扣羊肉等。

琼南流派［462］分布于三亚、陵水等地，还包括西沙群岛、中沙群岛、南沙群岛等海域。琼南流派擅长烹饪海鲜，烹调手法多样。

三亚北靠高山，南临大海，地势自北向南逐渐倾斜，境内海岸线长258.65千米，有大小港湾19个，为当地提供了丰富的食材。琼南的特色食产有琼脂、和乐蟹、后安鲻鱼、鹧鸪茶、海南酸笋、三亚莲雾、三亚芒果、椰子等。

琼南流派的代表菜和小吃有嘉积鸭、鸡屎藤粑仔、塔洋粑沙、东山羊药膳汤、琼南伊府面、海南狗肉火锅等。

琼中流派［463］分布于东方、白沙、昌江、万宁、琼海、琼中等地，琼中的特色食产、烹饪手法和主打菜肴均带有山区特有的风味。琼西小黄牛被当地人称为"不回家的牛",放养在高山上,其味美肉佳。盛产于琼中山区的革命菜、白花菜、观音菜、车前草、雷公根、四棱豆、苦菜等野菜,均可制成或凉拌或炒食的菜品。

琼中大部为山区,其特色食产有五指山山竹、野黄牛、琼海番石榴、琼脂、鹧鸪茶、海南酸笋等。

琼中流派的代表菜有五指山蚂蚁鸡、黎家炸鹿肉、灵芝山蟹、福寿鱼嘉积鸭、鸡屎藤粑仔、塔洋粑沙、甜薯奶、东山羊药膳汤等。

(十一) 澳菜菜系及流派

澳菜 [82] 为澳门特别行政区的地方菜系。澳门特别行政区是国际自由港,也是世界人口密度最高的地区之一。澳门汇聚了东西南北的美食,在这里不仅可以品尝到正宗的葡萄牙菜,还可以吃到澳门菜、广东菜、上海菜、日本菜、韩国菜和泰国菜。澳菜菜系的特色是兼收并蓄,中外混搭。其独创的澳门式葡萄牙菜,风格鲜明。

澳菜菜系分为澳葡和澳粤两个流派。

澳葡流派 [821]。澳门于1557年被葡萄牙人攫取,至鸦片战争前夕,已成为重要的国际商业城市。作为中西文化最早的交汇点,澳门开埠后,西方的饮食文化随之而来。澳门曾以广府文化为主的饮食特色,随历史的变革和中西文化的交流逐渐发生变化,带有明显的中西合璧的饮食文化特色。澳门式葡萄牙菜的烹饪方法和材料是对葡萄牙、印度、马来西亚及中国粤菜的兼收并蓄,原来的葡萄牙菜经过改良,取各方之所长补其短,成为世界上独一无二的菜系。

澳葡流派的代表菜有葡式牛扒、烧马介休、咖喱牛腩煲、葡式烧乳猪、西洋烩鱼、法式白汁煮青口、蜜烧猪肋骨、法式烧春鸡、红酒烩梨、葡式炒蚬等。澳门本地不产茶、酒,澳菜菜系餐桌上的茶、酒均来自世界各地。

澳粤流派 [822]。澳门菜系的另一流派是澳式粤菜,粤菜是澳门同胞的乡土菜,在澳门有着深厚的群众基础。澳粤流派的烹调技法和代表菜点与粤菜类似,此处不再一一列出。

(十二) 台菜菜系及流派

台菜 [83] 是台湾地区的地方菜系。台菜口味清淡,菜品精致,主料以海鲜为主,是融汇了闽菜、粤菜及客家菜的烹调手法,并受到荷兰、日本的菜品影响,再结合台湾本地物产及食俗而发展起来的一种菜系。台菜因其特殊的历史背景,呈现出多元化的特点。岛内气候炎热,倾向自然原味,调味不求繁复,清、淡、鲜、醇便成了台菜烹调的重点,相比大多以色重、味浓取胜的其他地方菜,台菜因清鲜美味反而独树一帜,加上海产资源丰富,虾、蟹、鱼几乎攻占了台菜的所有席面。

台菜的历史久远。台湾高山族早期多以小米、番薯为主食,食皆用手。后来,随着大陆移民的增多,逐渐吸收了汉民族的饮食方式,改用筷子,大米逐渐成为主食。不过,不少高山族部落仍保留着传统的特色,如兰屿雅美族所吃的鱼有男女之别。高山族人喜欢饮酒，其用小米所酿制的酒，也呈现出特有的酒文化。在沿海地区，台菜的原料则不离海鲜。台湾也是日式料理和大陆各菜系争相绽放的地方，闽菜、江浙菜、川菜、湘菜等在台湾都可随处品尝。

比起大菜，台菜的小吃品种显得十分丰富，蚵仔煎、虱目鱼肚粥、炒米粉、大饼包小饼、万峦猪脚、大肠蚵仔面线、甜不辣、台南担仔面、润饼、烧仙草、筒仔米糕、花枝羹、鱼酥羹、肉羹、猪血糕、东山鸭头均是其中的知名品种。金门高粱酒、东引高粱酒和八八坑道高粱酒被称为台湾三大名酒。阿里山高山茶、富贵牡丹茶、青心乌龙茶、金萱乌龙茶、冻顶茶、文山包种茶、东方美人茶、阿里山珠露茶、高山茶和日月潭红茶被称为台湾十大名茶。

台菜菜系分为台北、台中和台南3个流派。

台北流派［831］位于台湾岛北端。台北流派集大陆南方各菜系和海外风格于一体，尤其擅长小吃制作。

台北位于北回归线以北，属于亚热带季风气候。但从各月平均气温来看，却长夏无冬，酷似热带季风气候，其食材也带有热带特点。台北的食品夜市十分发达，其中著名的有士林、宁夏圆环、辽宁街、饶河街、延平北路、通化街、龙山华西街七大夜市。

台北流派代表菜点有牛肉面、卤肉饭、蚵仔煎、小笼包、盐酥鸡、大饼包小饼、林大香肠、生炒花枝、青蛙下蛋、铁板烧、凤梨酥、绿豆椪、肉圆、甜不辣、珍珠奶茶等。

台中流派［832］所在的台中地区，曾是台湾政治权力中心，清朝时台湾首府就设在这里。这里既是西部走廊南来北往的转运站，也是各地美食的大熔炉，从地方小吃到高级餐厅应有尽有，带动着全台流行风潮。

由于东侧的中央山脉阻隔了凛冽的东北季风，台中地区全年的平均温度为22.4℃，冬、夏温差仅10℃，一年四季均舒爽宜人。加上大安溪、大甲溪流贯全境，支流交叉纵横，所以种植业发达，稻米、甘薯、花生、玉米、大豆、柑橘等都赫赫有名。台中流派的代表菜品同样以特产小吃知名。其中的知名品种有幸发亭的蜜豆冰、潭子臭豆腐、正老牌面线糊、排骨大王、甘蔗牛奶大王、三姐妹海鲜、黄记豆花、忠孝豆花、逢甲李热狗、巨无霸臭豆腐、九龙城陈记香港茶、熊手包、台中肉羹、高家意面、李海卤肉饭、翁记泡沫红茶、杨益权麻叶羹等。

台南流派［833］的大本营台南市，位于台湾岛的西南部、嘉南平原的核心位置。这里气候炎热潮湿，因此无论是食材选择、烹饪技法还是产品种类，均带有热带特色。

台南中西部为盐水溪、曾文溪淤积平原，近300年来增加了大量土地，土地平坦，适合农作，耕地面积达9万多公顷，以水稻、芒果、莲子、文旦、甘蔗、凤梨等闻名全台。沿海一带养殖渔业发达，其中以虱目鱼和近海牡蛎（俗称蚵仔）的养殖最为盛行，也因此出现了大量以虱目鱼和蚵仔为食材的小吃。

台南流派的知名菜品有生煎包、蚵仔煎、肉粽、葱油饼、臭豆腐等。此外，台南流派的糕点琳琅满目，如万川号的肉包、水晶饺、柴梳饼（沙西饼）、花瓶饼、水晶饼、白糖酥，旧永瑞珍的台式喜饼、凉糕、水晶饼、沙西饼、口酥等。

第四节　内陆风格、菜系及流派

中餐内陆风格具有和沿海风格不同的个性。中国内陆的可食资源品类繁多，且因地理环境而千差百异。从气候学上划分，中国内陆跨越寒温带、中温带、暖温带、亚热带和热带 5 种气候；从地貌和生态来看，内陆包括平原、丘陵、山地等多种地貌和森林、草原、沙漠等多种形态；从生物学的食物链去观察，中国内陆又可分为北疆草原戈壁和森林食物链、华北食物链、华南食物链和岭南食物链 4 个组成部分。这些地理因素导致了大区域的动植物资源的丰寡不同。尽管如此，中国内陆的可食资源却有一个共同的特征，那就是陆生。

陆生可食资源包括陆生可食植物、可食菌藻、可食动物，它们共同组成了内陆居民的基本饮食来源。在此基础上，内陆民众采取各种各样的烹饪技法，制作出丰富的饮料和食品。这种以陆产食用原料为主的饮食结构，便是中国内陆饮食的主导体系。

一、内陆风格

内陆地方菜虽因南北地域的差异而各具风格，但体现在菜品方面，不外乎畜禽类、河湖类和粮蔬类三大类原料。这一点，南北相同，东西无异。内陆肉类原料可以分为家养型和野生型，家畜如羊、牛，家禽如鸡、鸭，无论哪种菜系都会将其包罗在内。河湖类的物产属于内陆体系，虽与海产同属于水产，但无论是从饮食范围还是从烹饪风格方面来看，都与海产品有着明显的不同。早先的蔬菜常因地理、气候因素而南北分异，而如今随着科学技术的进步，这种分异已大为缩小。

内陆菜系的烹饪共性是"入味"。其习惯是将原料进行多样加工，尤其讲究调味料的使用，因此调味料异常丰富，如八角、桂皮、花椒、茴香、丁香、砂仁、豆蔻、白芷、葱、姜、蒜、酱油、豆瓣酱、甜面酱、香糟、料酒等。人们在烹饪时多使用大量的调味料，以突出其香味。内陆菜肴成品不仅让人品尝原料之味，更强调突出调味料的味道。可以说，百分之八十以上的菜品都是由数种调味料烹制的，追求的是味道的复合美。要将诸多调味料的味道充分发挥出来，并且更多地进入原料当中，内陆厨师发明了丰富多彩的烹调技法，如拌烩腌酱、熏卤醉酥、炖焖烧烤、炸熘爆炒、煎贴烧扒、蒸煮氽涮、烹煨烩煸、焗烤浸熬、拔丝挂霜、蜜汁琉璃等。

调味是厨艺的一大核心，调味工艺的复杂性决定了内陆厨艺的复杂性。内陆菜系追求菜肴的各种调香，是五香、八香、十香、十三香等由辛香调料配合组成的复合香味。如葱香味的葱爆肉、大葱炒豆腐，蒜香味的蒜爆羊肉、蒜香排骨、蒜烧鳝段、东北炒焖子、北京炒肝儿，酱香味的酱爆鸡丁、京酱肉丝，辣香味的干煸仔鸡、干烧鱼，麻香味的麻酱海参、麻酱豆角、蒸茄泥，乳香味的红乳烧肉、乳汁排骨，醋香味的醋烹虾段、醋熘白菜，酒香味的醉蟹、醉虾，糟香味的糟熘鱼片、糟炒鸭丝，豉香味的豉汁排骨、豆豉烧鱼，五香味的五香烧鸡、五香熏鱼、五香豆腐、五香丸子、五香馅的大包子等。不同的烹调方法、不同的传热介质、不同的加热时间、不同的渗透方法使调味料与原料最大限度地互补发挥，从而形成了独特的菜肴风格。

从传播的角度看，不少内陆风格的产品以定式菜的形式出现，有着强大的原生性和稳定性。

二、内陆菜系及流派

中餐体系中，属于内陆地方风格的菜系有 19 个，它们是吉菜、龙菜、蒙菜、徽菜、豫菜、晋菜、陕菜、川菜、渝菜、湘菜、楚菜、赣菜、滇菜、黔菜、宁菜、陇菜、青海菜、新疆菜和藏菜（见图 5-3），每个菜系均有下属流派。

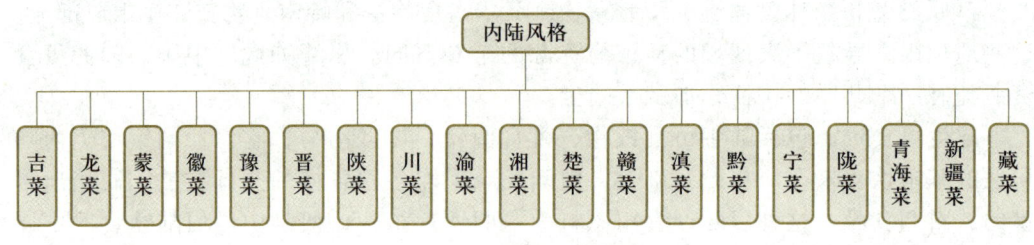

图 5-3　中餐内陆菜系

（一）吉菜菜系及流派

吉菜 [22] 是吉林省的地方菜系，属于内陆地方菜系。吉菜地处的吉林省位于中国东北中部，巍巍长白山，滔滔松花江，一望无际的大平原，蕴藏着丰富的食材。吉菜是根据吉林特有的原料，运用独特的烹饪工艺，经长期研制而形成的菜系，深受各民族民众的欢迎。

吉林是有 3 000 多年历史的文化边陲地域，是清朝皇族的发祥地，是无数"闯关东"移民的沃土，是满、汉、蒙古、回、朝鲜族等多民族文化交融的吉祥地。19世纪末期，大批移民冲出山海关来到吉林大地谋生，许多山东招远地区的厨师纷纷落脚在哈大铁路各主要城镇，如四平、长春、德惠等，他们大多在高档酒楼执灶，将齐鲁饮食文化与本地饮食文化融为一体。清朝咸丰年间，大批朝鲜族难民涌入吉林东部山区集安、临江及延吉、图们一带，他们善烹狗肉，精于制作冷面、打糕、泡菜，使朝鲜族烹饪文化在吉林地区得以发扬光大；吉林西部草场、湖泊、湿地纵横交错，蒙古族和汉族杂居，他们邻里相望，饮食文化相互借鉴、融合、渗透，形成了独特的饮食风格。

吉林厨师善烹牛羊肉，擅用烤、烧、煎、炸、煮等烹调方法。

吉菜菜系的特色菜肴和宴席有烧鹿筋、葱烧海参、绣球燕菜、满汉席、全羊席等。吉酒有吉林高粱酒、榆树钱酒、洮儿河酒、洮南香酒、德惠大曲等。吉林通化葡萄酒是中国葡萄酒的知名品牌。

吉菜菜系分为吉东、吉西、吉中 3 个流派。

吉东流派［221］位于通化、白山、延边等地，山区众多，有着丰饶的山货和野味。其中延边是朝鲜族聚集的地区，所以朝鲜族风格也成为了吉东流派的一大特色。

吉林东部分为长白山中低山区和低山丘陵区，有着众多的森林资源，物产丰富。特色食产有珲春大米、安图大米、敦化小粒黄豆、安图黑木耳、野生斑褐孔菌、长白山淫羊藿、长白山蓝莓、延边苹果梨、延边黄牛、延边辣白菜等。

吉东流派的代表菜有辣白菜、狗肉、紫菜包饭、拌饭、酱汤、炖鸭绿江活鱼、杀猪菜、拆骨肉等。

吉西流派［222］位于松原和白城，与内蒙古相邻，蒙古族风味对当地饮食产生了较大的影响。

吉林西部湖沼遍地，草原面积广大，为当地提供了充足的畜牧资源和淡水鱼资源。吉西特色食产有乾安黄小米、炭泉小米、科尔沁小米、前郭尔罗斯大米、镇赉大米、白城燕麦、乾安糯玉米、洮南绿豆、乾安红辣椒、黑水西瓜、南果梨、江边鸭蛋、通榆草原红牛、查干湖胖头鱼、长岭粉条、洮南香酒。

吉西流派的代表菜有烤全羊、手把肉、松原狗肉、剖生鱼、酸菜锅、炒渍菜粉丝等。

吉中流派［223］位于长春、吉林、四平、辽源等地区，受满族餐饮影响较大，彼此不断融合，农家特色也是吉中流派的一大特点。

吉林中部以平原为主，有大黑山脉和松花湖为其提供森林和淡水资源。吉中地区的特色物产有红石砬小米、公主岭大米、玉米碴、范家窑豆角、伊通蕨菜、伊通景台大葱、辽源蘑菇、卧龙白蘑、德惠肉鸡、东辽黑猪、榆树大曲、龙泉春酒等。

吉中流派的代表菜有翡翠人参茅台鸡、烧鹿尾、长白山珍宴、满族八大碗、汆白肉、雪衣豆沙、牛肉炖萝卜、酸菜炖排骨、酸菜白肉炖血肠、熏肉大饼、玻璃叶饼等。

（二）龙菜菜系及流派

龙菜［23］又称龙江菜、黑菜，是黑龙江省的地方菜系。黑龙江省物产丰富，烹调原料门类齐全。人们称它"北有粮仓，南有渔场，西有畜群，东有果园，一年四季食不愁"。当地人多食杂粮，副食品种类较多，喜食鱼虾和野味，口味以咸、鲜为主。食法多蘸、拌，喜食渍酸菜和火锅，菜码大，分量足。龙菜以满族饮食文化为主线，以世代居住在黑龙江的各民族饮食文化为分支，博采和吸收鲁、川、粤等菜系及俄罗斯等外来饮食文化的风格，具有广泛的兼容性。

龙菜历史悠久，源远流长。据出土文物考证，3 000 年前，肇源县白金堡的先民们就学会了储存食物，以调剂一年四季的余缺。清朝以前，龙菜在向外输出的同时，也吸收了中原先进的饮食文化。1127 年，金灭北宋后，将中原的饮食文化带回，如宫廷传统菜肴、风味小吃、三饼（丝饼、馅饼、筋饼）等。清朝后期，来自全国各地的朝廷官员和文人，因"犯上"被贬到黑龙江的不断增多，这些人在不自觉中也都为丰富黑龙江饮食文化作出了积极的贡献。19 世纪末，沙俄入侵中国，修建中东铁路，日本帝国主义入侵中国东北，使俄罗斯、犹太、大和等族民众大量进入了黑龙江，带来了东西方的饮食文化。20 世纪上半叶，山东、河北的大量移民进入了黑龙江地区，带来了以鲁菜为代表的饮食。中华人民共和国成立后，人民解放军复转官兵和全国各地的城乡青年，来到黑龙江"屯垦戍边"，带来了全国各地的饮食文化。

　　龙菜菜系的菜肴颇具地域特色，杀猪菜、得莫利炖鱼、酱焖鲫鱼、齐齐哈尔烤肉、松仁小肚、飞龙汤、鲶鱼炖茄子、扒猪脸、酒醉彩云猴头黄瓜香、排骨炖油豆角等是其中的佼佼者。名酒有老村长、北大荒、东北王、北方佳宾、牡丹江、黑土地、北大仓、龙江春、富裕老窖、玉泉酒等。黑龙江是中国首个引进啤酒生产厂家的地区，知名的啤酒品牌有哈尔滨啤酒、晓雪啤酒、北国啤酒等。

　　龙菜菜系有哈埠、嫩江和兴安岭 3 个流派。

　　哈埠流派［231］以哈尔滨为中心。受气候、特殊的城市文化氛围影响（主要是俄罗斯文化影响），其口味以咸鲜为主，略带辣，是中西文化交融、多种菜系交融、南北文化交融的产物。

　　哈埠地区以平原为主，其特色食产有五常大米、古龙小米、阿城黏玉米、巴彦大豆、明水黑豆、萝北红小豆、望奎马铃薯、阿城大白菜、呼兰韭菜、太保胡萝卜、兰西香瓜、林甸鸡、兰西民猪、抚远鳇鱼、石人沟鲤鱼、抚远鲤鱼、抚远鳌花鱼、哈尔滨红肠、阿城玉泉酒、庆安大米酒等。

　　哈埠流派的代表菜有熘肉段、烤奶汁鳜鱼、瓦罐羊肉、熏大马哈鱼、得莫利炖鱼、酸菜猪肉炖粉条等。

　　嫩江流派［232］。嫩江流派以齐齐哈尔、大庆、伊春等地区为中心，有烤肉、烤串、扒猪脸等特色菜。齐齐哈尔是个历史悠久的文化古城，具有浓厚的饮食文化传统，一些古代的著名小吃至今得以留存。

　　嫩江地区北高南低，北部和东部与小兴安岭交接，中部和南部为嫩江冲积平原。特色食产众多，有富拉尔基温水大米、克山大豆、梅里斯油豆角、梅里斯圆葱、讷河甜菜、镜泊黑木耳、黑龙江黄鸡、依安大鹅、讷河小公牛肉、拜泉县黄肉牛、扎龙鲫鱼、富裕老窖、黑土地白酒、太东乡干豆腐等。

　　嫩江流派的代表菜品有烤肉、烤串、馇馇、荞麦面条、荞麦饺子、白肉血肠、烤乳猪、烤全羊、火锅、猪肉炖粉条、炖猪头、手扒肉等。

　　兴安岭流派［233］位于黑龙江省东北部地区，大兴安岭穿过境内，盛产多种山野菜、菌类和其他农副产品。此地多河流，淡水食材也比较丰富。

　　大兴安岭地区东依连绵千里的小兴安岭，西临一望无际的呼伦贝尔大草原，南濒辽阔肥沃的松嫩平原，北靠中俄界江黑龙江，特色食材有木耳、蘑菇、猴头菇、蕨菜、百合、哲罗鱼、细鳞鱼等。

兴安岭流派代表菜有山珍宴、脊丝蕨菜、彩云醉猴头菇、笨鸡炖尖蘑、鳕鱼炖豆腐、炖漠河大马哈鱼等。

（三）蒙菜菜系及流派

蒙菜［15］是内蒙古自治区的地方菜系。内蒙古自治区横跨中国东北、华北、西北三大地区，草原、森林和人均耕地面积居全国第一，同时也拥有中国最大的草原牧区。蒙菜的特色主要体现在蒙古族的菜品风味上。蒙古族的饮食习惯以牛羊肉、牛羊奶、野菜及面食为主要菜品原料。烹调方法相对比较简单，以烧烤最为著名，除此以外，常见的烹调方法还有炖、蒸、涮等。菜品崇尚丰满实在，注重原料的本味。

蒙菜的交流历史可追溯到汉朝时期，昭君出塞给草原王公贵族们带来众多汉朝美食，极大地丰富了匈奴上层人物的餐桌，也给草原人的饮食带来了冲击与革新。成吉思汗跨洲征战的同时，也吸纳了各地的烹饪精华，极大地丰富了蒙菜的内涵。几百年前的欧洲蒙古后人的回迁，带来了蒙餐的欧式饮食习俗及欧式蒙菜的经典美食，形成了一种另类的蒙餐文化流派。

蒙菜菜系著名的菜品有烤羊腿、全羊席、手扒羊肉、莜面、卓资山熏鸡、风干牛羊肉、蒙古馅饼、烧卖等。名酒有河套王、河套老窖、蒙古王、草原白酒、金骆驼酒、宁城老窖、马奶酒等。内蒙古虽然不产茶，但茶制品却是当地餐桌上不可或缺的饮料，其中知名的有奶茶等。

蒙菜菜系分为蒙东、蒙西两个流派。

蒙东流派［151］所在的地区包括内蒙古自治区东部的呼伦贝尔、兴安盟、通辽、赤峰、锡林郭勒盟。此地盛产牛、羊、马肉，最出名的莫过于手抓羊肉，其独特的手抓肉烹调技法，结合各大菜系烹饪技法，自成一派，特色鲜明。

蒙东地区地处东北地区的西部，北部平原、山地相间分布，南部、东部多以山地为主。蒙东的特色食产有扎兰屯大米、呼伦贝尔小麦、通辽黄玉米、敖汉荞面、通辽扎鲁特绿豆、莫力达瓦大豆、宁城蕨菜、赤峰金针、草原白蘑、宁城山杏、阿荣旗白鹅、三河牛、三河马、呼伦贝尔羊肉、达里湖鲫鱼、通辽牛肉干、奶豆腐、开鲁老白干、马奶酒、迎宾酒等。

蒙东流派的代表菜品有馅饹炒蒜苗、手抓肉、手抓饭、涮狗肉、涮羊肉、全羊宴、呼伦贝尔烤全羊、莜面、美味香橙羊肉、鄂温克族手抓肉、满洲里全鱼宴、哈达火烧、敖汉拨面、扒鸡蓉等。

蒙西流派［152］所在的地区包括呼和浩特、包头、鄂尔多斯。蒙西地区盛产牛、羊肉，烹调手法以炖、煮、烤为主，呼和浩特有粤菜、鲁菜、苏菜、吉菜、川菜、湘菜等多种风味，形成了南北融合的饮食风格。

蒙西地区地貌多样，造就了蒙西流派特色食产众多，有包头阴山莜麦、固阳荞麦、达茂马铃薯、鄂尔多斯红葱、红腌菜、鄂尔多斯海红子、居延蜜瓜、鄂尔多斯奶酒、甘草王酒、包头固阳胡麻油等。

蒙西流派的代表菜品有鄂尔多斯米凉粉、烤猪方、包头王桂圆熏鸡、固阳莜面、纸包羊肉、金刀烤羊背、阿拉善酿皮子、凉拌蹄黄、阿左旗奶豆腐、手扒肉等。

（四）晋菜菜系及流派

晋菜 [14] 是山西省的地方菜系。山西省东依太行山，西、南依吕梁山、黄河，地表多覆盖深厚黄土，是中华民族的发祥地之一。在悠久的历史中，山西逐步形成了自己的菜系风格：基本风味以咸、香为主，甜、酸为辅，选料朴实，烹饪注重火工，成菜讲究原汁原味，擅长爆、炒、熘、煨、烧、烩、扒、蒸等多种烹饪技法，地域特点明显。

山西地处黄河中游，是世界上最早、最大的农业起源中心之一，也是中国面食文化的发祥地。大自然情有独钟的造化，使三晋大地成为世界上生长杂粮品种最全的地域，有着诸多与吃有关的物产和特产，为山西成为"面食之乡"奠定了坚实的基础。特殊的经济、地理、人文环境等因素造就了晋菜独特的面食文化，而面食文化又孕育了山西人嗜好面食、兼喜汤食的饮食习俗。

除了过油肉、黄芪煨羊肉等大菜之外，晋菜菜系更知名的是面点。刀削面、臊子面、猫耳朵、山西焖面、剔尖、莜面栲栳栳等，让人叹为观止。汾酒、竹叶青酒、梨花春酒、汾阳王酒是晋酒中的知名品牌；山西生产的北方黄酒也独树一帜，知名的有代县黄酒等。山西的茶饮料剑走偏锋，善将非茶属的叶片入茶，如柿叶茶、毛尖茶、菊花茶、苦荞茶等。

晋菜菜系分为晋北、晋东南、晋西南、晋中 4 个流派。

晋北流派 [141] 位于大同、朔州、忻州等地，烹饪方法以烧、烤、炖、焖、涮为主，特点是油厚咸香、口味偏重。

大同、朔州、忻州地区地形复杂，山、河、盆地、平川皆备。特色食产有小米、莜面、大同黄花、台蘑、原平中阳木瓜杏、保德油枣、海红果、沙棘、广灵豆腐干、阳高杏脯、崞阳麻叶、恒山黄芪等。

晋北流派的代表菜品有大同烧卖、大同羊杂、大同刀削面、原平锅魁、定襄蒸肉、画眉驴肉、保德荞面碗托、繁峙疤饼、忻州瓦酥、定襄黄烧饼、凤临阁烧麦、油炸糕、浑源凉粉等。

晋东南流派 [142] 位于长治、晋城等地，擅长熏、煮、卤、烧、焖、蒸等技法。

晋东南地貌复杂，平原、丘陵、山地等各种地形交错。特色食产有七须黄花菜、沁水紫皮蒜、沁水花菇、沁水黑木耳、山西香果、晋城红果、泽州红山楂、晋城小红柿、泽州甜柿、高平黄梨、陵川核桃、沁水蜂蜜等。

晋东南流派的代表菜品有高平十大碗、清蒸肉丝、上党六大件、传统木须肉、焦皮肘子等。

晋西南流派 [143] 位于临汾、运城等地。菜的口味偏重于辣、甜，微酸，擅长的烹饪方法有熘、炒、氽、烩等，同时也擅长汤汁菜肴的制作。

晋西南地形复杂，山脉、河流、平原、山地、丘陵、盆地等多种地貌齐备。特色食产有垣曲猴头、绛县山楂、临猗苹果、万荣苹果、稷山板枣、运城相枣、蒲州青柿、平陆百合、临汾牛肉、芮城麻片、万荣凉粉、河津芝麻酥糖等。

晋西南流派的代表菜品有翼城十大碗、推窝窝、羊汤面、炒揪片、河西蒸饭、羊杂烩、解州羊肉泡、闻喜煮饼等。

晋中流派 [144] 以省会太原为中心，兼蓄太谷、平遥、祁县等地，并吸纳了其他菜系（主要是鲁菜）的烹饪方法，逐步形成了一套独特的地方特色菜肴。面食制法有擀、拉、拨、削、压、擦、揪、抿等几十种。在制作工艺上，又可分为蒸制、煮制、烹制。浇头卤料精细考究，"醋调和"与"浇两样"最具特色。

太原西、北、东三面环山，中、南部为河谷平原，汾水自北向南纵贯全境。特色食产有晋祠大米、阳曲小米、集义蔬菜、清徐葡萄、清徐沙金红杏、山西老陈醋、清徐老陈醋等。

晋中流派的代表菜有清和元头脑、羊杂割、过油肉、五寨烩菜、杨记灌肠、六味斋酱肉、老豆腐、老鼠窟元宵、鱼羊包、徐沟灌肠等。面食有拉面、削面、拨面、擀面、揪片、剔尖、焖面、栲栳栳、拨鱼、猫耳朵、擦搁斗、蘸片子、饸饹、醪糟、小米粥、孟封饼、太谷饼、双合成糕点等。

（五）豫菜菜系及流派

豫菜 [41] 是河南省的地方菜系。河南省古称"中原""中州""豫州"，简称"豫"，因历史上大部分位于黄河以南，故名河南。豫菜历史悠久，源远流长，"中华厨祖"伊尹便出生于河南。豫菜以平和、适中、适口、不刺激、不偏颇为显著特点，各种口味的相融、相和是其制作的基本原则。

河南具有悠久的文化历史，远古时期，中华民族的祖先就繁衍生息在这块土地上，并创造了灿烂的古文化。周朝建都洛阳之后，此地的饮食制度已初步形成。到了北宋时期，已发展成为色、香、味、形、皿五性俱全，具有宫廷风味的豫菜体系。元明以来，北方民族不断迁居中原，促进了民族文化的相互融合。但在饮食习俗方面，豫菜仍保留着因农耕经济而形成的特征。在近代烹饪艺术流派中，豫菜以自己的色、香、味、形，影响遍及华北、西北和江南地区。

豫菜菜系知名菜品有红焖羊肉、胡辣汤、羊汤烩面、洛阳水席、开封灌汤包等。名酒有杜康、宋河、宝丰酒、仰韶等。知名茶品有信阳毛尖、太白银毫、白云毛峰、雷沼喷云、杏山竹叶青、震雷剑毫、赛山玉莲、灵山剑峰、清淮绿梭、龙眼玉叶、十八盘黄牙等。

豫菜菜系分为豫北、豫东、豫南、豫西、郑州5个流派。

豫北流派 [411] 位于安阳、新乡、焦作、濮阳、鹤壁、济源等地，以新乡、安阳为代表，善用土特产，口味偏重。

豫北地处南太行山前平原，地跨黄河、海河两大水系，和冀中南地区、鲁西北地区共同构成了华北平原，特色食产众多。有新乡小麦、马投涧小米、马宣寨大米、获嘉大白菜、新乡封丘芹菜、延津菠菜、汤阴樱桃西红柿、内黄尖椒、延陵大葱、延津黑豆、怀山药、辉县山楂、马村酥梨、清化柿子、大岷贡杏、八里营甜瓜、武陟油茶、双头黄酒、彰德陈醋、辉县柿子醋等。

豫北流派的代表菜品有扁粉菜、道口烧鸡、粉浆饭、皮渣、血糕、烧煎灌肠、气布袋、安阳烩菜、三不沾等。

豫东流派 [412] 位于开封、商丘、周口三市。豫东历史文化深厚，开封、商丘均为国家历史文化名城，开封是中国八大古都之一。豫东是河南全省乃至全国的粮食主产区，民间饮食注重食物的原汁原味，面糊糊和清汤面条是其代表。

豫东地处华北平原南部，平原面积占全区总面积的99%以上，特色食产有开封稻米、永城面粉、淮阳黄花菜、柘城千头椿、柘城三樱椒、尉氏青豆、虞城酥梨、代庄草莓、开封西瓜、兰考沙里红、永城长红枣、贾鲁河滩蛋鸭、秋水湖河蟹、汴京腊肉、母子酱油、汴梁香醋、皇沟御酒等。

豫东流派的代表菜品有鲤鱼焙面、套四宝、煎扒鲭头尾、清炖狮子头、卤煮黄管香、清汤东坡肉、金牌鳜鱼、苏肉焖鱼唇、煎松子玉米、将军豆腐盅等。特色小吃有灌汤包子、筒子鸡、炒凉粉、杏仁茶等。

豫南流派［413］位于南阳、驻马店、信阳三市。豫南流派以炖菜为主，以咸、香、微辣、醇厚为主味，菜色微重、口感滑爽。豫南流派菜品来源于宫廷菜、官府菜、餐馆菜、宾馆饭店菜、民间菜、街边菜、小吃及少数民族菜、外来菜等，菜品风格既有乡土气息，又有高贵气派。

豫南地区整体坐落于大别山和桐柏山的北麓，地貌以山为主体形态。特色食产有潢川大米、正阳水稻、固始香米、淮滨弱筋小麦、平舆白芝麻、商城天香菜、固始萝卜、大别山香菇、泌阳香菇、狼牙土豆、关店葡萄、蔡酥梨、息县小香瓜、淮南麻鸭、固始鸭、固始白鹅、息县生猪、商城黑猪、南湖湾鲢鱼、固始甲鱼、南湖湾虾、光山青虾、息县香米贡酒、商城茶油、信阳毛尖等。

豫南流派的代表菜品有清炖南湾鱼、罗山大肠汤、固始鹅块、板栗焖仔鸡、红焖甲鱼、侉炖鱼、炖酥肉、白芍炖乳鸽、奶油炖菜等。

豫西流派［414］位于洛阳、三门峡两地，以洛阳菜为代表，水席是其典型风味，口味微偏酸。

豫西处于中国地势第二级阶梯向第三级阶梯的过渡地带，食产极其丰富。有仰韶贡米、清泉沟小米、宜阳韭菜、灵宝香菇、二仙坡苹果、故县黄桃、四龙庙牛心柿、贵妃杏、嵩县银杏、孟津西瓜、雏鹰黑猪、孟津黄河鲤鱼、陕州糟蛋、仰韶酒、汝阳杜康等。

豫西流派的代表菜有牡丹燕菜、鲤鱼跃龙门、清蒸鲂鱼、长寿鱼、胡辣汤、不翻汤、虢国羊肉汤、舞钢热豆腐、郏县豆腐菜、鲁山揽锅菜、镇平烧鸡等。豫西的特色小吃众多，有大营麻花、水花佛手糖糕、脂油烧饼、大刀面、灵宝肉夹馍、咸豆腐脑、舞钢沫糊、鲁山羊杂汤、郏县饸饹面、唐河凉粉、卷煎、板面、方城烧卖等。

郑州流派［415］所在的郑州，是华夏文明发祥地之一，历史上曾五次为都、八代为州，是中国八大古都之一，其烹饪历史源远流长。

郑州位于秦岭东段余脉、中国地势第二级阶梯与第三级阶梯的交界过渡地带，物产众多，有凤凰台釉米、花园口红薯、嵩山红香椿、登封芥菜、新郑莲藕、广武大葱、中牟大白蒜、春峰草莓、龙湖镇大樱桃、中牟西瓜、河阴石榴、绵枣、新郑灰枣、雁鸣湖大闸蟹、新郑枣花蜜、双桥酒等。

郑州流派的代表菜品有郑州烩面、葛记焖饼、粉蒸肉、郑州烤鸭、鲤鱼三吃、清汤鲍鱼、葱扒羊肉、炸八块、扒广肚、糊辣鱼、焖子等。

（六）徽菜菜系及流派

徽菜［34］是安徽省的地方菜系。安徽省土地肥沃，长江、淮河横贯境内，物产丰富。其菜肴选料广泛，以本地特产为主，善烹河鲜、家禽，突出原汁原味，汁稠质糯，汤汁醇厚，味鲜浓郁，咸中带辣，擅长烧、炖、煮、熏、蒸等烹调方法，讲究刀工，注重形色，重视用油、色泽、火工。

徽菜起源于古徽州，其名称贯穿并伴随了800多年的徽州建制史。徽州商帮的发迹及对饮食的讲究，刺激了家乡饮食业的发展，不仅使得徽菜的层次提高，成为宴请应酬的必备，也促使徽菜馆遍布全国各地。徽商走到哪里，哪里就有徽菜的影子。在徽厨遍天下的时代，徽菜达到鼎盛，经营者不仅继承徽菜的烹饪传统，把徽州人的食俗传到异乡他帮，还吸取各帮烹饪技术之所长为己所用，创制、发展了一大批知名菜品。

徽菜中的传统菜品数不胜数，如全家福、凤还巢、炒鳝糊、沙地鲫鱼、银芽山鸡、红烧划水、五色绣球、三虾豆腐、翡翠虾仁、腐乳炸肉、火腿烧边笋、松鼠熘黄鱼、砂锅鸭馄饨、一品锅、刀板香、腌鲜臭鳜鱼、虎皮毛豆腐、问政山笋、火腿炖甲鱼、腌笃鲜、黄山双石、李鸿章大杂烩、符离集烧鸡、庐州烤鸭、茂林糊、葡萄鱼、霍山风干羊肉、皖西大白鹅、御笔鳝丝、猴魁鲥鱼、奶汤淮王鱼、石耳豆腐圆、三河虾糊、巢湖三白、桂花葛粉糕、三河米饺、腊味合蒸、蒿子粑粑、鸭油烧饼、肥东白龙黄鳝、下塘集烧饼、荷叶粉蒸肉等。安徽名酒有古井贡酒、口子窖、金种子酒、宣九、皖酒等。安徽是产茶大省，出产的名茶有黄山毛峰、六安瓜片、太平猴魁、祁门红茶、屯溪绿茶、霍山黄芽、岳西翠兰、泾县特尖、涌溪火青、桐城小花等。

徽菜菜分为合肥、淮南、皖南、沿淮、沿江5个流派。

合肥流派［341］位于合肥、六安、滁州等地，以合肥菜品为代表。合肥流派不仅有自己的风味特色，而且汇集和融合全省各地菜品的精华，擅长用咸货出鲜、酱料附味。

合肥境内有丘陵岗地、低山残丘、低洼平原3种地貌，江淮分水岭自西向东横贯全境。特色食产有巢湖银鱼、三河米酒、巢湖麻鸭、巢湖螃蟹、巢湖白虾、黄陂湖大闸蟹、中埠番茄、庐江花香藕、丰乐酱干、肥西老母鸡、金坝芹芽、金寨猕猴桃、皖西白鹅、长丰草莓、石塘驴巴、大圩葡萄、合肥小龙虾、池河梅鱼、大别山葛粉、漫水河百合、琅琊酥糖、天堂寨小吊酒、六安瓜片茶、白云春毫、霍山黄芽、金寨眉等。

合肥流派的代表菜品有李鸿章大杂烩、三河酥鸭、曹操鸡、包公酥鱼、吴山贡鹅、糯米圆子、霍山风干羊、庄墓圆子、蒿子粑粑、包公问廉汤、下塘集烧饼、肥东挂面圆子、白龙黄鳝煲、三河虾糊、巢湖三白、刘铭传卤鲍、合肥大渣肉、庐州烤鸭、冰炖桥尾等。

淮南流派［342］位于淮河沿岸。淮南是豆腐的发源地，豆腐菜品历史悠久，品种繁多，有"白如玉、细如脂、嫩如肤、浓如酪"的美誉，是徽菜中的一块金字招牌。

淮南地貌为由东至西隆起的不连续的低山丘陵，以及阶地、漫滩，特色食产有马店糯米、凤台大米、潘集酥瓜、淮南草莓、安农水蜜桃、淮南黄晶梨、寿县草莓、肥王鱼、瓦埠湖银鱼、焦岗湖大闸蟹、芦集绿豆圆、平牧豆麸饼干、淮南豆腐、寿州粉皮等。

淮南流派的代表菜品有八公山豆腐、奶汁肥王鱼、清汤白玉饺、淮王鱼炖豆腐、寿桃豆腐、椒盐豆腐排、曹庵土公鸡等。

皖南流派 ［343］ 位于黄山、宣城，以黄山（屯溪）、绩溪、歙县等地方菜品为代表，是徽菜的主流和渊源。其主要特点是咸鲜味醇、原汁原味，擅长烧、炖、焖、蒸，讲究火功，擅长以火腿佐味、冰糖提鲜。

皖南山区位于安徽省长江以南，东、南、西三面分别为低山、丘陵，中间有明显的三条西南至东北走向的山系。特色食产有黄山竹笋、黄山蕨菜、山蕨、祁门黑木耳、徽菇、祁门猕猴桃、歙县金桔、三潭枇杷、祁门石耳、龙山湖土鸡、蓝田花猪、皖南黄牛、璜尖香笋干、祁门苦槠豆腐、潭豆腐乳、祁门葛粉圆子、富溪葛根粉、宏泗溪葛粉、五城米酒等。

皖南流派的代表菜品有问政山笋、铁板毛豆腐、徽州烧饼、祁门臭鳜鱼、干腌齑烧肉、朱花蒸腊肉、山野豆腐、徽州桃脂烧肉、火炉饼、花菇石鸡、乾隆盖印馃、绿豆兜、枕头粽、徽州状元饭、屯溪醉蟹、一品锅、方腊鱼、黄山炖鸽、火焙豆腐、黄山河螺丝、茶干、徽州毛豆腐等。

沿淮流派 ［344］ 位于蚌埠、阜阳、淮北、宿州、亳州等地，以蚌埠、阜阳地方菜品为代表。其主要特点是咸鲜微辣、酥脆醇厚。这一地区的饮食习俗与皖中、皖南迥然不同，饮食中常见牛羊肉、面食、辣椒，口感主打咸鲜微辣、酥脆醇厚，菜品喜欢搭配馓子、烙馍。皖北流派擅长烧、炸、熘等技法，爱以香菜、辣椒调味配色，其风味特点是咸、鲜、酥脆、微辣、爽口，极少以糖调味。

沿淮流派地处淮北平原，地势平坦，河流密布，特色食产有香稻米、高滩萝卜、太和贡椿、太和樱桃、半截楼西瓜、砀山酥梨、萧县葡萄、萧县白山羊、栏杆牛肉、阜阳咸鸭蛋、红薯粉丝等。

沿淮流派的特色菜品有地锅鸡、格拉条、太和板面、撒汤、水煎包、炸麻叶、炸油糕、炸丸子、夹菜盒子、炸油角子、煎凉粉、炒螺丝、盐酥烧饼、水烙馍、八大块、焦米棍儿、糖葫芦、枕头馍、拌荠菜、临涣烧饼、濉溪酱包瓜、王憨子油茶、糖人、丁家壮馍、搅粥、鱼腹藏羊肉、红扒羊蹄、绣球羊肉、香炸琵琶虾、熬三鲜、桂花肚、小酥肉、瓦店烤全羊等。

沿江流派 ［345］ 位于芜湖、安庆、马鞍山、池州、铜陵等地，以芜湖、安庆等地方菜品为代表。其主要特点是咸鲜微甜，酥嫩清爽，讲究刀工，注重形色，善于用糖调味。沿江流派以烹饪江鲜、湖鲜和家禽见长，擅长红烧、清蒸和烟熏等技法，菜肴具有清爽、酥嫩、鲜醇的特色。寺院素菜是皖江风味的重要组成部分之一，也是徽菜体系里面的重要特色分支。

沿江流派地处长江下游平原区及江淮丘陵地区，河湖水网密布，地貌类型多样。特色食产有万乐大米、望江大米、明光绿豆、桐城水芹菜、河口韭菜、望江蕨菜、河口丝瓜、中埠番茄、官渡村藕、庐江花香藕、山口红心山芋、官渡村菱、天长三黄鸡、巢湖麻鸭、巢湖白鹅、岳西黑猪、定远山羊肉、池河梅白鱼、巢湖银鱼、巢湖白虾、赤镇龙虾、女山湖大闸蟹、石臼湖螃蟹、三和千张、松兹板鸭、三河米酒、海神黄酒等。

沿江流派的代表菜品有包公鱼、吴山贡鸭、庐州烤鸭、逍遥鸡、肥西老母鸡汤、吴山贡鹅、安庆糖醉鱼、定远狮子头、臭干炒千张、虾子面、酥烧饼、鱼丝饼、庐江小红头、合肥大麻饼、巢湖欢团、滨炯一品玉带糕、熏素鸭、三河米饺、合肥烘糕、石塘驴巴、三河米饺、小刀面、墨子酥、来安春卷、一品玉带糕等。

（七）赣菜菜系及流派

赣菜 [36] 是江西省的地方菜系。江西省位居南北主要通道，交通运输业十分发达，南来北往者络绎不绝，这让赣菜带有集大成者的特色。赣菜的制作特点是选料严谨，以地方特产原料为主；制作精细，讲究火工，擅长烧、蒸、炒、炖、焖等烹调方法，其中尤以粉蒸见长；菜品讲究原汁原味，油厚不腻；口味咸辣平和，适应面广。

赣菜历史悠久，是在继承历代文人菜基础上发展而成的乡土味极浓的家乡菜。在秦汉时期，赣菜鱼米之乡的特色已趋明显。东晋人雷次宗曾评价说，江西"地方千里，水路四通……嘉蔬精稻，擅味于八方"。江西传统饮食具有"两概括，一综合"的特点。"两概括"即吴楚饮食文化的概括，南北饮食文化的概括；"一综合"即俗家饮食与佛道宗教文化的综合。江西地处吴头楚尾，部分地区又属越，所以江西人的饮食习惯具有吴、楚、越的特点，嗜辣成性，不亚于湖南、四川。赣西地域，连炒盘小白菜都要下大量辣椒粉，故此人们常以"不怕辣、辣不怕、怕不辣"来概括江西人的嗜辣习惯。菜肴佐以甜味，这原为吴菜风味，但赣抚平原也喜在菜肴中放糖，如红烧肉、糖醋鱼之类，这都属吴菜风味。而吃生吃鲜，这又为越菜风味，如赣南、赣东的鱼生、鱼丸、鱼泡、烫鲜虾、活鲤鱼等。赣东属吴越之"越"，赣南属百越之"越"，所以江西的越菜风味既含浙江风味，又含广东风味。江西饮食很注意养生之道，药膳是其一大特色。

赣菜名菜有藜蒿炒腊肉、余干辣椒炒肉、景德镇泥煨鸡、莲花血鸭、井冈烟笋炒肉、鄱阳湖鳙鱼头、米粉蒸肉、啤酒烧麻鸭、永和豆腐、三杯鸡等。名酒有清华婺酒、四特、章贡、堆花、临川贡、李渡、七宝山和全良液等。江西名茶荟萃，有婺源的婺源茗眉，井冈山的井冈翠绿，抚州的云林茶、通天岩茶，上饶的上饶白眉，庐山的庐山云雾，修水的双井绿茶、宁红工夫茶等。

赣菜菜系分为赣东、赣西、赣州、九江、南昌5个流派。

赣东流派 [361] 主要分布于上饶、鹰潭和抚州及周边区域。赣东流派在烹饪技法上，注重火候，以烧、焖、炖、蒸、炒为主。在原料选取上，崇尚绿色、生态、健康理念。在味型上，以辣为主。

赣东流派环山临湖，多样的地貌孕育了丰富的特色食产。有万年贡米、余干辣椒、余江茄子干、贵溪捺菜、广丰白耳黄鸡、上饶蜂蜜、北山油茶等。

赣东流派的代表菜品有婺源荷包红鲤、铅山红芽芋、铅山烫粉、婺源汽糕、德兴米粉蒸肉、天师板栗烧土鸡、铁拐李灯芯糕、番茄青蚝汤、冬笋咸肉丝、宫中地鸡、腌菜浆蒸蛋等。

赣西流派［362］分布在新余、萍乡、吉安等地，擅长煎、炒、炖、焖。

赣西地貌有山地、丘陵、河谷、盆地等类型，特色食产有井冈山烟笋、登龙粉芋、泰和竹篙薯、万合竹篙薯、永丰红皮大蒜、遂川金桔、白水蜜柚、横江葡萄、泰和乌鸡、吉安红毛鸭、遂川麻鸭、藤田花猪、安福米猪、峡江鲖鱼、珠田八仔板鸭、安福火腿、万安小鱼干、窑头豆腐丝、吉安堆花特曲、三湾老酒等。

赣西流派的代表菜品有解缙豆花、安福烧鸡公、安福带皮牛肉、烟笋炒肉、井冈八珍等。

赣州流派［363］以赣州为中心，以粉蒸、小炒为代表，其中的全鱼宴颇具特色。

赣州群山环绕，特色食产有信丰萝卜、龙南江东莲荠、兴国九山生姜、宁都蛋菇、石城白莲、宁都黄鸡、兴国灰鹅、大余鸭、瑞金咸鸭蛋、南康腐竹、赣南茶油、赣南脐橙糕等。

赣州流派代表菜品有于都锅子卤鸡肉皮、小溪酒饼、南康雪片糕、南康汤皮、兴国蝴蝶鱼、宁都三杯鸡、双鱼过江、糯米鸡、生煎鸭、米粉鱼、鳝鱼徽子、陡水湖全鱼宴、赣南小炒鱼、客家酿豆腐、蝴蝶鱼、荷包胙、蛋菇汤、兴国鱼丝、竹筒粉蒸肠、民间瓦罐煨汤、豫章酥鸭等。

九江流派［364］以九江和鄱阳湖为中心。当地盛产河鲜，擅长炖、蒸、炒，鱼宴盛行。

九江地势东西高，中部低，鄱阳湖碧波千顷。特色食产有瑞昌山药、西港化红、修水杭猪、彭泽鲫、红眼银鱼、庐山云雾茶、九江陈年封缸酒等。

九江流派的代表菜品有湖口藜蒿、石钟鱼宴、香艾糯米果、三都米粉、十大碗等。

南昌流派［365］位于南昌及周边地区，口味以鲜辣为主。当地主食为米饭，肉食品有猪、牛、鱼、鸡、鸭、鹅等，蔬菜种类繁多，食油有菜籽油、茶油、猪板油。特色小吃久负盛名。

南昌全境山、丘、岗、平原相间，水网密布，湖泊众多。南昌的特色食产有三江口萝卜、南坊莲藕、生米藠头、安义瓦灰鸡、流浪鸡、鄱阳湖鳜鱼、军山湖清水大闸蟹、花汇宝蜂蜜、壬田豆腐、三妮豆腐乳等。

南昌流派的代表菜品有长山乌鱼三吃、三江牛汤锅、旱上江水鱼、罗汉狗肉、黄氏肚包鸡、大塘东坡肉、鄱阳湖凤尾鱼、匡庐石鸡腿、鄱阳湖藜蒿、潦河鲜、八卦豆腐、鄱湖胖鱼头、鄱阳湖狮子头、老妪酒糟鱼、酿冬瓜圈、竹筒粉蒸肠等。

（八）湘菜菜系及流派

湘菜［43］是湖南省的地方菜系。湖南省位于中国中南部，湘江流贯其南北。湖南是华夏文明的重要发祥地之一，相传炎帝、神农氏在此种植五谷、制作陶器。湘菜早在汉朝就已经形成菜系，具有五大鲜明的特色：其一，选料广泛，品味丰富；其二，刀工精妙，形味兼备；其三，擅长调味，酸辣著称；其四，技法多样，尤重煨煨；其五，广泛选用熏腊制品。

湘菜历史悠久。从湖南的新石器遗址中出土的大量精美的陶食器和酒器，以及伴随这些陶器一起出土的谷物和动物骨骸的残存来测算，潇湘先民早在八九千年前就脱离了茹毛饮血的原始状态，开始吃熟食了。春秋战国时期，湖南主要是楚人和越人生息的地方，多民族杂居，饮食风俗各异，祭祀之风盛行。对菜肴的品种有严格要求，在色、香、味、形上也很讲究。在当时湖南先民的饮食生活中，已有烧、烤、焖、煎、煮、蒸、炖、醋烹、卤、酱等十几种烹调方法。秦汉两代，湖南的饮食文化逐步形成了一个从用料、烹调方法到风味风格都比较完整的体系。从湖南长沙马王堆辛追墓出土的随葬遣策中可以看出，在 2 000 多年前的西汉，湖南的精肴美馔已近百种，其烹调方法比战国时期已有进一步的发展，发展到羹、炙、煎、熬、蒸、濯、脍、脯、腊、炮等多种。烹调用的调料就有盐、酱、豉、曲、糖、蜜、韭、梅、桂皮、花椒、茱萸等。自唐宋以来，尤其在明清之际，湖南饮食文化的发展更趋完善。

湘菜菜系的知名菜品有剁椒鱼头、东安子鸡、祖庵鱼翅、湘西酸肉、邵阳猪血丸子、永州血鸭、腊味合蒸等，火宫殿臭豆腐是闻名全国的小吃。湖南名酒有酒鬼酒、邵阳老酒、湘泉酒、武陵酒、白沙液、开口笑酒、邵阳大曲、浏阳河酒、浏阳小曲、德山大曲等。湖南是产茶大省，产茶量居全国第二位，名茶有古丈毛尖、湖南黑茶、白马毛尖、安化千两茶、茯砖茶、安化红茶、沅陵碣滩茶等几十种。

湘菜菜系分为洞庭、湘江和湘西南 3 个流派。

洞庭流派 [431] 位于湖南省北部，以常德、岳阳、益阳为中心的地区，以烹制河鲜、家禽和家畜见长，多用炖、烧、蒸、腊的制法。洞庭流派的烹饪特点是芡大油厚，咸辣香软。炖菜常用火锅上桌，民间则用蒸钵置泥炉上炖煮，俗称蒸钵炉子。

洞庭地区以山地、平原为主，特色食产有华容芥菜、广兴洲大白菜、安化山野菜、沅江芦笋、华容青豆角、樟树港辣椒、华容芦苇笋、岳阳湘莲、华容潘家大辣椒、瓦儿岗七星椒、安化柑橘、复兴苹果柚、桃源鸡、石门土鸡、桃源黄牛、桃源黑猪、马头山羊、洞庭银鱼、华容胖头鱼、珊珀湖花鲢、临澧黄花鱼、汉寿甲鱼、龙窖酱菜、沅江四季红镇腐乳、张谷英油豆腐、常德米粉等。

洞庭流派的代表菜品有洞庭金龟、网油叉烧洞庭鳜鱼、蝴蝶飘海、冰糖湘莲等。

湘江流派 [432] 位于长沙、湘潭、株洲、衡阳等地，其用料广泛，制作精细，口味多变，品种繁多。特点是油重色浓，注重酸辣、香鲜、软嫩。在制法上以煨、炖、腊、蒸、炒见长。其中煨、炖讲究微火烹调，煨则味透汁浓，炖则汤清如镜；腊味制法包括烟熏、卤制、叉烧，著名的湖南腊肉系烟熏制品，既可作冷盘，又可热炒，或用优质原汤蒸；炒则突出鲜、嫩、香、辣。

湘江流派所在地区大部分为断续红岩盆地、灰岩盆地及丘陵、阶地。特色食产有湘莲、紫油萝卜、槟榔芋、紫油姜、炎陵香菇、茶陵大蒜、无渣生姜、炎陵白鹅、攸县麻鸭、宁乡花猪、沙子岭猪、罗代黑猪、茶陵黄牛、浏阳黑山羊、龙牌酱油、湘潭酱油、永丰贡品辣酱、浏阳豆豉、双峰县永丰五香豆腐干、灯芯糕、火焙鱼、长沙烟熏腊肉等。

湘江流派的代表菜品有海参盆蒸、腊味合蒸、走油豆豉扣肉、麻辣仔鸡等。

湘西南流派 [433] 位于以张家界、湘西、怀化、邵阳为中心的湖南西部地区和以郴州和永州为中心的湖南南部地区。湘西南流派擅长制作山珍野味、烟熏腊肉和各种腌肉，口味侧重咸、香、酸、辣，常以柴炭作燃料，有浓厚的山乡风味。其中南部山区因与广东、广西相邻，菜品受粤菜影响略大。

湘西南地貌以山地、丘陵为主，其特色食产有雪峰乌骨鸡、溆浦鹅、武冈铜鹅、绥宁花猪、湘西黄牛、东安鸡、永兴四黄鸡、临武鸭、道州灰鹅、东江鱼、高山禾花鱼、桑植萝卜、邵东黄花菜、洞溪七姊妹辣椒、湘西菌、龙山百合、张家界岩耳、祁阳槟榔芋、桃川香芋、湘西猕猴桃、黔阳冰糖橙、靖州血橙、瑶山雪梨、猪血丸子、湘西腊肉、武冈卤菜、卤豆腐、蕨巴粉、张家界葛根粉等。

湘西南流派的代表菜品有红烧寒菌、板栗烧菜心、湘西酸肉、炒血鸭、酸汤面、糯米酸辣子、血粑鸭、稻草鱼、手撕鸡、麻辣肚片、糯米腌酸辣子丸、永州血鸭、宜章芋荷鸭、马田牛杂王、马田豆腐、莽山蕨根糍粑、嘉禾血灌肠、米粉鹅等。

（九）楚菜菜系及流派

楚菜 [42] 是湖北省的地方菜系。湖北省位于长江中游，为著名的鱼米之乡。楚菜又称"鄂菜""湖北菜"，其菜肴历史悠久，口味以清淡、鲜醇为主，汁浓芡稠。烹调方法擅长蒸、煨、炸、烧、炒。

湖北的粮食生产，特别是稻谷生产在全国居于重要地位，有"湖广熟，天下足"之誉。湖北淡水产品极为丰富，在2 000年前的汉代就有"饭稻羹鱼"之称。驰名全国的东坡肉，起源于湖北黄州，为此，苏东坡还作了一首诗《猪肉颂》，介绍它的烹制方法和发明契机。除了东坡肉，还有不少楚地菜品与历史名人有关。例如，粽子是战国时期楚人为纪念屈原所发明的；襄阳大头菜又称"孔明菜"，相传是诸葛亮隐居隆中时，家人采集野菜时偶然所得；李白曾寓居安陆十年，喜食鸡、鸭、鹅、鱼及蔬果等，当地人便以他的字号或官职给菜命名，由此出现了翰林鸡、太白鸭等名菜，并流传至今。

楚菜中的知名菜品很多，如清蒸武昌鱼、沔阳三蒸、红烧野鸭、排骨藕汤、红菜薹炒腊肉、黄陂三鲜、黄陂糖蒸肉、东坡饼等。楚菜菜系中的名小吃有武汉热干面、老通城三鲜豆皮、秭归清水粽子、黄州甜烧梅、豆丝、云梦鱼面、宜昌炕土豆、凉虾、巴东五香豆干、江陵散烩八宝饭、四季美汤包等。名酒有白云边、稻花香、枝江大曲、石花、关公坊、黄鹤楼酒、劲牌等。采花毛尖、龙峰茶、松针茶、松峰茶、峡州碧峰、恩施富硒茶、邓村绿茶、天堂云雾茶、水镜茗芽、归真茶被评为湖北十大名茶。

楚菜系分为鄂州（鄂东南）、汉沔（武汉）、荆南（荆宜）、襄郧4个流派。

鄂州流派 [421] 又称鄂东南流派，位居鄂东南地区，包括鄂州、黄石、咸宁和黄冈南部，历来是鱼米之乡。该区域历史悠久、文化多元，是湖北文化多样性最为丰富的地区之一。鄂东南菜品的特点是用油宽，火劲足，擅长大烧、油焖、干炙，口味偏重，富有浓厚的乡土气息。

鄂东南地处长江中游南岸，湖泊密集。特色食产有杜山甜玉米、坝角香稻、吴都莹籼、保安水芹菜、金柯辣椒、杨林湖白莲、鄂城长条茄、鄂城红胡萝卜、东沟青皮吊冬瓜、浠水九孔藕、梁心番茄、茅草红菜薹、涂镇荠头、策湖菱角、涂镇藠头、蕲山药、涂镇红薯、临江大蒜、杜山草莓、华容胡铺葡萄、阳新枇杷、沼山胡柚、罗田板栗、阳新番鸭、山牧黑土鸡、沙窝白猪、阳新猪、麻城黑山羊、马曹庙狗肉、鄂城鳊鱼、梁子湖银针鱼、梁子湖红尾鱼、鄂州武昌鱼、望天湖胖头鱼等。

鄂州流派的代表菜品有黄州东坡肉、瓦罐鸡汤、梅花牛掌、石锅巴泥鳅、阳新印子粑、王家酥麻花、荷包蛋米酒、牛肚热干面、罗田大别山吊锅、黄州鱼圆子、黄州炒汤圆、夫子河鱼面、东坡扣肉、黄梅野鸭炒酸菜、浠水蜜汁莲藕、蟹黄鲴鱼肚、浠水藕粉圆子、麻城肉糕等。

汉沔流派［422］又称武汉流派，以汉阳、仙桃、武昌、黄陂、孝感等地风味为基础，吸收了省内外各种风味流派之所长，逐渐形成了自己的独特风格。武汉菜是楚菜的典型代表，淡水鱼鲜烹制与煨汤技术独具特点。

汉沔流派以武汉为中心。武汉地形以平原为主，长江及其最长支流汉江横贯市境中央。特色食产有法泗大米、汉南甜玉米、蔡甸藜蒿、舒安藠头、黄陂马蹄、蔡甸莲藕、黄陂脉地湾萝卜、李集香葱、柏泉柑橘、东西湖葡萄、江夏子莲、黄陂黄牛、梁子湖大河蟹、青草湖甲鱼、喜鹊湖黄鳝、蔡甸索子长河草鱼、涨渡湖黄颡鱼、洪山紫菜薹、蔡甸豆丝、黄陂豆腐等。

汉沔流派的代表菜品有清蒸武昌鱼、沔阳三蒸、仙桃蒸三元、豆丝茄汁鳜鱼、毛嘴卤鸡、热干面、武汉鸭脖子、田启恒糊汤粉、黄陂手工糍粑、楚宝桂花赤豆汤、风味蟹黄灌汤包、老会宾五叶梅、武汉欢喜坨、复兴村油焖大虾、袁林封肉、张店鱼面、八卦汤、瓦罐鸡汤、五里界蒸肉等。

荆南流派［423］又称荆宜流派。荆南菜包括荆州、宜昌、荆门等地区的风味佳肴，它是楚菜的本源，以烹调淡水鱼鲜技艺见长。主食以苞谷（玉米）、薯类为主，辅以稻米、小麦等；腊肉是人们常吃的副食。此地喜酸爱辣，在口味嗜好上接近于四川。

荆南流派分布的宜昌、荆门、荆州等地，山区、丘陵、平原、河湖兼有。特色食产有监利大米、九龙仙米、白溢稻、昭君眉豆、家岗荸荠、斗湖堤冬瓜、麻砂滩萝卜、七星台蒜薹、街河市辣椒、沙市甜独蒜头、七星台大蒜、公安葡萄、三湖黄桃、江陵枇杷、百里洲砂梨、宜都蜜柑、秭归脐橙、雾渡河猕猴桃、兴山锦橙、桂花白瓜、洪湖莲子、当阳双莲鸡、荆江鸭、洪湖咸鸭蛋、清平猪、大堰水牛、宜昌白山羊、洪湖大闸蟹、闸口小龙虾、松滋洈水鱼、海子湖青鱼等。

荆南流派的代表菜品有松滋鸡、石首团子、南风佛鳝、网油八宝鸡腿、早堂面、沙市鱼糕丸子、沙道观杜婆鸡、子胥饼、屈原饼、冬瓜鳖裙羹、鱼汤糊粉、鸡泥桃花鱼、土家蒸肉、百花莼菜、薇菜烩肉丝、土家酱香饼、土家腊排火锅、干烧黄骨鱼、鲊广椒腊肉、土家粉粑、襄衣饭（包谷饭）、鄂西十大名吃（走马葛仙米、土家社饭、来凤凤头姜、榨广椒、福宝山莼菜、柏杨豆干、张关合渣、土家油茶汤、土家腊肉、葵花年肉）等。

襄郧流派［424］以襄阳和郧阳（今十堰）地区的风味为基础，吸收鄂、豫、陕、渝四省的风味。特点是以猪、牛、羊肉为主要原料，制作方法以红扒、热烧、生炸、回锅、凉拌居多。

襄郧地区位于湖北省西北部，西部为山地，东部为低山、丘陵。特色食产有平林镇大米、房县冷水红米、襄阳白菜、安沟嫩香芹、张集红薯、十堰竹笋、保康黑木耳、房县香菇、张湾汉江樱桃、郧阳木瓜、四井岗油桃、老河口汉水梨、枣阳金丰金香柚、郧阳白羽乌鸡、襄阳大耳黑猪、竹山郧巴黄牛、黄龙鳜鱼、老河口银鱼等。

襄郧流派的代表菜品有郧阳三合汤、神仙叶凉粉、金桩堰贡米、郧西马头羊汤、郧西花馍、皮蛋剁辣椒蒸土豆、面面饭、罗汉笋爆双脆、襄阳薄刀、襄阳包面、枣阳酸浆面、白蒿懒豆腐、蒜香钱鱼、襄樊叫花鸡等。

（十）陕菜菜系及流派

陕菜 [61] 是陕西省的地方菜系。陕西省餐饮的发展可以上溯至仰韶文化时期。随着其后周朝的强大，饮食逐渐丰富，陕菜因而成为中国最古老的菜系之一。陕菜用料广泛，选料严格，刀功细腻，瓢功精妙，讲究火功，精于用汤，长于用芡，注重原色、原形、原汁、原味，擅长炒、酿、蒸、炖、氽、炝、烩，风格华丽、典雅，以鲜香、嫩爽、酥烂而独树一帜。

据《周礼》等古籍记载，3 000 多年前在陕地出现的"西周八珍"已经形成用料广泛、选材严格、讲究刀功、注重火功，使用油、盐、酱、醋、梅、姜、桂、葱、芥、蓼、蜜、茱萸、饴糖等多种调味料，应用烤、煎、炸、炖、煮、酿、腌、渍、腊等多种烹调技法，形成鲜、香、酸、辣、咸、甜多种味型俱全的风味特色，这是陕菜发展的第一个高峰。

秦汉时期，陕菜发展到第二个高峰。《吕氏春秋·本味》全面总结了先秦时期的烹饪成就，对烹饪从选料、加工到调味、火候等都做了系统而科学的论述。据《盐铁论·散不足》等史料记载，到两汉时期，餐饮业已是"淆旅重叠，燔炙满案"，红、白案有了分工，引进的胡瓜、西瓜、胡萝卜、胡豆、胡葱、胡椒、菠菜、胡桃等，进一步丰富了餐饮原料。

隋唐时期，陕菜发展到第三个高峰。长安已发展成世界上最大的城市之一，不但茶楼、酒肆鳞次栉比，而且经营规模很大，以至"三五百人之馔"可以"立办"。烹饪原料已是"水陆罗八珍"，美馔佳肴不胜枚举，仅韦巨源一席"烧尾宴"就有名菜、美点58款。除大菜之外，此时的陕菜还首创了花色冷拼，能够用腌肉、炖肉、肉丝、肉脯、肉茸、酱瓜、蔬菜等原料拼出精美的"辋川小样"，有了"槐叶冷淘"等冷食。晚唐以后，由于北方战争频发，全国的政治、经济中心渐次南移，元、明、清三代均建都北京，陕西和西安的政治地位不如过去。但作为一方重镇，豪绅富贵仍聚集于此。在这漫长的岁月中，陕菜也随之缓慢地发展着。直到20世纪30年代，西安等地又变得重要起来，经济、文化得到了进一步发展，餐饮业也更加繁荣昌盛。

陕菜的知名菜品有温拌腰丝、水晶莲菜饼、煨鱿鱼丝、三皮丝、酿金钱发菜、奶汤锅子鱼、蘑桃仁氽双脆、枸杞炖银耳、鸡米海参、葫芦鸡等。此外，羊肉泡馍、葫芦头、肉夹馍、陕西凉皮等都是闻名华夏的小吃珍品。陕西名酒有西凤酒、城固特曲、太白酒、定军山、秦川大曲等。陕茶有紫阳毛尖、秦巴雾毫、午子仙毫等。

陕菜菜系分为关中、陕北、陕南 3 个流派。

关中流派 [611] 以西安为中心，涵盖三原、大荔、咸阳、铜川、宝鸡等地。关中菜品是陕菜的典型代表，在调味上朴实无华，重视内在的味和香，之后才是色和形。关中菜品主味突出，滋味纯正，一款菜品所用的调味料虽然很多，但主味却只有一个，或酸，或辣，或苦，或甜，或咸，只有一个味出头。关中小吃经历了千余年的发展，以品种繁多、风味各异而著称。

关中流派位居晋陕盆地带的南部，土壤肥沃，水源充足。特色食产有高桥蔬菜、耿镇黄花菜、临潼火晶柿子、灞桥葡萄、阎良甜瓜、阎良相枣、蓝田樱桃、华胥大银杏、集美野鸡、赤水大葱、同州西瓜、蒲城酥梨、金丝蜜枣、太白香菇、红富士苹果、凤县花椒、户县黄酒、白水杜康酒、岐山醋等。

关中流派的代表菜品有贾三灌汤包子、西安凉皮、石子饼、八宝山药泥、肉丸胡辣汤、西安油酥饼、八宝玫瑰镜糕、宫廷香酥牛肉饼、冻冻肉、冰糖雪梨羹、枣沫糊、蒲城椽头蒸馍、大荔带把肘子、渭南时辰包子、富平太后饼、潼关水盆羊肉、西府肘花、岐山臊子面、宝鸡擀面皮、豆花泡馍、烙面皮、麻酱凉皮、西府扯面、文王锅盔、金钱肉、腊驴肉、驴肉泡馍、腊汁肉夹馍、水煎包等。

陕北流派 [612] 地处榆林、延安等地，其特点是麻、辣、咸、嫩、鲜香味美。

陕北位于中国黄土高原的中心部分，基本地貌类型是黄土塬、梁、峁、沟、壕。特色食产有直罗贡米、靖边小米、吴起荞麦、甘泉红小豆、陕北洋芋、洛川苹果、佳县油枣、五堡红枣、延安酸枣、黄龙核桃、宜川花椒、志丹羊肉、甘泉豆腐、甘泉黄酒等。

陕北流派的代表菜品有手抓羊肉、羊肉冻豆腐、红焖狗肉、太极鱼线、塞上烩菜、钱钱饭、卤煮驴板肠、火烧、黑楞楞、洋芋擦擦、油馍馍、碗砣、抿节、陕北大烩菜等。

陕南流派 [613] 位于陕西南部，包括汉中、商洛、安康等地，其特色是取材新鲜，自成一脉。

陕南地处秦巴山地，特色食产丰富，有洋县黑米、汉中大米、阳县红米、岚皋魔芋、留坝香菇、丹凤葡萄、褒河蜜橘、山阳九眼莲、孝义湾柿饼、洛南核桃、镇安大板栗、洛阳乌鸡、汉中白猪、留坝蜂蜜、镇巴腊肉等。

陕南流派的代表菜品有白血海参、汉江八宝鳖、秦巴四珍鸡、烧鱼梅、商芝肉、苜蓿肉锅贴、薇菜里脊丝等。

（十一）陇菜菜系及流派

陇菜 [62] 是甘肃省的地方菜系，它以当地原料为主要食材，将清真菜、陇原各地家常饮食、小吃集为一处，结合各大菜系的优良技法，打造出适应当地饮食习惯的菜品体系，是中华菜系中颇具地方特色与民族风情的一朵奇葩。

甘肃餐饮文化历史悠久。西汉时期，张骞两次出使西域，开辟了丝绸之路，在甘肃形成较发达的天水、陇西、兰州、张掖、武威、酒泉等重镇，同时引进了胡瓜（黄瓜）、胡萝卜、胡荽等食材。在嘉峪关出土的汉墓画像砖上的有关图案证明，甘肃当时烹饪技术已有相当水平。魏晋南北朝时期，丝绸之路商业繁荣，加之佛教进一步传入，素菜在甘肃有所发展。莫高窟、炳灵寺、麦积山等石窟艺术中反映饮食文化的内容很多，也反映出东西方烹饪风格的融合。隋唐时期，甘肃农牧业生产发展快，陇菜的食材更加丰富，食器、炊具等都已相当齐全。陇菜的烹调方法有炙、蒸、炸、炒、烹等，重视刀工和造型，由西方传入的胡饼（烧饼）、麻圆、空心果等，让陇菜菜系的主食特色鲜明。明清时期，明藩王肃靖王朱真淤驻兰州，讲究筵席菜肴。1679 年，清康熙皇帝亲征到宁夏，陕甘总督府设在兰州，因而部分宫廷、官府菜传到兰州。

陇菜的名菜品有雪山驼掌、玛瑙海参、兰州烤乳猪、羊羔肉、兰州拉面、天水浆水面、灰豆等。甘肃名酒有皇台酒、古河州、凉都老窖、小陇山、丝路春、汉武御、九粮液、红川酒、陇南春、柳河春等。甘肃本地的茶叶有龙神茶、文县绿茶。

陇菜菜系分为陇西（敦煌）、陇东、陇中 3 个流派。

陇西流派［621］又称敦煌流派，地处甘肃西部，位于古丝绸之路上，饮食文化受外来文化影响很大，有着很浓的"胡风"，很多食材都是从外传入的，如葡萄、苜蓿、胡萝卜、胡蒜、胡椒等。

陇西流派地处河西走廊，位于祁连山以北，北山以南。特色食产有什社小米、民乐紫皮大蒜、黑番茄、酒泉洋葱、嘉峪关泥沟胡萝卜、东湾绿萝卜、永昌蘑菇、金川甜菜、民勤蜜瓜、张掖葡萄、凉州皇冠梨、瓜州西瓜、李广杏、临泽红枣、鸣山大枣、河西猪、八眉猪、张掖肉牛、凉州羊羔肉、山丹羊肉、永昌肉羊、古浪胡麻油、张掖黄酒等。

陇西流派的代表菜品有敦煌菜、沙漠土鸡、糯米卷糕、古浪麻腐包子、牛（羊）杂碎、古浪青稞面搓鱼子、古浪凉粉、甘州搓鱼子、锁阳炖排骨、敦煌手抓羊肉、阳关活鱼、粉蒸牛羊肉、丝路驼掌、炮仗面、则徐羊羔肉垫卷子、西域煎饼、麻食子等。

陇东流派［622］以天水为中心，东部位于陕、甘、宁三省（区）交汇处，菜品受陕菜影响较大；西南部临近四川，再加上气候较为湿润，使得当地的饮食兼有川味和本地特色；西北部为广阔的草甸草原，饮食有牧区风情。

陇东地区的特色食产有庆阳小米、定西马铃薯、平凉山药、庆阳黄花菜、正宁大葱、武山蒜苗、秦安花椒、康县黑木耳、迭部羊肚菌、徽县紫皮大蒜、陇南花椒芽、平凉金果、庄浪苹果、花牛苹果、静宁早酥梨、庆阳香瓜、岷县蕨麻猪、平凉红牛、庆阳驴、陇东黑山羊、舟曲从岭藏鸡、迭部蕨麻猪肉、玛曲牦牛、玛曲欧拉羊、甘加藏羊、陇西腊肉、武都橄榄油、文县绿茶、康县龙神茶等。

陇东流派的特色菜品有泾川罐罐蒸馍、静宁酿皮、环县羊羔肉、酿皮子、浆水面、粉汤、擦面疙瘩、血馍馍、熟面、臊子面、燕麦炒面、燕麦柔柔、藏包子、蕨麻哲则、烫面油香、临潭羊肉筏子、临潭杂碎汤、回族馓子、临潭凉粉、酸菜洋芋煮角、砂锅烧饼、陇南洋芋糍粑、武都凉粉、红军锅盔等。

陇中流派［623］以兰州、白银为中心，饮食融合了甘肃东部与西部的特色，以面食为主食，喜食咸味与辛辣，兰州牛肉拉面全国闻名。

陇中地区山地、高原、平川、河谷、沙漠、戈壁类型齐全。特色食产有会宁马铃薯、榆中菜花、兰州百合、高原夏菜、皋兰红砂洋芋、皋兰软儿梨、大庙香水梨、安宁白凤桃、兰州白兰瓜、麻皮醉瓜、兰州大尾羊、靖远羊羔肉、陇上羊羔肉、会宁亚麻油等。

陇中流派代表菜品有兰州牛肉拉面、烫面饼子、苦水拉条子、糜面疙瘩、烧锅子、酿皮子、浆水漏鱼、灰豆子、烤包子、长面、油酥馍、腊羊肉、清汤羊肉等。

（十二）宁菜菜系及流派

宁菜 [64] 是宁夏回族自治区的地方菜系。宁夏回族自治区得黄河水灌溉而形成了悠久的黄河文明，历史上是丝绸之路的要道，素有"塞上江南"的美誉。宁夏的饮食文化吸收借鉴了汉族及其他少数民族的烹饪特色，以及伊斯兰教的传统习俗，其特点是选料严格，烹调方法多用烤、烩、爆等，口味突出酸、辣。

宁夏是中国文化发祥地之一，历史上有很多民族在这里繁衍生息。历代统治者都曾从陕、甘、豫及江南等地迁来大批移民，移民不但将先进的农业、手工业技术带到宁夏，还带来了中原和江南的文化与风俗。1 000 年前的唐宋时期，这里的少数民族还很少吃五谷，而以肉、乳和野生植物为食，以后逐渐发展成为以牧为主的半农半牧经济。

银川平原北边以出产春小麦及玉米、大豆、糜子等秋杂粮为主；贺兰山东麓的冲积平原盛产瓜果和誉满西北的"五朵金花"——红花、黄花菜、葵花、玫瑰花和啤酒花，平原上的大片水田则稻麦轮作；宁夏南部黄土高原丘陵地区是油料作物的集中产区。宁夏美食以西北面食为主，清真特色居多。

宁菜菜系的代表菜品有红烧羊羔肉、丁香肘子、手抓羊肉、葱爆羊肉、烤羊腿等。白酒品牌有沙湖春、宁阳春、原州宴、金六盘、震湖春、西夏贡、凉都老窖、古河州等；葡萄酒有西夏王、贺兰山、银广夏等。宁夏的八宝茶别具特色，除了放茶叶之外，还放有冰糖及苹果干、葡萄干、红枣、山楂干、桂圆干、枸杞、芝麻等多种干果，能去腻生津，滋补强身。

宁菜菜系分为宁北（银川、吴忠）、宁南（固原）两个流派。

宁北流派 [641] 又称银川、吴忠流派，位于银川市、吴忠市和石嘴山市。银川是回族聚居区之一，餐饮以清真菜和清真食品为主，以及颇具特色的回族风味小吃。银川邻近的沙湖盛产鲤、鲢、鳙、鲩、鲫鱼，以及北方罕见的武昌鱼等，在沙湖的餐馆里，专门设有沙湖鱼宴。吴忠是回族聚居区之一，在饮食习惯上深受回族风俗习惯的影响，饮食特色以清真菜为主，多使用烧、烩、煮、炖等烹饪技法，口味多为酸辣，略咸。因为盐池县盛产中药材，所以在吴忠菜中，常能见到以中药为配料的菜品。

宁北地形山地、平原、丘陵、台地齐备，特色食产有青铜峡大米、宁夏黄花菜、丁北西芹、贺兰螺丝菜、灵武长枣、宁冠苹果、宁夏枸杞、盐池西瓜、同心圆枣、金银滩李子、大青葡萄、盐池滩鸡、涝河桥牛肉、盐池滩羊、鸽子鱼、吴忠黄酒、宁夏大米、灵武山草羊等。

宁北流派的代表菜品有羯羊脖炖黄芪、焜馍、炒揪面、炒焖饸、凉拌牛蹄筋、烩粉汤、甘草霜烧牛肉、羊肉枸杞芽、吴忠风味羊杂碎、羊肉泡馍、吴忠白水鸡、银川鲤鱼、宁夏石烤羊、银川烩羊杂碎、盆羊肉、手撕土鸡、祥蜜制肉、豆花鱼头、蒜仔烧黄河鲶鱼、沙湖酥香羊背、西麦黄米炸糕、莜面土豆鱼、莜面蒸饺、燕面揉揉、米黄子、硬面干烙子、酿皮子等。

宁南流派［642］又称固原流派，地处宁夏南部，固原市为其中心，以回族饮食习惯为主，多清真菜，喜食面食，也多用荞麦等杂粮做成风味独特的小吃。固原流派善于制作面食和野菜，酸辣可口的羊肉炒揪面片，风味独特的荞麦饸饹，爽口的凉拌蕨菜和凉拌苦苦菜等，都是固原流派厨师手中的佳品。

固原市位于黄土高原的西北边缘，特色食产有宁夏固原燕麦、固原马铃薯、六盘山蚕豆、西吉西芹、山地野生蕨菜、固原银耳、旱地西瓜、朝那鸡、固原红鸡、泾源黄牛、固原黄牛等。

宁南流派的代表菜品有隆德长面、牛杂汤、荞麦饸饹、羊肉炒揪面片、固原手抓羊肉、牛腩炖柿子等。

（十三）青海菜菜系及流派

青海菜［63］是青海省的地方菜系。青海省位于中国西部，雄踞世界屋脊青藏高原的东北部，是多民族聚集之地，菜肴、小吃、面点品种多样，风味各不相同。青海菜的特点是醇香、软酥、脆嫩、酸辣，兼有北方菜的清醇、川菜的麻辣、南方菜的鲜甜。青海的少数民族菜具有一种粗犷的美，主料以牛羊肉为多；农业区和半农半牧区以汉族和回族风味为主，两者互相影响，在烹制技法和调味上交错融汇，形成了独具高原民族特色的千姿百态的饮食体系。

在漫长的岁月中，生活在青海的各民族既保有独特的饮食风俗习惯，同时又相互交流、交融。青海的汉族基本保留了自己的饮食习俗，传统主食是白面制品，有馒头、饺子、面条、烙饼、酿皮子、焜锅（锅盔）等，其食法与甘肃、陕西接近，口味偏酸辣。青海的藏族居民大多聚居在海南州、黄南州、海北州、海西州、果洛州、玉树州，长期生活在青藏高原上，过着游牧生活。这里牧草丰茂，主要牲畜是牦牛和羊，农作物以耐寒抗旱的青稞为主。藏族居民的食物主要是牦牛奶、牛羊肉、糌粑等。食品的种类虽不算多，却有独特的民族风味，烹制方法主要是白煮。此外，生活在青海的撒拉族、回族、土族等少数民族同胞的饮食习俗也颇具特色。

青海菜菜系的代表菜品有夹沙牛肉、酿皮、焜锅馍馍、酥油糌粑、拉条、尜面片、甜醅、安多面片、大块煮羊肉等。青海的酒中青稞酒别具特色，其中知名的有八大作坊、天佑德、青稞金酒、互助头曲、精装青稞酒、青稞银酒、西海情青稞酒等。青海人惯喝熬茶，这是一种煮开的红茶，茶里要加青盐、花椒、姜皮、荆芥等调味料。

青海菜菜系分为青北（西宁）、青南（玉树）两个流派。

青北流派［631］又称西宁流派，以西宁为中心，分布于西宁、海西、果洛等多地。当地草原载畜量接近全国的一半，此外还盛产蕨菜、蕨麻、沙棘等食用植物。青北流派秉承特有的食材原料，吸收各大菜系所长，在祖国西北地区自成一派。

青北流派所处的青藏高原北部，群山环抱，河流交汇。特色食产有湟中燕麦、湟中蚕豆、新庄黄瓜、腿葱、大通鸡、湟鱼、湟源陈醋等。

青北流派的代表菜品有干板鱼、蛋白虫草鸡、蜂尔里脊、酥和丸、夹沙牛肉、余酿皮、青海奶皮、焜锅馍馍、大块煮羊肉、酥油糌粑、尕面片等。

青南流派 [632] 又称玉树流派，以玉树为中心，当地多河网、内陆湖泊，是少数民族聚居地区，其饮食风味颇具高原少数民族特色。

青南流派位于青海省西南青藏高原腹地的三江源头，平均海拔在 4 200 米以上，西部的可可西里地区有众多的内陆湖泊。青南流派的特色食产有玉树黑青稞、玉树牦牛、牦牛鞭、风干牦牛肉、玉树芫根、玉树蕨麻、曲麻莱蕨麻、冬虫夏草等。

青南流派的代表菜品有玉树烤羊肉串、肋巴、青海炮仗面、麒麟生鱼、过油土豆条等。

（十四）新疆菜菜系及流派

新疆菜 [65] 是新疆维吾尔自治区的地方菜系。该菜系既具清真菜特性，又具有中国西北菜系味重香浓的烹饪特点。主要食材有蔬菜、瓜果、鱼、肉、蛋等，蔬菜在调味上与其他菜系相似，差异主要是在用肉、蛋方面，新疆菜有着独特的习惯和讲究。新疆菜以清真菜系为主，多采用爆、烤、涮、烧、酱、扒、蒸的制作方法，口味偏酸辣。

清真餐饮是新疆饮食文化的特色。清真菜的历史渊源可以追溯到唐朝，其形成流派当在元朝回族逐渐形成以后。当时与海外特别是西域各国通商活动频繁，不少阿拉伯商人通过丝绸之路来到中国，也带来了独特的饮食习俗。至明末清初，"清真"一词为社会广泛使用。清真菜不仅流行于回汉杂居的民间，而且进入了清代宫廷。改革开放以来，国内其他省份的饮食文化传播到新疆，与当地的饮食文化激情碰撞，相互吸收，最终使得新疆饮食的烹饪技术更加多元化，清真菜品的口味也有所改变。

新疆美食香遍华夏，其中著名的有烤肉（羊肉串）、烤全羊、馕包肉、手抓羊肉、大盘鸡、椒麻鸡、馕、馕坑肉、拉条子、炒米粉、烤包子、手抓饭等。新疆白酒有古城老窖、伊力特、肖尔布拉克、小白杨等。果酒有乡都系列葡萄酒、天山鹿血蜂蜜酒、和田精品石榴酒、楼兰公主野生桑葚酒等。新疆的茶中最出名的是罗布麻茶，为知名的保健茶饮。

新疆菜菜系分为北疆、南疆两个流派。

北疆流派 [651] 以清真菜系为主，多采用爆、烤、涮、烧、酱、扒、蒸的制作方法，著名的佳肴有烤全羊、大盘鸡、馕包肉、手抓羊肉等，口味偏酸辣。在原料使用上多用肉类而少用蔬菜，烹调方法擅长烤、蒸、炸、煮等。

新疆哈密—吐鲁番以西为北疆，地形可分为山地、盆地等 5 个区。特色食产有七十三团大米、察布查尔大米、伊宁玉米、昭苏马铃薯、新疆胡萝卜、新疆洋葱、新疆辣椒、昭苏大蒜、葡萄干、哈密瓜、库尔勒香梨、特克斯苹果、新疆鹅、新疆细毛羊、新疆山羊、托克逊黑羊、阿勒泰白头牛、伊犁鲟鱼、博湖鱼、新源县黑蜂蜂蜜等。

北疆流派的代表菜品有烤全羊、烤羊肉、烤包子、清炖羊肉、手抓饭、烤羊排、大盘鸡、新疆拌面、烤馕、新疆盆盆肉、面肺子、乌鲁木齐油塔子、羊肉串、米泉酥脆烤鸽子、馕包肉、炒羊肚、吐鲁番烤全羊、吐鲁番斗鸡、吐鲁番手抓肉等。

南疆流派［652］主要位于塔里木盆地。南疆流派在原料使用上多用肉类而少用蔬菜，烹调方法上擅长烤、蒸、炸、煮等，口味是油大味浓，酸、辣、香兼有。

南疆北面是东西走向的天山山脉，南部紧邻青藏高原，西面为帕米尔高原山脉所围。特色食产有温宿大米、皮山山药、科克铁热克葡萄、和田阿克恰勒甜瓜、策勒石榴、喀什红枣、莎车甜瓜、阿克苏苹果、拜城油鸡、尼雅黑鸡、塔里木鸽、和田羊、麦盖提多浪羊等。

南疆流派的代表菜品有和田烤鸡蛋、羊肚子烤肉、烤三蛋、巴楚烤鱼、馕焖全羊、胡辣羊蹄、琼琼饭、烤南瓜、喀什烩菜、炒烤肉等。

（十五）川菜菜系及流派

川菜［51］是四川省的地方菜系。四川省号称天府之国，自然条件优越。四川风味具有典型的内陆特色，具有用料广泛、调味微妙、味型多样、适应性强的特点，其风味以清、鲜、醇、浓和善用麻、辣为特色。

川菜的历史悠久。公元前221年秦统一中国后，部分富豪迁徙至蜀，在生活上骄奢淫逸，设有专厨，这对川菜技艺的发展有不小影响。汉代张骞出使西域，引进了胡瓜、胡豆、大蒜等品种，进一步丰富了四川的烹饪原料，餐饮业也相应地得到发展。隋唐五代时期，后蜀宫廷在江河中举办船宴，对菜式和口味要求都较高，川菜自此走向发达。两宋时期盛行在高山流水、奇色美景之地举行游宴，使四川风味跨越了巴蜀疆界，以浓郁的巴蜀乡土气息进入京都。"川饭店""川饭分茶""乳糖狮子"等为北宋京都开封和南宋京都杭州的居民交口称赞。明末清初，辣椒传入中国，四川风味开始使用辣椒增加辛香，带来了川味划时代的飞跃。晚清以后，四川风味进入了成熟期，逐步形成了取材广泛、调味多样、菜肴适应性强的特征，并对长江中上游地区和滇、黔等地产生了相当大的影响。

川菜菜系的发展还得益于吸收中国烹饪各家之长。无论是宫廷菜、官府菜，还是寺院菜、少数民族菜，统统为其所用。巴蜀为秦所灭后，齐鲁和荆楚的烹饪技艺融入川地；到了清代，外籍客居四川的人士更多，至晚清时，成都人多已不是土著。这些外来人士带来了他们原有的饮食习俗，也被四川传统的饮食习惯所同化，形成了集大成式的川菜体系。

川菜一菜一格，百菜百味，特色菜品很多，有回锅肉、宫保鸡丁、夫妻肺片、毛血旺、麻婆豆腐、东坡肘子、水煮牛肉、鱼香肉丝、清蒸江团、钵钵鸡、开水白菜等。四川小吃取材广泛、口味多样，并细分为点心、面食、米食和零食4个类别。其中知名品种有川北凉粉、钟水饺、龙抄手、赖汤圆、担担面、三大炮等。川酒名满天下，其中泸州老窖、五粮液、剑南春、舍得、水井坊、郎酒被称为川酒的"六朵金花"。川茶具有悠久的历史，名茶有蒙顶甘露、蒙顶石花、竹叶青、峨眉雪芽、青城雪芽、川红工夫、蒙顶山黄茶、四川边茶等。

川菜菜系分为川东、川西、上河、小河4个流派。

川东流派［511］的烹饪特点为大方粗犷，善用泡椒与酸菜调味，以花样翻新迅速、用料大胆、不拘泥于材料著称。

川东位于四川盆地的东部，地貌为盆地、丘陵。特色食产有女皇贡米、朝天曾家山莴笋、蕨菜、朝天曾家山萝卜、仪陇胭脂萝卜、西充二荆条辣椒、三坝花椒、青川魔芋、青川黑木耳、晋贤香菇、青川羊肚菌、苍溪红心猕猴桃、广元油橄榄、朝天扯篼子花生、广元灰鸡、营山黑山羊、烟熏腊肉、剑门关豆腐、剑门豆腐、大竹东柳醪糟、川北醪糟、丰谷酒王等。

川东流派的代表菜品有灯影牛肉、广元凉面、川北凉粉、广元蒸凉面、陈皮牛肉、顺庆羊肉粉等。

川西流派 [512] 位居甘孜、阿坝、凉山等少数民族地区。牧区以牛羊肉、乳制品、糌粑、面粉为主食，兼及蕨麻（俗称人参果）。农区以青稞、小麦、豌豆为主食，兼及牛、羊、猪肉，乳制品，洋芋等。川西流派嗜咸、香、辣、麻，爱用辣椒、木姜子、花椒、盐巴等调味。菜品的特色是鲜、嫩、脆、香，既有油香味，又不油嘴、腻心，风味小吃也令人垂涎欲滴。

川西高原为青藏高原东南缘和横断山脉的一部分，地貌多元。特色食产有甘孜青稞、梭磨白菜、康定红皮萝卜、道孚大葱、康定芜根、得荣树椒、茂县花椒、雅江松茸、巴塘苹果、金川雪梨、乡城藏鸡、稻城藏香猪、新龙牦牛、贾洛绵羊、高原无鳞雪鱼、阿坝蜂蜜、德昌香米、马湖莼菜、西昌红皮洋葱、雷波罗汉竹笋、金阳白魔芋、盐源苹果、西昌葡萄、德昌桑椹、越西甜樱桃、建昌鸭、西昌钢鹅、凉山黄牛、会东黑山羊、美姑山羊等。

川西流派的代表菜品有巴塘团结包子、甘孜糌粑、麻辣猪肝、丹巴香猪腿、道孚牛羊肉泡馍、甘孜奶渣、道孚花馍馍、青菠面、甘孜辣仔鸡、阿坝酸菜面块、和尚包子、糌土、烧馍馍、坨坨肉、海棠灰豆腐、宁南烤乳猪、砣砣鱼、喜德阉鸡、西昌卷粉、全羊火锅、酸菜坨坨鸡、苦荞粑粑、火烧洋芋等。

上河流派 [513] 位于成都、雅安、乐山等地。成都自古以来就是四川地区的政治、经济、文化中心，成都菜比较软绵、中庸、适口，有一种小家碧玉之美。上河流派的小吃也赫赫有名。

成都、雅安、乐山的地貌多样，特色食材有都江堰方竹笋、云桥圆根萝卜、彭州莴笋、金堂羊肚菌、双流二荆条、温江大蒜、蒲江丑柑、龙泉驿水蜜桃、双流太平枇杷、成都白鸡、成都毛凤鸡、成华猪、邛崃黑猪、双流黄甲麻羊、郫县豆瓣等。

上河流派的代表菜品有宫保鸡丁、麻婆豆腐、清泉红喜兔头、五胖鸭、元宝鸡、四川泡菜、糖油果子、三大炮、十里香、樟茶鸭、灯草糕、瓦片鱼、甜艾团、窝丝糖、成都冷锅串串、邛崃甜皮烧鸭、蒋排骨、赖汤圆、钟水饺、韩包子、龙抄手、成都宋嫂面、洞子口张老二凉粉、白家肥肠粉、牛王庙怪味面、青城山白果炖鸡、水煮肉片、锅巴肉片酸辣豆花、军屯锅魁、玻璃烧卖、甜水面、蒜泥白肉等。

小河流派 [514] 位于四川南部，包括自贡、内江、宜宾、泸州等地。此处的餐饮除了具有川菜"百菜百味，烹调技法多样"的特色外，还具有"味厚香浓、辣鲜刺激"的特点。小河流派有三大特点，其一为麻辣刺激、重味嗜辣；其二是擅用椒姜，厨师在发挥传统的糊辣味的同时，又创造性地使用椒姜（鲜辣椒、鲜子姜）

味；其三是料广量重，常见的是一道菜放几种香料，多至十几种，做出的菜肴香浓味厚。

小河流派所处的四川南部，江河纵横，沃野千里，高山峻岭，水源充足，物产丰富。特色食产有宜宾芽菜、合江荔枝、自贡红橘、泸州桂圆、自贡毛牛肉、长江黄辣丁、泸州黄粑、开花白糕、富顺豆花、南溪豆腐干、天车牌香辣酱、太源井晒醋、宜宾五粮液、龙都香茗茶、早白尖红茶、苦丁茶等。

小河流派的代表菜品有宜宾燃面、红桥猪儿粑、李庄白肉、泸州肥儿粉、古蔺麻辣鸡、殷家坡醪糟、东坡贡肘、龙眼酥等。

（十六）渝菜菜系及流派

渝菜［50］是重庆市的地方菜系。重庆市位于中国西南部、长江上游地区，渝菜以味型鲜明、主次有序为特色，以麻、辣、鲜、嫩、烫为重点，变化运用，终成百菜百味的风格，广受大众喜爱。

渝菜的前身可以追溯到远古时期。因历史行政区划分，渝菜曾"隐姓埋名"为川菜。但究其根本，渝菜与川菜却有不同。自古巴人以泼辣刚烈著称，巴人的性格造就了渝菜味型浓烈张扬的特点。500年前，湖广填四川，移民溯江而上，建于明代的东水门，曾是人们渡长江去往南岸的要道，市集兴旺，人潮涌动，因此也成为了渝菜的发源地。民国初年，重庆陶乐春餐厅就能承办高级海参宴席，留春幄、久华源等店已能制作200桌以上的大型烧烤席、满汉全席。虫草鸭、贝母鸡、竹参鸽蛋等就属重庆首创。同时，以供应粉蒸肉、烧白、烧肥肠和豆花的低档餐馆也星罗棋布，食客盈门。因水产丰富，重庆厨师善于烹鱼，干烧岩鲤、豆瓣鲢鱼、酸菜鱿鱼等极为出色。抗战时期，重庆作为中国陪都，大批官商名人涌入，同期而至的是一批技艺超群的大厨。这些大厨除了带来自己的拿手菜外，更是对本地的民俗菜品进行了大胆的改革，使之登上大雅之堂。1997年，重庆成为直辖市，渝菜得以正名，开始振兴。

渝菜菜系中最著名的是火锅，其他知名菜品有樟茶鸭、毛血旺、水煮鱼、辣子鸡、烤鱼、泉水鸡、陈皮兔丁等，渝菜小吃有重庆小面、豆花、酸辣粉、麻辣烫等。重庆名酒有江津白酒、诗仙太白酒、江小白高粱酒、山城啤酒、重庆木瓜酒等。名茶有永川秀芽、大足松茗茶、梁平甜茶、苦丁茶、重庆沱茶等。

渝菜菜系分为城区、非城区两个流派。

城区流派（渝）［501］主要分布在重庆市区。这里经济发达，人口众多，交通便利。重庆虽然是个大城市，但是却缺少京、沪等市异地、多国菜品风味聚集的特征。这一是因为当地消费者味型喜好分明，一直以麻、辣、鲜、嫩、烫为追求重点；二是火锅业在当地独树一帜，非常兴旺，挤压了其他餐饮业态的生存空间。

非城区流派（渝）［502］主要分布在重庆南部、西部和东部地区。非城区流派以农家菜为主，很好地保留了渝菜的传统风味。由于特点趋同，渝菜非城区流派和城区流派的区别不像天津等城市那样明显。

（十七）黔菜菜系及流派

黔菜［52］是贵州省的地方菜系。贵州省位于中国西南腹地，是全国唯一没有平原的省份。黔菜是由川菜系、南下入黔移民美食和本地少数民族美食融合组成的风味菜系。辣、酸、香是黔菜的主要特点，辣又细分为油辣、糊辣、青辣、酸辣、麻辣、蒜辣等几大系列。黔菜的酸汤制作分为菜类酸、鱼类酸、肉类酸、米类酸等，完全靠生物自然发酵而成。

黔菜的发展历史可追溯到春秋战国时期。夜郎国在此建立了民族政权，当地的饮食开始初步发展。公元前221年，秦统一六国，开通了川南到云南再到贵州的运输驿站，川西的马、牛、农作物发往贵州。汉武帝时期，商贸流通更加方便，这一时期中原烹调技艺已经成熟，"春多酸、夏多苦、秋多辛、冬多咸，调以滑甘"等调味理论，炸、煎、炒等烹调方法，使贵州烹饪进入发展的初期阶段。明清是黔菜历史发展的重要时期。大面积种植水稻，引种玉米、番薯、马铃薯，调味料的发展，腌渍类的盛行，使得黔味菜品步入了快速发展的时期，民族菜、土司菜、传统菜、家常菜、民间菜、小吃、点心等不同类型的美食应运而生。

知名的黔菜菜品有蕨菜炒肉、凉拌折耳根、阳朗辣子鸡、凯里酸汤鱼、豆米火锅、莲渣闹、素瓜豆、水城烙锅、乌江豆腐鱼、酸辣蕨根粉、泡椒板筋、糟辣脆皮鱼、独山盐酸菜、天麻鸳鸯鸽、花江狗肉、小米鲊、黄粑、肉立方等。知名小吃有丝娃娃、肠旺面、花溪牛肉粉、虾子羊肉粉、米皮、米豆腐、贞丰糯米饭、怪噜饭、安顺裹卷、豆花面、遵义鸡蛋糕、毕节臭豆腐、雷家豆腐圆子、恋爱豆腐果、洋芋粑、蕨粑、包谷粑、糕粑稀饭、状元蹄、冰浆、玫瑰冰粉、湄潭蛋裹辉煌等。黔酒除了国酒茅台之外，还有习酒、董酒、青酒、金沙回沙酒、百年糊涂酒、贵州醇、茅台小王子等知名品牌。贵州是名列前茅的产茶大省，黔茶中的知名品种有都匀毛尖、贵州绿宝石、湄潭翠芽、春江花月夜和遵义红等。

黔菜菜系有黔北（遵义）、黔东南（贵阳）、黔西南（安顺）3个流派。

黔北流派［521］又称遵义流派。著名的茅台酒及董酒、习酒、珍酒、鸭溪窖酒都产于此。当地厨师利用本地食材，创制了遵义豆花面、遵义羊肉粉、仁怀三把鸡、田三蒸饺等一批享誉四方的菜品小吃。

遵义处于云贵高原向湖南丘陵和四川盆地过渡的斜坡地带，地形起伏大，地貌类型复杂。特色食产有丹寨硒锌米、黎平香禾糯米、雷山红米、天柱圣果锦屏薏仁米、黄平马铃薯、妹子金秋梨、思州文旦柚、剑河杨梅、三穗鸭、从江香猪山、镇远白山羊、八宝娃娃鱼等。

黔北流派的代表菜品有三穗血浆鸭、台江姊妹饭、岑巩米豆腐、剑白香猪、牛大场、岑巩灰碱粑、丹寨糍粑等。

黔东南流派［522］又称贵阳流派，以贵阳市为中心，分布于黔东南苗族侗族自治州、黔南布依族苗族自治州、贵阳市、铜仁市等地区，当地各色火锅、炒菜、粉面小吃和烧烤云集。黔东南饮食以酸、辣为主，尤其是凯里的快活林酸汤鱼名声在外。榕江一带的著名美食有牛羊瘪、卷粉和猪小弟，村寨中自家酿制的米酒也很有特色。

黔东南地区物产丰富，特色食产有丹寨硒锌米、西望山贡米、镇远大板栗、黎平茯苓、往里韭菜、贵阳香葱、花溪辣椒、折耳根、从江椪柑、榕江脐橙、镇远水蜜桃、黄平无籽西瓜、蓝浆果、永乐艳红桃、天柱土鸭、榕江小香鸡、镇远白山羊、榕江香羊、宗地六花猪、北渡鱼、瀑布啤酒、贵阳大曲酒、羊艾红茶、开阳南贡茶等。

黔东南流派的代表菜品有苗族酸鱼、凯里酸汤鱼、三穗灰碱粑、布依风味粽粑、苗家狗肉、砂锅米豆腐、恋爱豆腐果、苗岭酸汤鱼、贵阳丝娃娃、雷家豆腐圆子、糟辣脆皮鱼、贵阳辣子鸡、花溪牛肉粉、青岩米豆腐、金钱肉、肠旺面、烤脑花、烤大排、酸辣烫、清水烫、竹筒烤鱼、豆米火锅、糕粑稀饭等。

黔西南流派 ［523］ 又称安顺流派，分布于毕节市、六盘水市、黔西南布依族苗族自治州3个地区。安顺是贵州省优质大米、茶叶、生姜、蔬菜、水果及地方名畜良禽的主要生产加工基地。黔西南流派利用本地优秀食材，创制了大量风味佳肴。

黔西南地形起伏大，类型多，过渡性显著，由此导致食材差异明显。特色食产有晴隆薏仁米、望谟高粱、紫云薏仁米、安顺山药、三板桥红皮大蒜、梭筛桃林卡辣椒、江口山野菜、安顺梭筛桃、达帮花山猕猴桃、普定高脚鸡、平坝灰鹅、册亨山羊、关岭黄牛、思南黄牛、黄果树窖酒等。

黔西南流派的代表菜品有凉拌芭蕉粉、抓饼、糍粑、黔西南狗肉、安龙特色驴打滚、舒记杠子面、兴仁肠旺粉、安龙丝娃娃、猴场手搓辣椒面、油炸粑稀饭、安顺酸笋鸡、精辣脆皮鱼、江口米豆腐、棉菜粑等。

（十八）滇菜菜系及流派

滇菜 ［53］ 是云南省的地方菜系，是云南少数民族饮食文化与汉族饮食文化相互融合、演变发展的产物，其特色鲜明，多姿多彩。

滇菜于先秦时期已打下基石，初具规模于汉魏，兴于唐宋，盛于元明，形成于清。公元前300~公元前280年，楚将庄蹻率兵入滇，滇与中原开通灵关道和五尺道。此后，汉、唐、宋、元、明、清时期，无不派兵遣将、设置郡吏、移民开滇。明末南明桂王朱由榔退居云南，带来御厨，对云南菜起到了推动作用。

滇菜系美食众多，过桥米线、汽锅鸡、油鸡枞被誉为云南三大美食，此外还有饵块、大理砂锅鱼、腾冲稀豆粉、炸牛皮、香竹饭等特色食品。玉林泉酒、杨林肥酒、鹤庆乾酒、云南铜锅酒、云南竹筒酒、醉明月酒、云酒、大龙口酒、肴酒和腾跃老烧被誉为云南十大名酒。云南知名茶叶品种有普洱茶、滇红、南糯白毫茶、云南沱茶、露珠茶、糯米香茶、花茶、七子饼茶、三七茶等。

滇菜菜系分为滇东北、滇南、滇西、滇中4个流派。

滇东北流派 ［531］ 以宣威为中心。滇东北开发甚早，其饮食文化具有汉族与当地少数民族文化交融的特点。菜品烹调方法、口味与川菜相似。

云南东部为滇东、滇中高原，特色食材有高良薏仁米、师宗黑尔糯米、昭通土豆、富源魔芋、巧家魔芋、会泽大洋芋、寻甸板栗、乐业辣椒、罗平小黄姜、马龙藠头、永善花椒、鲁甸青花椒、昭通苹果、盐水石榴、会泽宝珠梨、深沟鸡、盐津乌骨鸡、富源大河乌猪、滇陆猪、马楠半细毛羊、火红黑山羊、罗平黄山羊、师宗黑山羊、昭通酱、罗平菜油、沾益白水豆腐、宣威火腿、庙坝白酒、包谷酒、罗平老厂酒等。

滇东北流派的代表菜品有沾益辣子鸡、蒸饵丝、大河乌猪、陆良板鸭、麻衣馓子、会泽羊八碗、宣威小炒肉、曲靖糊辣鱼、富源酸菜猪脚火锅、洋芋鸡、倘塘黄豆腐等。

滇南流派［532］所在的滇南地区气候温和，雨量充沛，自然资源丰富，饮食业非常兴旺，名菜"汽锅鸡"即源于这个地区。滇南流派为汉族移民与当地少数民族（傣族、景颇族等）、东南亚地区诸饮食文化的结合体，同时又具有鲜明的热带、亚热带饮食文化的特点。

云南省南部特色食产丰富，有广南八宝米、元阳梯田红米、墨江紫米、云南贡米、建水圆葱、丘北辣椒、文山他披梨、蒙自石榴、弥勒葡萄、金平香蕉、石屏杨梅、景东芒果、普洱瓢鸡、西双版纳小耳猪、文山牛、石屏青绵羊、石屏豆腐、石屏豆腐皮、普洱茶等。

滇南流派的代表菜品有广南豆沙肉、文山椒盐饼、花米饭、坨肉、蒙自过桥米线、三七汽锅鸡、菠萝饭、傣味酸肉、傣族竹筒饭等。

滇西流派［533］地处于陆上丝绸之路的灵关道、永昌道地段，少数民族较多，古南诏国、大理国均建都于大理。其烹调技法受汉、藏、回、寺院菜的影响，因此清真菜、傣族菜、白族菜、哈尼族菜、纳西族菜聚集。

滇西北部是青藏高原南延部分，高黎贡山、怒山、云岭等山系和怒江、澜沧江、金沙江等大河自北向南相间排列。特色食产有香格里拉青稞、大理独头大蒜、保山绿蚕豆、香格里拉松茸、丽江雪桃、巍山红雪梨、宾川柑橘、保山甜柿、兰坪拉马登石榴、他留乌骨鸡、云龙矮脚鸡、永平白鹅、诺邓黑猪、保山猪、迪庆藏猪、中甸牦牛、龙陵黄山羊、维西乌骨羊、怒江鱼、云南裂腹鱼、维西百花蜜、迪庆高原葡萄酒、腾冲红茶、腾冲黑茶等。

滇西流派的代表菜品有丽江汽锅鸡、吹肝、丽江粑粑、弥渡卷蹄、腾冲饵丝、琵琶肉、普米猪头肉、清汤鱼等。

滇中流派［534］。滇中流派以昆明为中心，除受长江下游诸省菜系较大影响外，近代以来又吸收了川、鲁、粤等菜系的技艺，形成了用料广泛、鲜美时新、品种多变的特点。

滇中高原是云贵高原的组成部分。特色食产有嵩明生菜、富民茭瓜、东川洋芋、楚雄牛肝菌、元谋番茄、南华松茸、云南松露、澄江藕、富民杨梅、呈贡宝珠梨、华宁柿子、安宁红梨、元谋青枣、甜酸角、元江火龙果、谷律花椒、武定壮鸡、禄劝撒坝猪、圭山山羊、元江鲤、抚仙湖抗浪鱼、抚仙湖银鱼、牟定腐乳、禄丰香醋、易门豆豉、彝族土特酒等。

滇中流派的代表菜品有菌子宴、铜锅煮鱼、玉溪卤饵块、羊街凉粉、嵩明虎掌金丝面、卤饵丝、昆明豆花米线、云南豆面汤圆、云南调糕藕粉、米凉虾、昆阳卤鸭罐罐鸡、米浆粑粑、稀豆粉、小锅米线、烧饵块、炸洋芋、小刀鸭、天麻火锅鸡等。

（十九）藏菜菜系及流派

藏菜 [54] 是西藏自治区的地方菜系。西藏自治区位于青藏高原，食材相对稀少，久而久之，形成了藏菜口味清淡、平和的特色。藏菜的很多菜式，调味料只有盐和葱、蒜，烹饪虽简，却可将菜的原味很好地体现出来。藏菜原料以牛、羊、猪、鸡等肉食及土豆、萝卜类等蔬菜为主，饮食以青稞、米、面为主。部分藏菜受川菜影响，重油、厚味，调料多辣、酸，重用香料，常用烤、炸、煎、煮等技法。除了糌粑、面粉制作的主食以外，藏菜可以分为"红食"与"白食"两类。红指肉，白指奶。夏天以白食为主，冬天以红食为主。

6世纪是西藏餐饮业发展的第一阶段。当时吐蕃与中原内地和亚洲各国开始了广泛的经济、文化交流，大大丰富了西藏烹调原料，使其烹调技术得到了发展。尤其是文成公主入藏，开辟了藏汉两族饮食文化交融的先河。

西藏餐饮业发展的第二阶段是19世纪，此时正值清代筵席发展到顶峰的阶段。随着经济、文化交流的发展，藏汉人员的往来频繁，内地饮食文化传入西藏。当时藏族人称"满汉全席"为"嘉赛柳觉杰"，意思是汉食十八道。在这个时期，融食、娱、游、乐于一体的饮食文化开始进入藏区上层贵族家庭，而西藏广大农牧区的人们仍靠原始而简单的烹调方式打发漫长的岁月，这种状况一直延续到20世纪50年代。

西藏餐饮业发展的第三阶段是20世纪80年代。在改革开放政策的推动下，旅游热使西藏餐饮业得到了空前的发展。在吃什么、怎么做、怎么吃的问题上，开始朝着由简至繁，由粗至精的方向发展。新原料不断涌来，烹调技术不断交流，厨师地位得到提高，甚至还出现了藏菜的烹调专著，如《藏餐菜谱》《藏族常用饮食辞典》《学藏菜长本事》等。

藏菜菜系的经典菜品有风干肉、奶渣糕、人参果糕、炸牛肉、辣牛肚、灌肠、灌肺、炖羊头等，主食有酥油糌粑、奶渣包子、藏式包子、藏式饺子、面条、油炸面果等。藏酒多为青稞酒，主要品牌有藏泉等。西藏不产茶叶，但藏族人民喜喝用酥油和浓茶加工而成的酥油茶。

藏菜菜系分为藏北、藏东、藏南3个流派。

藏北流派 [541] 位于西藏北部的高寒牧区。其饮食为高原牧区风味，特色是注重原汁原味，取料单一，以奶酪、牛蹄、酸奶、酥油等为主要原料，味道咸、淡、鲜、酸、香，具有应对高山寒凉气候之功效。

藏北高原位于昆仑山、唐古拉山和冈底斯山、念青唐古拉山之间，是西藏主要的牧业区。特色食产有牦牛、藏系绵羊、草原黄金菇、芫根、冬虫夏草等。

藏北流派的代表菜品有牦牛坨坨肉、手抓羊肉、藏式炸羊肺、普兰蹄筋、藏式血肠等。

藏东流派 [542] 位于相对低海拔的藏东南地区。其饮食取材于高山森林，以烹制野生菌类、烤制香猪见长，技法原始、风味清鲜、咸中带甜、浓而不腻、淡而不薄。

藏东的地貌为一系列高山、深谷挟持着怒江、澜沧江和金沙江三条大江。山顶终年不化的白雪、山腰茂密的森林与山麓四季常青的田园构成了当地的壮丽景观。

特色食产有藏香猪、松茸、青冈菌、蕨菜、木耳、藏茶等。

藏东流派的代表菜品有烤香猪等。

藏南流派［543］涵盖拉萨、山南、日喀则等地区，主要是农区或半农半牧区风味。其特色是取料广泛，除了奶制品、牛羊肉外，还有各种农作物，因此荤素配合得当，工于火候，调味鲜咸、淡爽，制作技法比较丰富，有煮、炒、烧、焖、炸等。

藏南地处谷地，地形平坦，土质肥沃，是西藏主要的农业区。特色食产有青稞、荞麦、土豆、豌豆、藏香鸡、藏鸡蛋等。

藏南流派的代表菜品有青稞糕、荞面饼、朋必（豌豆粉坨）、水晶土豆粉等。

思考题

1. 中餐内陆风格的特色是什么？
2. 中餐内陆风格包括哪些菜系？分别叫什么？
3. 川菜下分几个流派？分别具有哪些特色？
4. 渝菜下分几个流派？分别具有哪些特色？
5. 豫菜下分几个流派？分别具有哪些特色？
6. 湘菜下分几个流派？分别具有哪些特色？
7. 新疆菜下分几个流派？分别具有哪些特色？

第五节　都市风格及菜系

现代都市是一个国家或地区的经济、政治、科学、教育、文化、信息和服务中心，也是一个国家、一个地区饮食的汇聚中心。都市风格菜系通过强有力的示范作用、雄厚的经济实力、便利的交通运输和强大的传播媒介系统，对本国、本地区的其他菜系产生重大的影响，成为中餐风格中不可或缺的一员。

一、都市风格

都市风格是中餐餐系中一个重要的组成部分，其特色是具有集聚性。受原料和交通、交流的限制，中国各地方菜原本区别明显，但是到了近代，各菜系的集纳与交流从无到有，变得日益频繁。18、19世纪半殖民地的历史，在中餐饮食上留下很多痕迹，西方食材和西方的烹饪器具、烹饪技法开始影响中餐，在都市菜中表现得最为明显。改革开放后，在京、沪等大都市中，传统的地域饮食已经缩小为非主流，取而代之的是聚集了来自各个菜系的优秀代表，以及来自世界各地的饮食文化，从而形成了传统地域特色弱化、国内外餐饮美食荟萃的当代都市风格。

因食材、技艺、产品融会，都市风格的餐饮带着明显的多元化特征。这种多元化体现在两个方面：一是中国国内各个菜系汇聚带来的多元，二是世界各国餐饮汇聚带来的多元。

都市菜系是现代都市的产物，都市菜系没有流派，只有门派。

二、都市菜系

隶属于中餐都市风格的菜系有 3 个，它们是京菜、沪菜和港菜（见图 5-4）。

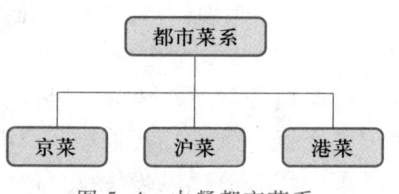

图 5-4　中餐都市菜系

（一）京菜系

京菜［11］地处的北京市，是中华人民共和国首都，位于华北平原的北端。京菜的变化很大，20 世纪初，京菜由鲁菜、满菜、本地小吃等构成。今天的京菜则是集全国烹饪技术之大成，并不断地吸纳各地的饮食精华。国内 34 个菜系的风味流派，在北京都开有餐厅。北京作为首都，有近 200 个外国大使馆，以及众多国际组织驻华代表处，世界各国的美食餐厅超过 5 000 家，相互影响，京菜也是中外美食汇聚的多样体。

以空间论，京菜分为城区菜和非城区菜。城区菜主要分布在北京市区，这里经济发达，人口众多，交通便利，菜品交流频繁。作为北京市的中心地带，中国所有风格菜系都能在这里找到，菜品相互融合。作为中国的政治中心，频繁的国际交流也带动了外国菜来北京发展，法餐、日本料理、韩餐等也是其饮食的重要组成部分。非城区菜主要分布在北京西部、北部和东北部等地区，这些地区的地形以山地为主，境内水库较多，如密云水库、官厅水库等，提供了丰富的淡水鱼类。非城区的农家菜独具特色，凸显原汁原味。

北京自春秋战国以来一直是中国北方的重镇，先后有辽、金、元、明、清五朝建都于此，是中国的政治、文化、外交中心，汉族、满族、蒙古族、回族等各族人民大量在此定居，世界和全国各地的文化在此融会交流。在饮食文化方面，形成了荟萃百家、兼收并蓄、格调高雅、风格独特、自成体系的"北京菜"。北京传统地方风味则集合了以牛、羊肉为主的清真菜，明清皇家的宫廷菜，以谭家菜为代表的官府菜，以及丰富多彩的小吃。

京菜系的代表菜品有四喜丸子、清酱肉、福寿肘子、京酱肉丝、炒黄瓜酱、芫爆肚丝、涮羊肉、北京烤肉、它似蜜、北京烤鸭、红烧海参、炒麻豆腐、三不粘、芥末墩等。北京小吃的主要品种有小窝头、豌豆黄、焦圈、姜汁排叉、艾窝窝、驴打滚、面茶等。京酒白酒知名品牌有牛栏山二锅头、红星二锅头、京都二锅头等，啤酒有燕京啤酒。北京气候不适合茶树的种植，却有吴裕泰、张一元、正兴德、元长厚四大茶庄。

（二）沪菜系

沪菜［31］地处的上海市，是国家经济、金融、贸易、航运、科技创新中心，长江经济带的龙头城市。沪菜分为城区菜和非城区菜。上海开埠较早，城区菜品丰富多彩，除本帮菜之外，各地、各国餐饮也在此大放异彩；非城区菜则在很大程度上保持了浓油赤酱、咸淡适中、崇尚原味、醇厚鲜美的当地特色。

上海菜已有上千年的历史，但其发展主要始于清初。清初，由于上海港口贸易发达，上海菜已初具规模。1843年，上海被迫对外开埠后，餐饮业便迅速繁荣起来，全市大街小巷店摊成群。据1876年出版的《沪游杂记》记载，当时从小东门到南京路的上海菜馆、酒楼已有一二百家之多。那时上海菜的主要特点是取用本地鱼虾、畜禽与时令蔬菜为原料，烹调方法以红烧、蒸煨、生煸、炸、糟见长，菜品质优量大、汤卤醇而不腻、咸淡适口。清朝后期至20世纪30年代末，上海工商业和港口贸易日趋繁荣，各地菜馆也大批来沪。最早是安徽菜馆，随后是苏锡、广东、镇扬、北京、山东、河南等菜馆，后来又有杭州、福建、湖南等地菜品加盟。到30年代末，已形成了沪、苏、锡、甬、徽、粤、京、川、闽、湘、豫、扬、潮、素菜等16个地方风味聚于一地的格局。20世纪30年代末到40年代末，上海本地菜馆和苏锡菜占据优势，油爆虾、青鱼秃肺、虾子大乌参、糟钵头、红烧圈子、汤卷、干切咸肉、八宝鸭等大批上海名菜风行。许多外地风味菜馆为了适应上海当地消费者的需求，逐渐在操作方法和调味料上做出改变。川菜馆出现了轻麻、轻辣的"新派川菜（海派川菜）"，粤菜馆出现了"新派粤菜"，其他各地菜馆也相互仿效，使上海菜逐渐发展形成了以上海和苏锡江南水乡风味为主体，兼有各地风味的一类地方风味菜。中华人民共和国成立后，特别是改革开放以来，上海作为全国的经济中心，在经济上大步跃进，沪菜也取得了长足发展。今天的沪菜，已经不是偏于一隅的本帮菜，而是集世界餐饮、全国风味尤其是东南地区风味于一炉的知名菜系。

沪菜名菜有红烧蹄髈、八宝鸭、水晶虾仁、上海白斩鸡、松江鲈鱼、腌笃鲜、芙蓉蟹斗、糟钵头等。上海小吃清淡、鲜美，其中知名品种有排骨年糕、枫泾丁蹄、生煎馒头、海棠糕、薄荷糕、蟹壳黄、八宝饭等。上海产的黄酒有石库门上海老酒，米酒有老白酒。

（三）港菜系

港菜[81]地处的香港特别行政区，位于珠江口以东，南海沿岸。香港为东西方文化交汇之地，两种饮食文化的碰撞，融合出了一套糅合中国菜（主要为粤菜）味道和西餐饮食习惯的菜品。港菜是所有中餐都市菜系中开放程度最高的一个，伴随第二次世界大战战前、战后和改革开放的几次契机，港菜曾掀起过多次引进交融的热潮。作为全球各国人群主要的汇聚点之一，日本菜、韩国菜、越南菜、泰国菜、印度菜及中国台湾菜的餐厅，在香港均十分常见，因而被誉为"美食天堂"。

在第二次世界大战之前，香港中上环一带遍布供应点心和茗茶的中式茶楼和二厘馆。除了茶楼，当时还有主要举办筵席的中式酒楼，如杏花楼、镛记酒家、南园、西苑、文苑、大三元、宴琼林、聚馨楼、探花楼、观海楼、桃李园等。宝莲寺、圆玄学院、观音寺会供应正式的斋菜。避风塘原为船只避风之地，由于大量东南亚食材经此地进口，一些湾仔的餐馆便乘势推出带有避风塘特色的小菜。随着香港经济的起飞，以海鲜为主的高级食府相继出现，如阿一鲍鱼、阿翁鲍鱼、新同乐及海都海鲜酒家等。第二次世界大战及其后，不少中国内地移民涌入香港，以上海人、宁波人居多。他们带到香港的上海菜、宁波菜、徽菜，被统称为外江菜。大排档曾经是香港非常普遍的食肆，街头小食也是香港饮食文化的一部分。车仔面出现在 20 世纪 50 年代，当时大量难民涌入香港，谋生困难，所以涌现了流动摊贩。流动摊贩为了运输方便，把所有厨具、食材放在小小的木制手推车上，"车仔面"因而得名。自 20 世纪六七十年代起，大家乐、大快活、美心快餐相继开业，美国的肯德基、麦当劳也相继来港，标志着香港快餐文化和连锁式饮食集团的开端。其后登陆香港的还有来自日本的吉野家、回转寿司，美国的云狄斯、哈迪斯、汉堡王等。

作为国际美食之都，香港汇聚了各国菜色，日本菜、韩国菜、新加坡菜、马来菜、泰国菜、印度尼西亚菜、印度菜、尼泊尔菜、俄罗斯菜、越南菜、英国菜、美国菜、法国菜、瑞士菜、德国菜、意大利菜、中东菜、南非菜乃至阿根廷菜，在香港都可见到。香港食肆集中地有铜锣湾、九龙城、兰桂坊、尖沙咀、跑马地及中环苏豪区。

港菜的代表菜品有阿一鲍鱼、胡椒饼、肉圆、栗子莲藕汤、金钱干贝、橄榄肉碎四季豆、蒜蓉蒸白菜、炒河粉便当等。香港本地不产茶和酒，在当地的餐桌上却可以品尝到全世界的名茶和名酒。

思考题

1. 都市菜最突出的特色是什么？
2. 都市菜为什么只有门派，没有流派？
3. 京菜有哪些特色和典型菜品？
4. 沪菜有哪些特色和典型菜品？
5. 港菜有哪些特色和典型菜品？

第六节　海外风格及菜系

海外中餐是中餐体系中一个重要的分支。中餐由于具有色香味美的产品、复杂多样的厨艺、多样性养生性兼备的风格而在世界上独树一帜，很早就开始了海外传播的历程。据记载，早在 2 000 年前的中国汉代，就已经开始了中原王朝和西域诸国的饮食交流。元朝时期，中国馒头传到日本，并在其后发扬光大，形成了日本传承至今的"馒头节"。有记载的第一家海外中餐馆，是 1849 年在美国旧金山开办的广东餐室。迄今为止，已有 20 余万家中餐馆遍布世界各地。

一、海外风格

中餐海外风格的特色是传播性。与国内的中餐不同，海外中餐基本上以变式菜的形态出现。在国内的菜品传播过程中，就已经出现了大量的变式菜，如川菜到了江南要减辣，江南菜到了北方要减甜。但是这种变化，远不及海外中餐的变化巨大。

促使海外中餐发生风格变化的原因很多。一是食客口味的差异，不同地域，人们的口味诉求不同；二是物产的差异，一方水土孕育一方物产，同名的食材口感可能不同，当地没有的食材只能以其他食材代替；三是交通贸易的限制，不能获得原产地的地道食材；四是专门的技术人才不足，令烹饪技术走样；五是文化的差异，人们对食物的鉴赏要求不同。以上五点都是导致海外中餐变化的原因，而其根本原因，是为了满足、适应当地顾客的饮食习惯和口味诉求。

二、海外菜系

海外中餐可以划分为 5 个菜系：亚洲中餐、美洲中餐、欧洲中餐、大洋洲中餐和非洲中餐（见图 5-5）。因为海外中餐基本以变式菜的形态出现，难以作详尽的流派细分，所以海外中餐同国内的都市菜相仿，只有菜系，没有流派。

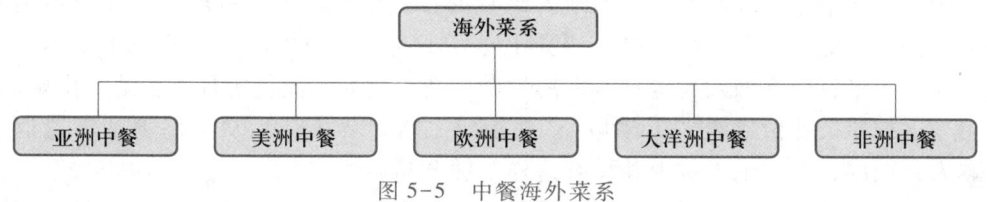

图 5-5　中餐海外菜系

（一）亚洲中餐

亚洲中餐［91］是指除中国之外处于亚洲地区的中餐，包括东亚、东南亚、南亚、中亚和西亚地区。

亚洲是诸大洲中面积最大、人口最多的一个洲，中国位于亚洲东部。在历史上，由于地缘优势，有大量华人陆续前往周边国家寻找生存和发展的机会，他们在改变自己命运的同时，也带去了精美的中华饮食文化和先进的中餐制作技艺。近几十年来，由于中国经济的发展和相关政策的开放，中餐的影响力从传统的东亚、东南亚地区，扩展到中亚、南亚、西亚，覆盖了整个亚洲地区。

由于地缘关系，中国各个菜系中，粤菜、川菜、鲁菜、苏菜、闽菜、浙菜、湘菜、徽菜成为中国向国外输出美食文化的主力军。近年来，东北、西北、西南地区的辽菜、陕菜、新疆菜、滇菜、黔菜也开始加入亚洲中餐的大军。大数据显示，截至2018 年，中国以外亚洲各国的中餐厅总数已经达到 4.4 万多家，相对于 2015 年增长了120%。餐馆数量的快速增长，反映出中餐被越来越多的亚洲民众所接受和喜爱。

从亚洲中餐的分布情况来看，中餐馆几乎遍布亚洲各国。其中东亚和东南亚最为集中，占比为 57.3% 和 24.0%。最近几年，在南亚、西亚及中亚等地区，中餐馆的数量也有迅猛的增长。其中在南亚，仅 2014~2018 年，中餐厅的数量就激增了 10倍，由 669 家发展到 7 082 家。增长幅度排名第二的是中亚。目前，在中亚的中餐馆的数量也已经突破了 1 000 家。

韩国中餐。韩国中餐是东亚中餐的代表之一。韩国是中国的近邻，与中餐的交流也居领先地位。"韩中菜"就源自山东菜，根据韩国人的口味、韩国产的食材做了改变，以其少油清淡、少用调味料的特色受到当地人的欢迎。据统计，当今韩国共有 2.5 万家中餐馆，每天仅炸酱面的销售量就可达到 600 万份。漫步韩国首尔街头，川菜、粤菜均有，烧烤、火锅俱全，中餐馆不仅遍布仁川中国城、大林唐人街，在建大、江南、弘大、东大门等商圈也随处可见，和韩式餐馆、日式餐馆、美式快餐四分天下，一争高低。

韩国中餐多为按照韩国人口味改良的"中华料理"，其中著名的有黑色炸酱面、糖醋肉、海鲜面等。韩国的中餐馆中，知名的有海底捞、老乡串店、成都印象、山东饺子馆、海龙麻辣龙虾等。

日本中餐。日本是中国的近邻，很早就开始了和中餐的交流，"生鱼片""寿司"是唐代时由中国传入日本的，经过日本人改良，之后成了日本食物的代表作。知名的日本茶道也源自中国。

日本的中餐馆分为中华料理和中国料理两大流派，其中中国料理是由华人经营的中国菜，而中华料理基本是由当地人经营的日式中餐。中国料理属于比较地道的中餐，例如，近些年来由海底捞、沙县小吃、小龙坎等中国国内企业进军日本带来的产品；中华料理则融入大量日本人的发明创造，例如，流行于日本各地，由蟹肉、鸡蛋勾上糖醋芡汁做成的"天津饭"，是由第二次世界大战后从天津塘沽港遣返的日本人首创的，在本土中餐中并没有这样一种产品。

日本中餐分为"四大菜系"：四川料理、广东料理、上海料理和北京料理。在日本受欢迎的中餐产品有糖醋里脊、饺子、中华盖饭、中华冷面、麻婆豆腐、担担面等。这些菜品都经过变式改造，如担担面大多带汤，饺子通常做成煎饺，回锅肉成了辣椒、猪肉和包菜的组合，麻婆豆腐是水煮豆腐加老干妈辣酱。

泰国中餐。泰餐是东方餐饮和西方餐饮的有机结合，泰国中餐是其中一个重要的组成部分。

泰国中餐具有较为久远的历史。在泰国生活的第一批华人，大多是在清朝时期从中国大陆东南沿海等地迁移过来的，所以这里许多知名中餐馆都是老字号。传承至今，许多从事餐饮业的泰籍华人仍旧继承了祖辈传下来的手艺，遵循着古老传统的制作方法，保持了潮汕一带美食最经典的原始味道。

泰国中餐分为街头小吃和大商场的店堂经营两种模式。其中不乏老字号，如已有 125 年历史的廖两成、1951 年开业的银都鱼翅、1960 年开业的陈记粿条店、1969 年开业的建兴酒家。其中有些颇具规模，如和成丰在泰国首都曼谷就有 16 家分店，遍及唐人街和热门商城。

相对于其他国家的变式中餐，泰国中餐的变化较少，有的只是形式上发生变化，如曼谷兄弟串串香的"鸳鸯锅"有 4 个格子，分别装有辣汤、清汤、排骨汤和番茄汤，以适应顾客的不同口味。

泰国中餐中的知名品牌有中国城、和成丰、陈再裕酒家、益生老店、红包、棉花餐厅、雅痞辣吧、王辣辣酸辣粉、蜀香园、曼谷兄弟串串香、建兴酒家、廖两成、山城火锅、大吉呈潮汕牛肉火锅、重庆燚老火锅、真蜀味、奥殿云吞面店、五只熊猫、沪小胖、雄柒麻辣火锅、京味楼、T&K 海鲜餐厅、东方燕窝、Odean 蟹汤面、鼎泰丰、Sanyod 盛悦饭店、LEEKITCHEN 李酒店、DoubleDogs 茶馆等。

印度中餐。中餐进入印度有着长久的历史。由于地理毗邻，中国的西藏地区同南亚地区有着悠久的经贸和文化交往史，由此带动当地藏餐馆的兴起，中餐也由此传入印度。一个世纪前，大批华人开始从中国各地特别是潮汕地区跋涉万里，远赴天竺，并在加尔各答安营扎寨，形成了印度最早的华人聚居区。其后，中餐随着华人社群的壮大而逐步扩散，成为印度人最喜爱的外来菜系之一。当今在印度，除了中餐馆之外，在印度餐馆、尼泊尔餐馆、不丹餐馆中都能找到中餐产品。

在印度首都新德里，类似"中国会""皇家中国"等名字里含有"中国"的餐馆随处可见。在孟买，形成规模的中餐馆有200多家，至于一般中餐馆则难以统计。这些中餐馆的老板大多为印度人，这也是印度中餐的一大特色。和当地餐饮比较，印度中餐价格不菲，因此除了餐馆的中餐大菜之外，印度中餐更多以街头食物的形式出现。在印度的大街小巷，常能看到各种售卖馍馍（中国蒸饺）的摊点。

作为外来餐种，印度中餐也不可避免地加入了印度元素。例如，食材常被浸泡在各色咖喱酱汁中，以麻辣著称的川菜化作大蒜和辣椒组合的蒜辣，等等。在印度中餐中，川菜、湘菜受到追捧，馍馍、酸辣汤、满洲汤、炒面、炒饭是印度中餐中常见的美食。

斯里兰卡中餐。斯里兰卡有60多家中国餐馆，其中首都科伦坡占据其总数的一半，高、中、低档皆有。档次最高的中餐厅，基本都集中在斯里兰卡首都科伦坡。科伦坡以外的中餐厅，主要集中在旅游城市。

与西欧、北美等地的中餐馆主要为中低端消费不同，斯里兰卡的中餐馆同当地餐馆比较，属于高档餐馆。这一方面由于在斯里兰卡经营一家中餐馆，其食材、人才、设备和租金投入都较大，另一方面由于中餐的制作和味道，和当地餐饮比较的确属于上乘。和许多地区的中餐比较，斯里兰卡中餐还有一个明显的不同，其他地区的中餐经营者以广东、福建、浙江人为多，口味也偏于这些地区，而早年来斯里兰卡的中国北方人较多，中餐馆大多经营的是北方菜，主要是东北风味。近些年，川菜、黔菜、粤菜及其他中国南方菜，才开始逐渐增多。

当今斯里兰卡知名的中餐馆有红房子、陈伯的环球饭店、中华环球饭店、唐朝食府、山城时光、美瑞沙小红屋、鸿运坊、尼甘布茉莉家、华园船上餐厅、88海鲜中餐厅、玛吉阿米中餐厅等，知名菜品有黑胡椒螃蟹、蒜蓉生蚝、菠萝古老肉、蒜泥番薯藤、红汁排骨、麻婆豆腐、炒鸡块、蔬菜汤、烩蘑菇、卤牛肉、清蒸螃蟹、石斑鱼等。

吉尔吉斯斯坦中餐。吉尔吉斯斯坦与中国有着约1 100千米的共同边界，作为古代丝绸之路的必经之地，很早就有中国人闯荡吉尔吉斯斯坦，开始了古老的中吉餐饮交流。

由于宗教等原因，早年的中餐馆在吉尔吉斯斯坦的影响并不大，当时中餐给人的印象是小地方、小餐馆，卫生条件和用餐环境都不尽如人意。这种情况随着中国经济的发展和两国交往的加深有了很大改变。吉尔吉斯斯坦首都比什凯克面积只有127平方千米，中餐馆却有40多家。在不少当地餐馆中，也能看到中国菜品的身影。

中餐在吉尔吉斯斯坦的由弱变强，与相关部门的大力推广不无关系。在吉尔吉斯斯坦国立民族大学孔子学院，有专门的中国烹饪培训班，学生免费学习中餐制作。在每年的"孔子学院日"活动中，都安排了中国饮食展台。由于受中餐影响日益加深，一些当地的时髦青年在就餐时改方桌为圆桌，弃刀叉用筷子。

在吉尔吉斯斯坦受到喜爱的中餐有川菜、新疆菜、东北菜等。受欢迎的菜品有北京烤鸭、东北一锅炖、兰州牛肉面、新疆大盘鸡等。

阿联酋中餐。阿联酋的中餐主要在其国际城市迪拜等地发展。20 世纪末，和西亚多国一样，此处的中餐还是默默无闻。只是随着近 20 年来城市的国际化和现代化，迪拜的中餐业才得到快速发展。如今仅在迪拜国际城就高密度聚集了近 50 家中餐馆，其风味更是百花齐放。2015 年，迪拜中餐界曾举办过一次"迪拜人 2015 年度中餐馆民间评选"，为时一个月，先后有 72 家迪拜中餐馆、453 位有效用户投票参与，由此可见迪拜中餐业的红火。

先后在迪拜产生较大影响的中餐企业有兰州拉面、小肥羊火锅、山图美食、六合宴、冰酷、天山餐厅、青海湖餐厅、回家餐厅、筋头巴脑火锅、星期八奶茶甜品屋、阿哥米线、山图海鲜、九宫格火锅、新时代中餐厅、鼎泰丰、潇湘馆、江南私房菜、川味居、面点王、石锅鱼、浙江川流、重庆刘一手、东方肥牛王、小尾羊火锅、全聚德烤鸭、重庆面庄、青海湖小吃、渗渗泉餐厅、阿里巴巴新疆餐厅等。

（二）美洲中餐

美洲中餐 [92] 所在的北美洲和南美洲，是除了亚洲之外，中餐最早到达的地区。18 世纪，随着淘金热的升温，大量的华人劳工涌到美国加利福尼亚州，一些美国人喜欢上他们烹饪的食物，中餐由此在北美洲落地生根，之后又拓展到加拿大等国。

中餐进入南美洲约在 160 年前。彼时，来自中国东南沿海的大批工人漂洋过海，来到太平洋彼岸的秘鲁，开始从事农业种植和筑路开矿的工作。他们带来的美味精致的点心、丰富可口的粤菜，不但一解华人的思乡之情，也改变了当地人的口味和饮食结构。如今的中餐，不仅风靡秘鲁，也传播到巴西等南美诸国。

随着近年中国移民的大幅增加，美洲中餐进入新的发展阶段。伴随国内川菜、淮扬菜、东北菜、重庆火锅等业界大鳄进军美洲市场，美洲中餐馆的档次有所提升，口味逐渐提高，竞争也日益激烈。如今，仅美国的中餐馆就达 5 万多家，吸纳 30 万左右的人口就业，占据了当地餐饮 5% 的份额。

美国中餐。美国中餐经历了 4 个发展阶段。

第一阶段伴随清末赴美劳工热而来，以 1849 年开设于旧金山的广东餐室为肇始，以李鸿章访美为高峰，以菜品杂碎为标志，一直延续到 20 世纪 30 年代。据梁启超《新大陆游记》载："仅纽约一隅，'杂碎'馆三四百家，遍于全市。"

美国中餐发展的第二阶段起始于第二次世界大战时期。珍珠港事件后，美日宣战，美国民众对中餐的认可度提升。1972 年，美国总统尼克松访华，让美国人对中餐的热度达到一个新的高度。这一阶段让美国中餐由粤菜一家独大变成了多个菜系并举，北京烤鸭、宫保鸡丁、榨菜肉丝、左宗棠鸡成了美国中餐的代表菜。

美国中餐发展的第三阶段伴随中国大陆的改革开放而来。20 世纪八九十年代，许多中国人移民美国，美国中餐迎来了一个新的发展时期。仅纽约一地的中餐馆就达到 5 000 家；全球最大的连锁中餐馆熊猫快餐，也诞生于这一时期；还出现了"华馆"这样完全由美国当地人经营的中餐企业。

美国中餐发展的第四阶段从 2006 年开始。一些华人新生代和留学生不满美国中餐地位低下，掀起"新中餐"改革，打造出"倾城"等米其林星级中餐馆。

当今美国中餐的消费者不仅是华人，也包括各民族的民众，因此美国中餐的口味也具有移民国家的色彩。最受美国民众欢迎的中餐产品有糖醋里脊、芝麻鸡、橙皮鸡、麻婆豆腐、杏仁鸡丁、西兰花炒牛肉、炒杂碎、锅贴、左宗棠鸡等。其中熊猫餐厅的橙味鸡，一年可以卖出 8 000 万磅（约 3 630 万千克），相当于每个美国人每年吃上 4 块。

墨西哥中餐。墨西哥中餐兴起于 19 世纪晚期。根据移民记录，当时有超过 60 000 的中国人迁移至墨西哥。1882 年，美国出台了排华法案，迫使一些在美华人南移到墨西哥，至 1920 年，华人在墨西哥已经成了第二大移民群体。为满足不断增长的移民需求，在当地社区华人开设的杂货店里，开始建立小型餐厅馆，之后不断扩展规模，成为当今墨西哥中餐的雏形。

当今在墨西哥的首都墨西哥城，中餐主要以自助餐的形式出现，并成功"席卷"这座城市。据报道，在墨西哥城，中餐馆已经无处不在。这些餐馆布局很有规律，每隔 6 个街区便开设一家。餐馆配置红色和金色胶木的餐桌，厨房里灯光明亮，各式平底锅里烹饪着香喷喷的芝麻鸡肉、咖啡豆油煎肉片、西柚风味的牛排，还有炸薯条、炸芭蕉和炸鸡翅、炒饭、蛋卷和骨肉相连。而在华人聚集的墨西卡利市，中餐的影响更大。全城有 180 余家中餐馆，当地普通墨西哥民众子女的成人礼、结婚等庆祝活动，很多会选择到中餐馆举行。

秘鲁中餐。中餐进入秘鲁约在 160 年前。那时，大批来自中国东南沿海的工人漂洋过海来到太平洋彼岸的秘鲁，开始从事农业种植、筑路、开矿的工作。劳工餐由他们自带的厨师解决，每当送饭就餐时，华人厨师总是高喊"吃饭"，久而久之，秘鲁人就把吃中餐叫做"CHIFA"。

中餐的到来不仅让华人工人饱腹，也改变了当地人的口味和饮食结构。过去，秘鲁人餐桌上的主食是玉米、土豆和面包，随着中餐的到来，秘鲁人慢慢地认识了大米，喜欢上了香喷喷的炒饭。

据统计，目前秘鲁全国共有大约 1 万家以 CHIFA 为名的中餐馆，其中仅在首都利马就有大约 8 000 家，一条街上至少有一个 CHIFA 的招牌。CHIFA 结合了中国粤式料理与当地料理的特色，因此虽被称作中国菜，其实已成为秘鲁的特色饮食。

巴西中餐。如今在巴西的华侨华人有 30 多万，主要生活在圣保罗和里约热内卢。巴西是个移民国家，当地的意餐、法餐、日餐等都拥有很高水准，中餐馆数量尽管不少，但在较长一个时期内，总是不温不火。为了改变这种情况，当地中餐业做出了很大努力。进入 21 世纪，一些资金雄厚的华人老板开始进入当地的中餐业，打造了花园酒店等高档中餐经营场所，并从中国国内引进了正宗食材和厨师团队，将经营产品扩大为粤菜、江浙菜和川菜。2017 年 7 月 26 日，巴西中餐业协会成立，分散弱小的中餐经营者开始形成合力。

当今巴西中餐的知名餐馆有 HOU 侯、西湖酒家、Chi、泰山饭店、花园酒店、华馆、Meimei、Mr Lam、快活鲜酒店、上海饭店、米乐酒店、谷香村、老妈子、永和豆浆、聚滨饭店、川府饭店、海洲饭店、容和饭店、华宫饭店、3880 中国餐馆、福气、川府、Mee、Cheiro Verde、中国饭店等。最受欢迎的中餐美食有炒饭、炒面、饺子。

（三）欧洲中餐

欧洲中餐［93］的出现比美洲中餐略晚，18世纪末，少数中国船员来到伦敦东部，带来了中餐。到19世纪，小规模的中国社团在英国等地相继建立。随后，中餐馆相继出现并逐步发展壮大。

欧洲中餐的发展经历了两个高潮期。第一个高潮期是在第二次世界大战后，经营者大多为中国台湾、香港地区的移民，以及东南亚地区的华侨。第二个高潮期是在20世纪八九十年代，中国改革开放后，一大批来自中国江浙、广东、东北等地的民众前往欧洲，他们中的许多人把餐饮业当作赖以生存的手段，这个高潮期远比第一个高潮期猛烈，几乎把中餐传遍了欧洲的所有国家。截至目前，全欧洲有中餐馆4万余家。

在欧洲诸国中，法国中餐馆的数量最多，在8000家以上，仅在大巴黎地区便集中了6000家左右的中餐馆。旅德华人华侨中，90%靠餐饮业谋生，中餐馆约有6000家，德国人口味较重，所以川菜、鲁菜较受欢迎。葡萄牙有中餐馆600余家。奥地利约有1000家中餐馆。中餐在东欧地区的发展不如西欧，但也不可小视，目前匈牙利首都布达佩斯有较大规模的中餐馆30余家，捷克共和国的中餐馆数量约为300家。

欧洲中餐的风格总体上以粤菜为主，川菜为辅，兼带淮扬菜、京菜和鲁菜等。由于经营者的原因，近年来江浙风味菜也逐渐兴起。口味大多以甜、酸、微辣为主，口感以酥、香、脆为特色。

欧洲的中餐馆一般可分为三大系列。

第一大系列以经营广东、香港的菜品、小吃为主，包括其他的中国传统菜品。其主要顾客是当地及周围城镇的华人，口味地道，价格便宜，制作较正宗，既卖早点、早茶，又卖中国地方菜，菜品有虾饺、蒸凤爪、水晶饼、干蒸烧卖、油条、烧饼、肠粉、叉烧包、沙河粉、糯米鸡、荷叶饭及猪肚、鸭肫等内脏产品。这类餐馆的厨师大多是香港、广东的专业厨师，或在广东学习过正宗制法的人，所以特别适合那些远离家乡的海外游子的口味和华人的亲朋聚会。

第二种欧洲中餐馆是带有西方色彩的中国餐馆，其餐厅装潢布置以中国格调为主，中西合璧，面积大、档次高，餐厅富丽堂皇、情调优雅，主要客人是较为富有的欧洲人和华人。这类中餐馆原料高档，菜品比较西化，许多菜品是改良和引进西方的菜品，价格较贵，口感、观感较好，厨师的技艺中西结合。

第三种中餐馆属于中等档次。这些餐馆民族风格浓郁，菜品制作中西结合，变化很多，其顾客大多是餐馆附近的居民。这类餐馆的绝大多数厨师并不是专业的，也没有学过正宗中餐的技艺，只是在欧洲中餐厨房中互相模仿着制作。这类中餐馆以家庭经营为主，其菜品制作顺应当地人的饮食习惯，黄油、奶油、蛋黄酱、洋葱、咖喱应用较多，并掺杂了东南亚、阿拉伯、西餐和墨西哥风味，名为中国菜，实际上是以中国菜风格为主的世界各地风味的大聚集。这些"欧洲的中国菜"，虽不正宗，但深得欧洲人喜欢。

法国中餐。法国是美食大国，但是并不拒绝外来餐饮，第二次世界大战后，中餐在法国得到了快速发展。

当今生活在法国的华侨华人已超过 40 万，排在西欧诸国首位，从来源地看，从东南亚各国移民来法的华人占 40%，来自中国浙江温州的占 50% 以上，其中多为 20 世纪 80 年代以后的新移民。这种人员构成，造成了法国中餐粤菜、浙菜风味较多。法国中餐还有一个特色，这就是由于法国华人人数众多，社区空间较大，形成了商家集中、行业俱全的规模化经营。例如，大巴黎地区有华人 30 多万，在华人聚集的街区内，中餐馆、中国食品超市、亚洲食品超市密集，给中餐的经营和消费带来了极大便利。

在法国，公众评选出的 10 道传统中餐是北京烤鸭、广东点心、咕咾肉、炒面、广式炒饭、麻婆豆腐、四川火锅、五香酱牛肉、馄饨和煎饼。

荷兰中餐。在欧洲诸国中，荷兰不仅是中餐进入较早的国家，而且在当地取得了不俗的地位。1920 年，荷兰第一家中餐馆 Gouden Muren 在鹿特丹开业。第二次世界大战后，荷兰迎来了大量前来开中餐厅的华人。这些华人非常勤劳，他们开设的中餐厅，一家人就是餐厅的所有工作人员且常年无休，风雨无阻，每天都要营业十几小时。

由于荷兰历史上曾经殖民过印度尼西亚，对印度尼西亚菜的口味十分喜爱，于是第一批来到荷兰开中餐的华人，将荷兰人爱吃的印度尼西亚菜加入中餐厅，并把餐馆称为中印餐馆。为了适应荷兰人的偏好，在中餐口味上也做了改良，味道偏甜酸。芙蓉虾、沙嗲串加什锦炒饭、什锦蔬菜、火肉（叉烧肉）都是这些餐馆中长盛不衰的菜品。

荷兰中餐的鼎盛时期，中餐馆遍布荷兰的村落、小镇。一家人吃着从中餐馆打包回家的火肉，看着喜欢的电视节目，曾代表着一些荷兰家庭的周末生活。到 2008 年，荷兰的传统中餐馆已经达到 2 123 家。随着时代的变迁和顾客需求的变化，传统中餐馆的经营遭遇困境，逐渐被日式料理等取代，至 2012 年，中餐馆还剩下 1 769 家，到 2018 年更缩减到 1 377 家。但这也难不倒华人，近些年，以 wok 为名的"荷兰新中餐"崛起，不仅在口味上有创新，更在加工和进餐过程中寻求突破。如今新式中餐馆不仅在荷兰红红火火，还在法国等西欧国家开始了连锁经营。

意大利中餐。2018 年，从事全球资讯和市场调研的尼尔森公司曾在意大利进行了一项意大利人最喜欢的外国菜的抽样调查，结果显示，中餐是意大利人最喜欢的外国菜。

目前，在罗马开设的中餐馆已达 400 多家，其中不少是中国温州等地的华侨开设的，颇具浙菜乡村风味。在服装之都米兰的外国风味餐馆中，中餐馆占据了 50% 以上。

意大利知名的中餐馆有罗马的君豪茶餐厅、米兰的旺角餐厅、红泥餐馆、希尔美食城、陕西馍馍餐厅、台湾餐厅，佛罗伦萨的重庆印象餐厅、唐朝餐厅，梅斯特雷的东方酒楼，帕多瓦的大上海酒楼等。

俄罗斯中餐。中餐在俄罗斯经营的历史并不长。从 1995 年莫斯科出现第一家中国人开的中餐馆起，至今只有不到 30 年的历史。俄罗斯中餐的发展可以分为如下三个阶段。

第一个阶段是 1995 年以前，那时即使在俄罗斯首都莫斯科，也只有一两家餐馆提供中餐，且为俄罗斯人经营。其后，一名来自中国东北的商人抓住商机，在莫斯科开设一家名为唐人大酒店的中餐馆。由于是第一家中餐馆，其效益非常好，从此带动了中餐业在当地的发展。此后仅仅几年时间，就有数十家中餐馆在莫斯科开业。

第二阶段从 2005 年开始，当时，中俄关系迎来了发展新阶段。2005 年，两国贸易额达到 291 亿美元，比前一年增长 37%，俄罗斯中餐也迎来了一次发展高峰。

第三阶段从 2015 年开始，当时莫斯科的中餐馆虽然数量不少，但多数在位置、装修方面不上档次，在当地人眼里，难以与日本料理和法国大餐比肩。于是一些中餐馆开始在选址和装修上下功夫，打造出多家装修幽雅、菜品精美的高档中餐馆，一些商务人士和当地居民被吸引，来高档中餐馆谈生意，吃商务早餐，办晚间派对，成了一种时尚之举。

俄罗斯比较知名的中餐馆有莫斯科的中国大饭店、金鼎楼餐馆、黄河饭店，圣彼得堡的你好饭店、唐人酒楼、弗拉基米尔上海餐厅、红城饭店，符拉迪沃斯托克（海参崴）的 Zen 禅餐厅等。受到俄罗斯人欢迎的中国菜有北京烤鸭、糖醋里脊、宫保鸡丁、麻婆豆腐、馄饨、饺子、春卷和炒面。

（四）大洋洲中餐

大洋洲中餐 [94] 肇始于 19 世纪中叶，当时，首批广东人到澳大利亚的维多利亚州淘金，把粤菜带到了大洋洲。之后，伴随着移民规模的扩大，许多来到大洋洲闯天下的华人以开餐馆为生，越来越多中餐菜系在大洋洲生根发芽。

近年来，由于和大洋洲诸国之间的贸易日益频繁，很多中国企业家来大洋洲拓展商机，大洋洲的中餐品种日益丰富多彩。如今的大洋洲诸国不仅有鲁菜馆、川菜馆、粤菜馆、淮扬菜馆、闽菜馆、浙菜馆、湘菜馆、徽菜馆等，一些地方小吃，如兰州拉面、新疆大盘鸡、陕西肉夹馍、南京鸭血粉丝汤、天津煎饼果子等，也漂洋过海，成了大洋洲中餐中的有机组成部分。

大洋洲诸国之中，澳大利亚和新西兰的中餐比较发达，即使是在偏远小镇，也有华人餐馆驻扎。此外，在一些旅游业发达的大洋洲岛国，近年来也可看到中餐的身影。

澳大利亚中餐。澳大利亚是一个多元文化的移民国家，澳大利亚中餐在大洋洲餐饮中别树一帜。

澳大利亚中餐的历史要追溯到 19 世纪中期，勤劳的中国工人成为了采矿业的主要劳动力。为了满足自己的"中国胃"，一些移民开始在澳大利亚经营中餐馆，为华裔工人提供中国食物。之后，中国移民开始在各个城市与地区扎根，澳大利亚中餐也随之开枝散叶，传播到大洋洲各地。

伴随客人群体的扩大，很多华人餐馆为了适应当地人的口味，推出了被"澳大利亚化"的中餐，酸甜口味的柠檬鸡、糖醋里脊及春卷、炒饭等菜品，成了其中的代表作品。在许多华人聚集的区域，如悉尼的 Chinatown、Burwood、Hurstville 等，以及一些郊区小镇，有不少中餐馆聚集，其中很多都是拥有数十年历史的老店。

澳大利亚知名的中餐厅有佛笑楼中餐厅、何苑中餐厅、锦绣餐厅、美心餐厅等。

新西兰中餐。当今新西兰共有 900 多家亚洲料理餐厅，中餐是其中一个组成部分。

新西兰中餐经过了一个从弱到强的历程。早期华人移民来到新西兰开中餐馆时，因语言不通，资金不足，且华人的人口基数也不大，餐馆的顾客主要是当地人，所以只能改变餐品风味和经营方式以适应当地顾客。在口味上中西合璧，主打酸甜，经营方式上主打外卖。近十几年来，华人新移民越来越多，新西兰中餐也开始改变模样：川菜、京菜、沪菜、粤菜、东北菜、西北菜的餐馆纷纷出现，不仅繁华的大都市有很多中餐馆，偏远小镇也能看到中餐馆的踪迹。在新西兰最大城市奥克兰，中、高、低档的中餐馆随处可见。在有新西兰唐人街之称的多明尼路，中餐馆更是鳞次栉比。

（五）非洲中餐

非洲中餐 [95] 起步较晚。20 世纪 80 年代，中餐在非洲的南非、马达加斯加、毛里求斯等几个华侨比较集中的地方兴起，而在更为广袤的非洲其他地区，中餐几乎是一片空白。其后随着中非政治、经济及文化的不断发展，中非经济、文化交流日益频繁，中国到非洲工作、创业的人员也越来越多，越来越多的中餐馆出现在非洲多个角落。

由于非洲餐饮普遍简单，当地人对于东方美食非常向往。较之当地烹饪技法的单调和食材的单一，中餐色、香、味、形、质、养俱佳，是当地非洲本土烹饪所无法企及的。因此，在非洲的很多国家，中餐被看作"官餐"，很多非洲国家的官方接待或者宴请都选择中餐。与当地餐馆比较，中餐的价格相对昂贵，例如在中非国家卢旺达，在中餐馆吃一顿大餐需要花费当地员工半个月的工资，很多非洲居民都把吃中餐看作是非常奢侈和荣幸的事情。

和各大洲中餐比较，非洲中餐是落后的一隅。这里边有资金、食材、物流的原因，也有人才方面的问题。问题就是机遇，假若非洲中餐能够解决上述问题，必然会迎来一片大好的发展天地。

南非中餐。由于经济相对发达，南非中餐的发展走在多数非洲国家的前列。若干年前，南非最大城市约翰内斯堡只有寥寥几家台商经营的中餐店面，随着中国与南非在 1998 年正式建交，来此经商的华人数量不断增加，这里陆续出现了"上海熟食""北方水饺"等一批中餐馆。如今约翰内斯堡东区西罗町的新唐人街，已经成为中餐馆的汇聚地。

现在，南非各地的中餐馆已经达到 200 多家。从经营品种看，南甜、北咸、川辣、海鲜、粤式大菜及风味小吃，均有涉及。中餐的发展还带动了当地的就业及中国、南非两国的文化交流，有一家名为"夜上海"的餐厅，雇用了十多位南非青年员工，有的员工可以用娴熟的中文与顾客交流。

埃及中餐。埃及的餐饮场所主要有三类：西餐馆、中东餐馆和特色餐馆，中国餐馆属于特色餐馆一类。

早年中餐在埃及并不发达，2005 年之前，埃及首都开罗只有一家中餐馆。这种情况在近年来有了不小的改观，北京餐厅、龙鑫庄、唐城、香满楼、王府、长城、成吉思汗饭店、蜀香阁、龙鑫庄、如意坊、御膳坊、湘逸坊都是当地有名的中餐馆。

此外，还有王府饭店、圆山饭店等由埃及人开设的中餐馆。

中餐在埃及的发展，离不开方方面面的努力。2020 年 4 月，由开罗中国文化中心策划的"网上中餐厅"节目开播，陆续推出了 24 道中国传统菜肴的教学视频。之后，以此为基础，邀请埃及民众及常住埃及的外国人选取其中一道菜肴进行烹制，录制烹制过程参与比赛。这一活动吸引了众多选手积极参与，观看教学视频的超过 200 万人次，推动了中餐在埃及的认知和普及。

表 5-1 为中餐菜系流派表。

表 5-1　中餐菜系流派表

菜系	流派	菜系	流派
京菜［11］	［0］	浙菜［33］	杭帮流派［331］
津菜［12］	城区流派（津）［121］		瓯帮流派［332］
	非城区流派（津）［122］		绍帮流派［333］
冀菜［13］	保府流派［131］		甬帮流派［334］
	冀北流派［132］	徽菜［34］	合肥流派［341］
	冀东流派［133］		淮南流派［342］
	冀中南流派［134］		皖南流派［343］
晋菜［14］	晋北流派［141］		沿淮流派［344］
	晋东南流派［142］		沿江流派［345］
	晋西南流派［143］	闽菜［35］	闽北流派［351］
	晋中流派［144］		闽南流派［352］
蒙菜［15］	蒙东流派［151］		闽西流派［353］
	蒙西流派［152］		闽中流派［354］
辽菜［21］	辽东流派［211］	赣菜［36］	赣东流派［361］
	辽河流派［212］		赣西流派［362］
吉菜［22］	吉东流派［221］		赣州流派［363］
	吉西流派［222］		九江流派［364］
	吉中流派［223］		南昌流派［365］
龙菜［23］	哈埠流派［231］	鲁菜［37］	胶东流派［371］
	嫩江流派［232］		历下流派［372］
	兴安岭流派［233］		泰沂流派［373］
沪菜［31］	［0］		运河流派［374］
苏菜［32］	淮扬流派［321］	豫菜［41］	豫北流派［411］
	金陵流派［322］		豫东流派［412］
	苏锡流派［323］		豫南流派［413］
	徐海流派［324］		豫西流派［414］
			郑州流派［415］

续表

菜系	流派	菜系	流派
楚菜〔42〕	鄂州流派〔421〕	滇菜〔53〕	滇中流派〔534〕
	汉沔流派〔422〕	藏菜〔54〕	藏北流派〔541〕
	荆南流派〔423〕		藏东流派〔542〕
	襄郧流派〔424〕		藏南流派〔543〕
湘菜〔43〕	洞庭流派〔431〕	陕菜〔61〕	关中流派〔611〕
	湘江流派〔432〕		陕北流派〔612〕
	湘西南流派〔433〕		陕南流派〔613〕
粤菜〔44〕	潮州流派〔441〕	陇菜〔62〕	陇西流派〔621〕
	东江流派〔442〕		陇东流派〔622〕
	广府流派〔443〕		陇中流派〔623〕
桂菜〔45〕	滨海流派〔451〕	青海菜〔63〕	青北流派〔631〕
	桂北流派〔452〕		青南流派〔632〕
	桂东南流派〔453〕	宁菜〔64〕	宁北流派〔641〕
	桂西流派〔454〕		宁南流派〔642〕
琼菜〔46〕	琼北流派〔461〕	新疆菜〔65〕	北疆流派〔651〕
	琼南流派〔462〕		南疆流派〔652〕
	琼中流派〔463〕	港菜〔81〕	〔0〕
渝菜〔50〕	城区流派（渝）〔501〕	澳菜〔82〕	澳葡流派〔821〕
	非城区流派（渝）〔502〕		澳粤流派〔822〕
川菜〔51〕	川东流派〔511〕	台菜〔83〕	台北流派〔831〕
	川西流派〔512〕		台中流派〔832〕
	上河流派〔513〕		台南流派〔833〕
	小河流派〔514〕	亚洲中餐〔91〕	〔0〕
黔菜〔52〕	黔北流派〔521〕	美洲中餐〔92〕	〔0〕
	黔东南流派〔522〕	欧洲中餐〔93〕	〔0〕
	黔西南流派〔523〕	大洋洲中餐〔94〕	〔0〕
滇菜〔53〕	滇东北流派〔531〕		
	滇南流派〔532〕	非洲中餐〔95〕	〔0〕
	滇西流派〔533〕		

思考题

1. 中餐体系为什么要包括海外菜系？
2. 亚洲中餐有哪些特色？
3. 美洲中餐有哪些特色？
4. 欧洲中餐有哪些特色？
5. 大洋洲中餐有哪些特色？
6. 非洲中餐有哪些特色？

第七节　发酵流派

发酵是中餐中一种不可或缺的加工类别。因所在地区的纬度、温度不同，加工原料不同，发酵技法不同，中餐的发酵体系中同样存在着流派。

酒和茶是中餐发酵产品中的两个典型品类。它们生产地域广阔，发酵技法多样，诞生历史久远，均具有独特的传承体系。其中白酒以流派区分，发酵茶以产区分类。

一、白酒流派

中国的酿酒业有几千年的历史，经历了三个阶段的变化：第一阶段是谷物发酵酒的初级阶段，其产品主要为浊酒与清酒；第二阶段是谷物发酵酒的高级阶段，其产品是主要为黄酒；第三阶段是谷物蒸馏酒即白酒的发展阶段，在这个阶段，蒸馏酒与发酵酒共同把中国酿酒技艺推向高峰，白酒逐渐成为中餐餐桌上的第一酒种。

从发酵到蒸馏，从酒缸到酒窖，从酒坊到大工业化生产，中国酒在历史演变过程中经历了一次次的飞跃。这些飞跃让中国酒香型不断丰富，质量不断提升，形成了中餐白酒的六大流派，即川黔流派、苏皖流派、鲁豫流派、两湖流派、东北流派和华北流派。

（一）川黔流派

白酒中的川黔流派位于中国西南地区，这里山深水急，亚热带季风气候、高原山地气候齐备，是中国著名的白酒产区。

独特的地理位置与环境，深厚的文化历史底蕴，先进的酿造技术，在巴蜀大地上形成了宜宾、泸州、德阳（绵竹）和成都戳川四大川酒主产区。川酒的特点是浓郁、味厚、绵甜、净爽、香长。在历届中国名酒评比中，先后有 6 种川酒获得名酒称号，分别是五粮液、泸州老窖、剑南春、沱牌曲酒、全兴大曲和郎酒。

贵州地区到清代才开始大规模酿造白酒，在时间上要晚于中国其他地区，但是后来居上，茅台率先崭露头角，它和董酒等酱香型白酒一起，把中国白酒推向佳境。

（二）苏皖流派

江苏、安徽均属中国华东地区。这里山峦叠翠，水网密集，自古便是著名的鱼米之乡，酒文化也有着悠久的历史。

苏酒的特点是"甜、绵、软、净、香"，是五味谐和、以味为主的淡雅浓香型白酒。苏酒中传统的名酒有"三沟一河"，即汤沟酒、高沟酒、双沟酒和洋河酒。进入新时代，苏酒新品仍旧层出不穷。

安徽已有3 000多年的酿酒历史，八大传统名酒之一的古井贡酒，就出于安徽亳州。酒业中一向有"西不入川，东不入皖"的说法，可见安徽白酒的实力不容忽视。如今，徽酒的品种多达几百种，浓香型、兼香型白酒颇具特色。徽酒中既有全国知名的品牌，也有区域内的强势品牌。古井贡酒、金种子酒、口子窖酒、迎驾贡酒，是徽酒的"四朵金花"。

（三）鲁豫流派

从行政区域划分上，山东属于华东，河南属于华中，两者并不是一个相同的区域。但是从历史、地理和心理趋同方面来说，鲁豫两地又很接近，因此有了相近的白酒酿造流派。

山东作为白酒生产和消费大省，地方酒众多成为鲁酒的一大特色，几乎县县都有酒厂。在全国12个香型白酒中，芝麻香型是以鲁酒为主创立的。在传承发展的过程中，鲁酒逐渐形成了"鲁派酱香"的新风格。当今鲁酒的"八大金刚"是泰山生力源、兰陵、景芝、孔府家、趵突泉、古贝春、扳倒井和琅琊台。

豫酒是淡雅浓香型白酒，其特点是清香和浓香的结合。关于中国酿酒起源的两种说法，即杜康酿酒说和仪狄造酒说，这两种说法都源自河南。这充分说明了河南酿酒历史的久远。历史上，宝丰、仰韶、杜康、张弓等诸多豫酒品牌都红极一时，书写了灿烂的酒文化。当今豫酒中也有六朵金花，它们是宋河、杜康、仰韶、宝丰、张弓和赊店。

（四）两湖流派

湖北、湖南均属于华中地区。两地均水网密集，山地起伏，酿造出的白酒有着相近的特色。

湖北酒又称楚酒、鄂酒，有着悠久的历史。春秋时期，楚国的酿酒业便已鹤立鸡群，秦汉时的名酒"宜城醪"，更为历代诗人墨客所赞扬传颂。当今的湖北名酒有白云边、枝江酒、稻花香、劲酒等，其中白云边酒以"芳香优雅，酱浓协调，绵厚甜爽，圆润怡长"的独特风格，被确定为中国浓酱兼香型白酒的典型代表。

湖南酒又叫湘酒。湖南山奇水秀，五谷丰茂，独特的地理环境与温和湿润的气候，给湖南酒的酿造提供了丰厚的物质和环境基础。产自湖南衡阳的酤酒（又称酃酒）是中国古代著名的美酒之一，马王堆出土的物品中，也发现了酒的实物和相关记载。进入酿造酒时代后，湖南更是名酒迭出，有湘西的酒鬼酒，邵阳的邵阳大曲、开口笑酒，常德的德山大曲，益阳的南州大曲，衡阳的回雁峰，长沙的白沙液等。

其中酒鬼酒巧妙地融合了泸型之浓香、汾型之清香、茅型之酱香，成为中国白酒的一大杰作。

（五）东北流派

东北地区包括辽宁、吉林、黑龙江三省，东北三省有着相近的气候和人文，其酿酒技术也较相近。

和其他地区的白酒比较，东北酒普遍度数较高，例如，有65度的老白干，这在其他产酒地区比较罕见。这和当地气候寒冷、人们的特殊消费需求相关。东北地区是中国的粮仓，其白酒也是纯粮酿造，口感绵柔醇厚，喝后不伤身体。

东北白酒的四大知名品牌是大泉源酒、黑土地酒、龙泉春酒和老村长酒。其中大泉源酒起源于1616年女真部落烧锅，历经十几代人的薪火传承，先后荣获过"中国驰名商标""国家地理标志产品""国家级工业旅游景区""第二批中华老字号企业"等多项荣誉。黑土地酒以生长周期超过150天的高粱、大米为主料，采用1 800米深的岩溢泉水酿造，窖香浓郁，口味丰满，曾荣获"中国驰名商标"。龙泉春酒产自吉林，现已形成省名牌、部优、国优、滋补四大系列。老村长酒则产自黑龙江，酒质口感柔和，甘甜顺畅，是纯粮酿造的上乘佳品。

（六）华北流派

华北地区包括北京市、天津市、河北省、山西省和内蒙古自治区5个省级行政单位。华北流派的白酒以山西的晋酒和河北的冀酒为代表，北京的二锅头也在华北名酒中独树一帜。

清香型白酒源于山西。晋酒秉承了传统酿酒中"古遗六法"的酿造精髓，其酒色纯净、雅郁清香。山西杏花村的汾酒已有1 400多年的酿造历史，南北朝时已享有盛誉。除汾酒外，山西还产有"兰羞荐俎，竹酒澄芳"的竹叶青酒、"香飘万里醉半山"的长治潞酒、"六曲飘香"的祁县六曲香酒等。

河北省是战国时期燕、赵、中山三国故地，元、明、清三代又为畿辅之区，不仅是炎黄文化的发祥地，也是中国酒文化的发祥地之一。河北的造酒史至少可以追溯到7 000多年前的磁山文化时期。至晚到商代，河北的先民已熟练地掌握了用酒曲酿酒的先进技术。河北白酒中的衡水老白干，始于汉代，知名于唐代，正式定名于明代，在1915年巴拿马万国博览会上，荣获了赛会最高荣誉甲等金奖。此外，河北生产的山庄老酒、刘伶醉酒、板城烧锅酒也是中国国家地理标志产品。

二、中华茶区

茶和酒一样，因为生产地区、生产原料和制作技术的差异，也分为多个生产地区。只是受纬度和气候限制，茶区的分布范围没有产酒的地区那样广泛。

中国茶区主要集中在中部、南部各省，基本分布在东经94°～122°、北纬18°～37°的范围内，涵盖浙、苏、闽、湘、鄂、皖、川、渝、贵、滇、藏、粤、桂、赣、琼、台、陕、豫、鲁、甘等省区的上千个市县。茶树最高种植在海拔2 600米的高地上，最低仅距海平面几十米。地貌和气候不同，茶树的类型和品种也多种多样，从而形成了颇为丰富的中餐茶类体系。

当今中国的茶区划分为 3 个级别，其中国家级的一级茶区有 4 个，即江北茶区、江南茶区、西南茶区和华南茶区。

（一）江北茶区

江北茶区南起长江，北至秦岭、淮河，西起大巴山，东至山东半岛，包括甘南、陕西、鄂北、豫南、皖北、苏北、鲁东南等地，是中国位置最北的茶区。

江北茶区以绿茶为主要茶种。其中河南所产的有信阳的信阳毛尖、固始的仰天雪绿、桐柏的太白银毫等。陕西所产的有西乡的午子仙毫，南郑的汉水银梭，镇巴的秦巴雾毫，紫阳的紫阳毛尖、紫阳翠峰，平利的八仙云雾等。甘肃所产的有康县的龙神翠竹、龙神翠峰、龙神毛尖、阳坝毛尖、阳坝银毫，武都的粟香毛尖、陇裕雀舌，文县的碧峰龙井、御泽春等。山东所产的有日照雪青等。

安徽是江北茶区的出产大户。红茶有祁门的祁门红茶；黄茶有皖西黄大茶；绿茶的品种最多，有休宁、歙县的屯绿，黄山的黄山毛峰、黄山银钩，六安的瓜片、齐山名片，太平的太平猴魁，休宁的休宁松萝，泾县的涌溪火青、泾县特尖，青阳的黄石溪毛峰，歙县的老竹大方、绿牡丹，宣城的敬亭绿雪、天湖凤片、高峰云雾茶，金寨的齐山翠眉、齐山毛尖，舒城的兰花茶，桐城的天鹅香茗、桐城小花，九华山的闵园毛峰，绩溪的金山时雨茶，休宁的白岳黄芽、茗洲茶，潜山的天柱剑毫，岳西的翠兰，宁国的黄花云尖，霍山的翠芽，庐江的白云春毫等。

江苏（包括属于江南茶区的苏南）所产的茶叶主要为绿茶，知名的有宜兴的阳羡旨芽、荆溪云片，南京的雨花茶，无锡的二泉银毫、无锡毫茶，溧阳的南山寿眉、前峰雪莲，江宁的翠螺、梅花茶，苏州的碧螺春，金坛的雀舌、茅麓翠峰、茅山青峰，连云港的花果山云雾茶，镇江的金山翠芽等。

湖北（包括属于江南茶区的鄂北）所产的茶叶中，绿茶有仙人掌茶、恩施玉露、车云山毛尖、峡州碧峰、邓村云雾、西厢碧玉簪、天台翠峰、双桥毛尖、昭君毛尖、青龙雀舌、三峡宝剑、娘娘寨云雾茶、长阳茗峰、一尖仙峰茶、松峰茶、龟山岩绿、金水翠峰、水仙茸勾、挪园青峰、五峰春眉、隆中茶、天堂云雾、容美茶、雾洞绿峰、宣恩贡茶等；黄茶有远安鹿苑；红茶有宜红功夫；紧压茶有青砖、米砖茶等。

（二）江南茶区

江南茶区位居长江以南，大樟溪、雁石溪、梅江、连江以北，包括粤北、桂北、闽中北、湘、浙、赣、鄂南、皖南、苏南等地。江南茶园主要分布在丘陵地带，少数在海拔较高的山区，如浙江的天目山、福建的武夷山、江西的庐山、安徽的黄山等，都是产茶名地。

江南茶区气候温和，四季分明，是种植绿茶、红茶、黑茶的适宜区域。

江南茶区产茶历史悠久，历史与现代名茶甚多，主要有老竹大方、瑞草魁、碧螺春、阳羡雪芽、西湖龙井、开化龙顶、径山茶、顾渚紫笋、鸠坑毛尖、建德苞茶、泉岗辉白、天目青顶、莫干黄芽、大鄣山茶、黄山绿牡丹、贵池翠微、牯牛降野茶、南京雨花茶、金山翠芽、南山寿眉、金坛雀舌、无锡毫茶、茅山长青、磐安云峰、安吉白茶、天目湖白茶、大佛龙井、千岛玉叶、觉农舜毫、婺源茗眉、上饶白眉等。

江南茶区的很多名茶，都以其原产地命名，如产于浙江杭州西湖山区的西湖龙井、湖州市长兴县顾渚山的顾渚紫笋、以惠明寺一带为主要产区的惠明茶和杭州市余杭区径山的径山茶等。

（三）西南茶区

西南茶区地处米仑山、大巴山以南，红水河、南盘江、盈江以北，神农架、巫山、方斗山、武陵山以西，大渡河以东，包括黔、渝、川、滇中北和藏东南。

西南茶区种植加工的茶种有红茶中的滇红功夫、滇红碎茶、早白尖；绿茶中的昆明十里香、宝洪茶、竹叶青、峨眉毛峰、都匀毛尖、云顶绿茶、羊艾毛峰；黑茶中的云南普洱茶、四川边茶，黄茶中的蒙顶黄芽、海马宫茶等。

（四）华南茶区

华南茶区位于华南地区的大樟溪、雁石溪、梅江、连江、浔江、红水河、南盘江、无量山、保山、盈江以南，包括闽中南、台湾、粤中南、海南、桂南、滇南。

华南茶区水热资源丰富，适合多种类型的茶树生长。出产的茶叶品类有红茶、乌龙茶、花茶、白茶和六堡茶等，其中福建省所产的茶中，乌龙茶有武夷山的武夷岩茶、大红袍等，安溪的铁观音、黄金桂等，崇安、建瓯的龙须茶，永春的佛手，诏安的八仙茶等；绿茶有南安的石亭绿、罗源的七境堂绿茶、龙岩的斜背茶、宁德的天山绿茶、福鼎的莲心茶等；白茶有政和、福鼎的白毫银针和白牡丹，福安的雪芽等；花茶有福州的茉莉花茶、茉莉银毫、茉莉春风、茉莉雀舌等；红茶有福鼎的白琳功夫、福安的坦洋功夫、崇安的正山小种等。

广东所产的茶中，乌龙茶有潮州的凤凰单枞、凤凰乌龙、凤凰水仙，还有岭头单枞、石古坪乌龙、大叶奇兰等；红茶有英德红茶、荔枝红茶、玫瑰红茶等；绿茶有高鹤的古劳茶、信宜的合箩茶等。

广西所出产的茶中，绿茶有桂平的西山茶、横县的南山白毛茶、凌云的凌云白毫、贺州市的开山白毫、昭平的象棋云雾、桂林的毛尖、贵港的覃塘毛尖等；花茶有桂北的桂花茶；红茶有广西红碎茶。

海南所产的茶有南海、通什、岭头等地的海南红茶及五指山区生产的兰贵人、苦丁茶。

台湾所产的茶中，有南投的冻顶乌龙，台北、花莲的包种茶等。

思考题

1. 为什么把发酵产品列入中餐体系？
2. 中餐白酒分为几大流派？分别有什么特色？
3. 中餐茶分为几大茶区？分别有什么主要品种？

第八节　中餐门派

中餐门派又叫中餐师门，是中餐体系的第五层级。

在中餐业界，职业厨师是一个庞大的群体，有近千万之众，但不是每个人都能获取"工匠"的头衔。厨分三等，即工、技、匠。所谓工者，是指没有专门技能的厨工。这个群体人数众多，他们承担着厨房里大量的体力劳动，处于厨师的最底层。所谓技者，是指掌握一项或多项技术的厨人。这个群体敬业乐业，以自己的一技之长奉献社会，但是还没有达到工匠的高度。所谓匠者，是指形成技艺风格的厨艺大师或发酵大师。为彰显技艺、传承技艺，工匠品牌往往以自成一派的形式存在。这种技术传承品牌，在烹饪界被称为师门，在发酵界被称为传承人。据不完全统计，中餐体系中的烹饪工匠门派品牌在 1 200 个以上。

烹饪工匠品牌中最引人瞩目的，是烹饪艺术家品牌。1992 年，"烹饪艺术家"这一概念被提出；2015 年 3 月 21 日，首届中国烹饪艺术家年会在北京举行。会上确定了中国烹饪艺术家日，提出"匠心、亮德、拒烹、裸烹"的烹饪艺术家价值观，发布了烹饪艺术家主题宣言。至 2023 年，中国烹饪艺术家年会已举办了九届，传扬了烹饪艺术家理念，彰显了烹饪艺术家贡献，形成了功勋烹饪艺术家、最受瞩目烹饪艺术家、烹饪艺术家、最受瞩目青年烹饪艺术家、青年烹饪艺术家等系列称号，为一大批优秀厨师实现了创新梦、艺术梦、中国梦（见图 5-6）。

图 5-6　烹饪艺术家标志

个人化的烹饪工匠品牌扩展后，就形成了师门。师门是为了彰显、传承技艺而形成的，主要用于区分同一流派区域内中餐产品的差异性。烹饪师门由技艺精深的烹饪艺术家领衔，按某一个流派内的工匠品牌划分。

中餐十分强调个人的技艺和师徒传承。数千年来，中餐经典产品的传承离不开师徒传承这一主要模式，徒弟拜师学艺、师傅口传身教，传承的不仅有技术与产品，还有行规与厨德，以及深深的师徒情谊，这都是中餐传承中不可或缺的重要部分。

不同的烹饪技艺风格，是构成烹饪师门的核心要素。师门的命名以开创者的姓名为主，如王义均师门、王兴兰师门等。师门有小师门和大师门之分，不是所有的师门都能够成为门派，只有大师门才能够自成一派，小师门则隶属于大师门。在师门传承中，一些徒弟有了独特的成果，产生了大的影响，也可另立师门。能否成为大师门尚没有硬性的标准条件，一般认为，首先，形成了独特的烹饪艺术风格，要有若干个代表产品；其次，要得到消费者的广泛认可；再次，师徒传承要在三代以上，只有久经时间考验的方可形成大的师门。

　　公认的师门品牌记录，由以下几方面组成：一是师门名称；二是创始人姓名及出生年月；三是创始人的从业经历、获奖情况及荣誉称号；四是创始人师承情况；五是创始人的技术特色；六是创始人的代表作品；七是创始人的理论著作；八是该师门的传承人。

　　中餐体系中除了烹饪门派外，还有发酵门派，主要有制酒门派、制茶门派等。

中餐菜系品牌价值、标准与建设

第六章

中餐吃事

本书第二至五章所述的中餐食材、中餐工艺、中餐产品、中餐体系，都属于中餐的生产领域。完整的中餐体系还有另外一个对应的领域，那就是中餐的利用领域。

中餐利用领域又称中餐吃事领域，是和中餐生产领域对立统一的一个领域，两者相互支撑、互为表里。过去论述中餐的书籍中一般只涉及生产，不讲利用。其实，生产是吃的手段，吃是生产的目的，任何缺少了利用的餐饮体系都是不完整的体系。

中餐吃事包括 4 方面的内容：一是吃的方法，包括吃前三辨、吃中七耦、吃后二验等吃法维度，也包括与吃紧密相关的吃病和吃疗；二是吃的礼俗，包括中餐吃礼和中餐吃俗两个部分；三是吃事审美，论述了吃事五觉、双元审美的特殊性和重要性。四是吃事原理，是从理论的高度对中餐吃事给予阐述和总结。

第一节　本章相关名词解释

一、核心名词

中餐吃事：中国人传统利用食物的过程与结果的特有范式。

二、相关名词

吃事：人类摄入食物的现象和活动。食事与吃事是属种关系。

吃物：摄食场景中的食物。食物与吃物是属种关系。

吃者：摄食场景下的人。食者与吃者是属种关系。

吃物充饥：吃物缓解饥饿的过程。

吃物转肌：吃物转化为肌体的过程。

吃事调肌：用吃物与吃方法调节肌体不适的过程。

吃事防疾：用吃物与吃方法预防肌体疾病的过程。

吃事致疾：吃事与吃方法导致肌体疾病的过程。

吃事疗疾：用吃物与吃方法治疗肌体疾病的过程。

肌体偏性：肌体的非正常性。

吃事方法：满足食物转化系统需求的摄入方式。

中餐吃法：中国人解决吃事问题的传统门路、程序、方式。

吃前阶段：吃前对肌体、食物、季节认知的过程，是吃事的一部分。

吃前三辨：辨别肌体需求、辨别食物成分、辨别季节变化。

吃中阶段：吃入食物的过程，是吃事的核心部分。

吃中七耦：把握吃物的数量、种类、温度、生熟及吃事的速度、频率、顺序以适应自己身体需求。

吃后阶段：吃后检验吃物释出和肌体变化的过程，是吃事的一部分。

吃后二验：检验吃物的释出（不仅是大小便）、检验身体变化。

食病：食物或吃法引发的肌体不正常状态。

缺食病：因缺少食物而导致肌体的不正常状态。

过食病：因吃入过多食物而导致肌体的不正常状态。

污食病：因吃入不洁食物而导致肌体的不正常状态。

偏食病：因长期只吃某种食物而导致肌体的不正常状态。

敏食病：因吃入某种食物而引起肌体感受性不正常增高的状态。

厌食病：食欲不振引起的肌体不正常状态。

吃事礼仪：人类在食物利用过程中的礼节和仪式。

吃事习俗：民间长期沿袭并自觉遵守的群体食事行为模式及规律。

吃事五大优俗：礼让、清洁、节俭、健康、适量。

吃事五大陋俗：浪费、奢侈、猎奇、不洁、迷信。

吃事审美：领会进食过程中心理、生理愉悦的体验与感受。

五觉审美：利用嗅觉、味觉、触觉、视觉、听觉领会食物的美。

吃事双元审美：人在利用食物过程中领会美的心理和生理的反应。

美食家：在食物加工和利用过程中能够领会到美的专门人才。

五种美食家：美食大家、长寿美食家、品鉴美食家、烹饪艺术家、发酵艺术家。

吃事指南：吃事方法的指导文件。又称吃法指南、膳食指南。

表盘吃事指南：由 1 个中心、3 个阶段、12 个关注点组成的摄食方法指导文件。

中华餐前捧手礼：为珍惜食物、反对浪费创制的有中国特色的餐前礼仪。

食学问答

第二节　吃事方法

吃事是指摄入食物的过程和现象。人类的吃事源远流长，在几百万年的时间里，面对如何科学地吃，人类积累了大量的经验，不同民族有不同的实践总结，不同地域有不同的集体认知。

吃方法是吃事的主要内容之一。没有正确的吃法，就没有健康的身体。民以食为天，从人类的生存与可持续的角度说，选择和坚持正确的吃法，是人类得以健康、得以繁衍的重要前提。

吃方法虽然重要，但是长期以来，它一直以一种口传心授的经验之谈，以及不成体系的零星记载存在，既研究得不够、不透，更没有形成一个学科体系。直到1992 年美国农业部发布了"USDA 金字塔"膳食指南，人类才进入了用现代科学指导国民吃事的阶段。

"USDA 金字塔"膳食指南根据食物与健康的关系，将食物分为应该多吃、适量多吃、适量少吃和少吃或不吃四类，并分别标明了这四类食物的种类和每天的进食量。在吃法指导方面，"USDA 金字塔"膳食指南从无到有，一时间成为各国、各餐系纷纷效仿的榜样，引发了多个国民膳食指南，如中国的金字塔膳食指南、日本的陀螺膳食指南、欧洲的地中海膳食指南的出台（见图 6-1）。

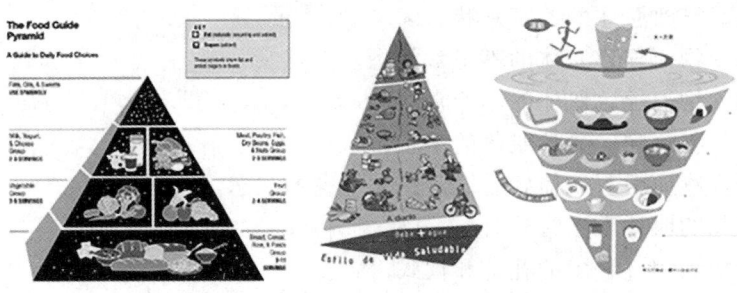
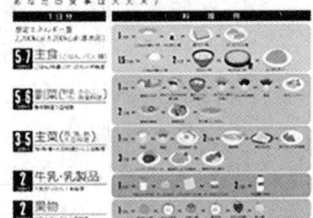

盐	<6克
油	25~30克
奶及奶制品	300克
大豆及坚果类	25~35克
畜禽肉	40~75克
水产品	40~75克
蛋类	40~50克
蔬菜类	300~500克
水果类	200~350克
谷薯类	250~400克
全谷物和杂豆	50~150克
薯类	50~100克
水	1 500~1 700毫升

每天活动6 000步

图 6-1 世界多国膳食指南

　　对人类吃法指导来说，"USDA 金字塔"等膳食指南的出现是一大进步。不过细细衡量，这类膳食指南还是有不少缺陷。例如，它只关注吃中阶段，忽略了同样重要的吃前阶段和吃后阶段；又如，它只关注进食数量和食物种类两个维度，对于进食的频率、速度、顺序及食物的温度、生熟等维度则没有涉及；再如，它是一种群体平均值的指导，难以因人制宜。这种不完整、不全面、非个体的缺陷，直到2018年中国学者创建了表盘吃事指南（见图6-2），才得到了彻底的改观。

　　表盘吃事指南是 "USDA 金字塔"等国民膳食指南的升级版。它借用生活中常见的圆盘形状，将盘面分割成3个区域，把传统膳食指南只关注吃中这一个吃事阶段，上升为关注吃前、吃中、吃后3个吃事阶段；将只关注吃物数量、吃物种类两个吃事维度，扩展为辨体、辨物、辨季、数量、种类、频率、温度、速度、生熟、顺序、验出、验体12个维度；在圆盘中心设置了一个表示人的个体状态的内环圆盘，以示用群体平均值+个体趋准值的科学方法，取代了 "USDA 金字塔"膳食指南只关注群体平均值的弊端；增加了食物分类、吃病、吃疗和吃审美4个小圆盘，让吃事指导更加完整、全面。

图 6-2 表盘吃事指南

表盘吃事指南开辟了膳食健康指南的新阶段，此后的食学教育圆盘组（见图 6-3）等，都是它在不同领域的应用。

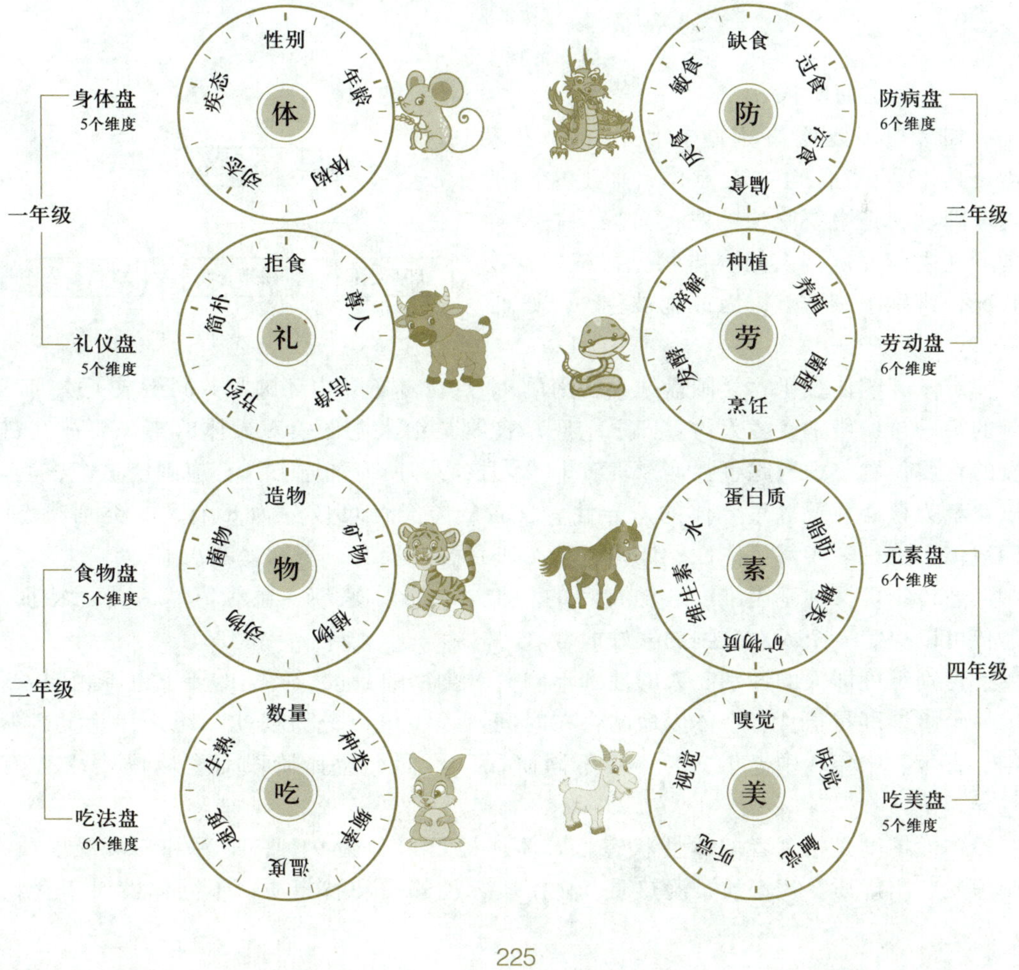

225

图6-3 食学教育圆盘组

一、吃事阶段

表盘吃事指南把吃事方法分为吃前、吃中、吃后3个阶段。吃前强调"三辨"，吃中讲究"七耦"，吃后要求"二验"。3个阶段需要整体管理，方能吃出人体健康。

（一）吃前阶段

如果把表盘吃事指南看作一个钟表表盘，其12点点位至2点点位，加上中心的内环圆盘，是中餐吃法的吃前阶段。它指导食者在吃前要辨别人的身体状况，辨别食物状况，辨别吃事季节，因此也被称为"吃前三辨"（见图6-4）。

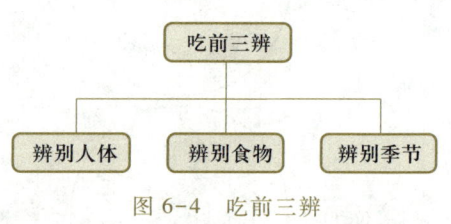

图6-4 吃前三辨

辨体。辨体位于食学圆盘健康指南的12点位。它和内环圆盘共同组成了吃前三辨的第一辨：辨别食者人体。归根结底，食物是给人吃的。对人体的辨识要放在进食的首要位置。中餐吃事强调以食者即人为核心，所有的吃方法都应围绕这个核心。以食者为核心就要尊重个体的差异性。食者的差异性可以分为8个大的类别状态，即遗传、性别、年龄、体性、体构、动态、心态、疾态，简称食者八维。

遗传维度又称基因维度，即食者的种群、民族、家族、血缘等基因传承特征。遗传可以决定一个人对食物的喜好取舍。

性别维度即人的性别。人的性别不同，对食物的数量、种类的要求也不相同。

年龄维度是指食者个体生命的存在时间。人生可以分为婴儿、幼儿、儿童、少年、青年、中年、中老年、老年等不同阶段，不同的生命阶段对食物的需求会有差异。

体性维度是指食者的体性状态。人体体性可以分为9种，即平和质、气虚质、阳虚质、阴虚质、痰湿质、湿热质、血瘀质、气郁质和特禀质，不同体性对于食物

226

有着不同的需求。

体构维度是指人的身体结构。高、矮、胖、瘦等不同的身体结构，同样可以左右对食物的选择。

动态维度即运动状态维度。人的运动量不同，摄食需求也不相同。

心态维度即进食时的心态。心态会影响进食的状态及营养的吸收。

疾态维度是指食者在进食时的疾病状态。疾病会影响对食物的选择、进食数量及对食物的消化吸收。

上述食者八维，是从大的方面表述人体的差异性，其实每一个人的每一天、每一时，都会有不同的状态，人们应该根据自己当下的身体状况选择适合自己的食物，选择适合自己的吃方法，而不是千篇一律地限定食物的数量和种类。

辨物。辨物位于食学圆盘健康指南的 1 点点位。辨物即辨别食物成分，包括辨别食物元素和辨别食物元性。它们共同组成了吃前三辨的第二辨。

辨季。辨季位于食学圆盘健康指南的 2 点点位。辨季是吃前三辨中的第三辨。大自然是有季节的，不同季节有不同的物产品种，不同时节的物产，所提供的营养和品质也不相同。顺应时节，不时不食，因时而食，才能更好地为人体提供有益的补给。

以食者为中心，去选择适合自己的食物，去选择应时当令的食物，这是中餐吃法的前提。

（二）吃中阶段

食学圆盘健康指南的 3 点点位至 9 点点位，是中餐吃法的吃中阶段。它指导食者在进食时要做到 7 个维度的耦合，即数量适宜、种类适宜、频率适宜、温度适宜、速度适宜、生熟适宜、顺序适宜，从而吃出健康来（见图 6-5）。

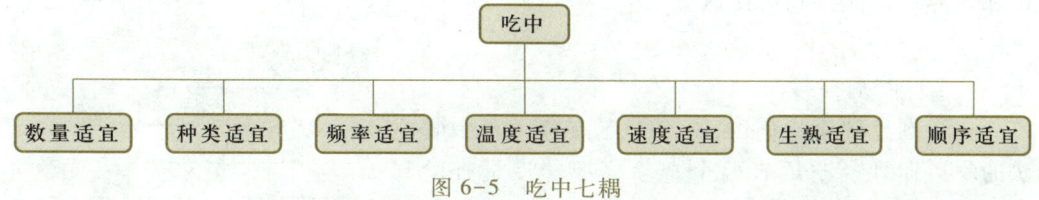

图 6-5 吃中七耦

数量。数量位于食学圆盘健康指南的 3 点点位。数量是指一个人每天进食的总量，包括主、副、零食的总量，其核心是食物所含的能量。能量是决定食物摄入量的首要因素，吃得过多或过少都会致病，摄入量与消耗量之间保持均衡，才是人体最佳健康状态。

种类。种类位于食学圆盘健康指南的 4 点点位。种类是指提供给人们进食的食物品种、类别。人的进食种类因民族、因地区、因人而异。除了个别少数民族，中华民族多数是以植物性食物为主、动物性食物为辅的杂食群体。多样的食物种类可以给人体提供全面的营养，在进食的种类上，应以多样化为进食基本原则，同时避免偏食、挑食和进食让自己过敏的食物种类。

频率。频率位于食学圆盘健康指南的 5 点点位。频率是指一个相对固定的时期内进食的次数。中餐曾有较长时间的一日两餐的历史，现代社会一般是一日三餐，早餐和午餐、午餐和晚餐间隔 6 小时左右，晚餐和早餐间隔 12 小时左右。一日三餐的吃事频率，较为符合人体对食物的生理需求，但是否适合每一个食者个体，还需要根据具体情况进行调整。

温度。温度位于食学圆盘健康指南的 6 点点位。温度与食物的营养、品质等有密切关系。适宜的温度可以提高口感，减少刺激，增进食欲，从而有利健康。食物温度的过高和过低，都会对人体造成伤害。人的体温为 37℃ 左右，食物的温度一般不宜与体温相差过大，与口腔温度的正负差保持在 5~10℃ 为好。从食用者看，中国人偏好热食热饮，中餐强调食品温凉适中，有益于身体健康，反之则会对身体造成损伤。

速度。速度位于食学圆盘健康指南的 7 点点位。速度是指具体一餐中进食所花的时间，主要取决于食物数量和咀嚼吞咽的速度。速度影响食物咀嚼的细化程度和消化吸收的程度，因此与人体的营养吸收和人体健康紧密相关。中餐传统吃事倡导细嚼慢咽，合理的进食速度有益于肠胃吸收。

生熟。生熟位于食学圆盘健康指南的 8 点点位。生熟是指所吃食物的生熟程度。人类在掌握用火之前，基本上都是生食。掌握了用火之后，熟食出现了。熟食改变了食物的口感和味道，让难以下咽的食物变得可口和好消化，让食物更加卫生。但生食以更绿色、更天然、更少添加物的特色，也没有离开人类的餐桌。什么食物宜生吃，什么食物宜熟吃，要以对身体的影响为依据。

顺序。顺序位于食学圆盘健康指南的 9 点点位。顺序是指在进食过程中各品种的进食顺序。进食顺序正确，有利于肠胃消化；顺序不对，不仅不利于营养吸收，还可能损害肠胃健康。

要做到吃中七耦，关键在于准确了解自身的"八维"情况，了解不同食物的性格和营养，才能做到选择适宜。

（三）吃后阶段

食学圆盘健康指南的 10、11 点点位，是中餐吃法的吃后阶段。吃后有两个查验标准，一是查验释出物，二是查验吃后体征（见图 6-6）。它们指导食者根据吃后的身体反应和状态，检验上一顿或上一段时间吃得是否正确。

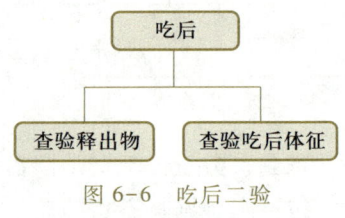

图 6-6　吃后二验

验出。验出位于食学圆盘健康指南的 10 点点位，验出即查验吃后释出物。释出物又称吃出物，是食物与人体进行能量转换后排出体外的物质，包括液体、气体、固体和散热 4 种形态。具体有眼出（泪水、眼屎）、耳出（耳屎）、鼻出（鼻涕、鼻屎）、口出（唾液、喷嚏、痰液、口气）、脐出（脐屎）、尿出（尿液）、肛出（大便、屁）、经出（白带）、乳出（乳汁）、肤出（汗液、肤油）、头出（发油、发屑）、皮出（散热）等多个类型（见图 6-7）。人们通过对它们的形状、颜色、稀稠、气味等的观察分析，可以判断对食物的选择和进食方法正确与否。

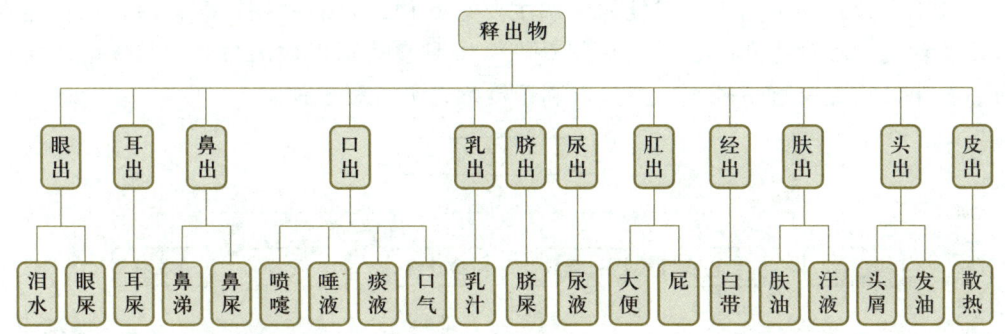

图 6-7　释出物种类

验体。验体位于食学圆盘健康指南的 11 点点位。验体是对吃后体征的查验。食者吃后的体征有两种状况：一是餐后的近期反应，如因进食产生的胃酸、胃胀、腹痛、困倦等状况；二是餐后身体的长期反应，如体重、胖瘦、毛发的变化等。查验吃后体征的目的是通过餐后自己身体的变化，判断上一餐和近一段时间吃得是否得当，从而调整下一餐及下一阶段的膳食。

二、吃事疾病

人类进食的目的不仅是维持生命，还要维护身体健康。中餐尤其重视吃与健康、与疾病的关系。

（一）吃事作用

人类进食有三大目的，即滋养生命、调理亚衡和治疗疾病（见图 6-8）。正确地进食可以滋养生命，而不正确地进食却可能导致疾病。当肌体处于患病或者亚衡（一种处于健康与疾病之间的人体状态）阶段，还可

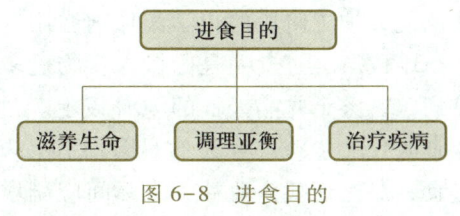

图 6-8　进食目的

以用食物来进行治疗和调理。吃病认知是中餐的重要认知，以食调疗人体，是极具特色的中餐实践组成。

人的进食具有五大作用，即充饥、化肌、致疾、防疾、疗疾。充饥的目的是维持生命，因为没有食物源源不断地供应，人的肌体就无法生存延续。化肌是食物转化为人的肌体，肌体是食物的转化物，没有食物就没有人的肌体。致疾是因吃生病，如吃得过少可以引起营养不良、吃得过多可以引起诸多慢性疾病、吃了不洁食物可以引发食物中毒等。防疾即以吃防病，既然不当的吃可以致病，那么科学合理地吃也可以用来防止疾病发生。疗疾是以吃祛病，偏性食物可以作用于肌体的纠偏，吃不仅可以治疗因吃引起的疾病，还可以治疗其他疾病。

（二）六大食病

食病又叫吃病，是一个新生概念，是指因不当食物和不当吃法引发的肌体不正常状态，其中既包括因食物问题带来的疾病，又包括因吃法问题带来的疾病。

因不当食物和不当吃法引发的疾病主要有 6 种，它们是缺食病、污食病、过食病、偏食病、敏食病和厌食病（见图 6-9）。6 种食病都以病因命名，与以往用病症命名相比，它可以直指病源，不仅有利于治疗，更有利于预防。

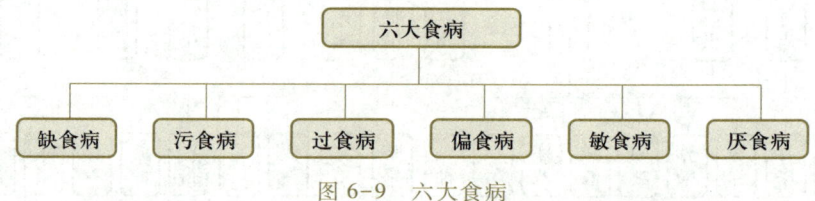

图 6-9　六大食病

缺食病。缺食病是因摄入食物不足而引发的肌体不正常状态。缺食病发生的原因主要包括社会原因和个人原因。社会原因主要表现为因自然灾害、粮食分配不公等造成的供给不足；个人原因主要表现为由于某些错误观念所造成不当进食，如不当减肥等。

缺食病可对人体造成极大的危害，导致身体失水，体重下降，出现贫血、严重消瘦、抵抗力下降、浮肿，乃至昏迷、死亡等情况。

污食病。污食病是因摄入变质、被污染的食物而引发的肌体不正常状态。污食病的成因主要有三个方面：一是食物自身被污染；二是摄食过程中的食具污染；三是误食有毒食物。

在漫长的历史阶段中，中餐进食中的污食病源主要表现在贫不择食。在现阶段，因生产环境和加工过程所产生的污食所占比例越来越大，食物种养阶段的化肥、农药泛滥，加工阶段的化学添加剂滥用，都让新的污食病源层出不穷。

过食病。过食病是因摄入食物过多而引发的肌体不正常状态，是现代社会的常见病，占整个吃病人群的 60% 以上。过食病泛滥的原因有 4 个：一是有些人从长期缺食时代一步跨进今天的足食时代，却改变不了以往形成的饮食习惯，依旧过饮、过食；二是现代商业社会人际间应酬增多，增加了过食的环境和机会；三是待客时求多、求丰的陋习未改，造成过食；四是吃喝中有多余的食物，怕浪费，勉强多吃，形成过食。

过食病是当今对人类危害最大的吃病，许多疾病，如高血脂、高血糖、高血压，都是在过食的基础上形成的。

偏食病。偏食病是由于某种食物摄入过多或过少而引发的肌体不正常状态。世界卫生组织将偏食病造成的营养失衡称为"隐性饥饿"。偏食病多出现在儿童、妇女两大群体中，往往是个人行为，也经常会在某一种理念指导下，致使某一类人群不约而同地减少某一类食物的摄入量，如女青年群体不当减肥而造成的偏食、儿童因缺锌而造成的偏食等。

偏食病还有另外一个表现，即过分喜爱某种食物，这同样会因营养摄入的不平衡而致病。

敏食病。敏食病是部分食者因摄入某种类食物而引发的肌体不正常状态。由于不同肌体对食物的适应性存在差异，致敏的食物也不同。容易引起过敏的食物有牛奶、鸡蛋、巧克力、小麦、玉米、花生、橘子、柠檬、洋葱、猪肉及某些坚果类、水产类食物等。

敏食病的症状取决于肌体对致敏食物的过敏反应强弱，严重的食物过敏反应可能会危及患者生命。

厌食病。厌食病是因食欲减退而引发的肌体不正常状态。厌食病的患者群体不大，多见于1~6岁小儿及部分青年女性。其症状表现为对食物产生厌烦情绪，病情轻者会消瘦、营养不良、闭经、抵抗力下降；重者则可能引起中枢神经系统功能失调，出现见了食物就呕吐等症状，导致体重急剧下降，甚至不治身亡。

六大食病均起源于吃，要进行预防和治疗，还是应从吃入手。

三、吃调、吃疗

通过恰当的食物和吃法，让失衡的肌体重回健康，这在中餐体系中被称作吃调、吃疗。

吃调、吃疗又叫食调、食疗。前者是通过食用偏性食物，对处于亚衡状态的肌体给予的调理扶正。后者是通过食用偏性食物，对已经患病的身体给予的治疗。

吃调、吃疗的理论基础是中国传统的食物元性学说。中国传统医学认为，如同人有不同的性格一样，食物也具有不同的性格，食物性格又被称为食物的元性，可以分为5个类型，即温性、热性、寒性、凉性和平性。

温性食物具有温里散寒、温经通络等作用。常见的温性食物有红枣、桂圆肉等。

热性食物具有补火助阳、散寒通络、镇痛、止呕、止呃、促进免疫、提高肌体工作能力等功能。常见的热性食物有辣椒、胡椒、干姜等。

寒性食物具有清热、解毒、泻火、镇静、降压、镇咳、利尿等功能。常见的寒性食物有苦瓜、苦菜等。

凉性食物具有清热、泻火、解毒等功能。常见的凉性食物有藕、梨、西瓜、冬瓜等。

平性食物介于寒凉和温热性格的食物之间，其性质平和，是人们充饥、健体的主力军。平性食物多为常见食物，如土豆、胡萝卜、白菜、大米、玉米等。

比较其他餐系，中餐吃事特别强调吃调、吃疗的应用。有人感冒了，家人会为其煮一碗红糖姜汤发汗；生小孩没有奶，家人也会炖个鲫鱼汤下奶；得了高血压，要多吃具有降压效果的芹菜，等等。这些都是吃调、吃疗在中餐中的实际应用。

吃疗在中国有着悠久的历史。成书于西周时期的《周礼·天官冢宰》中，已有"以五味、五谷、五药养其病"的吃疗理论。据该书记载，在主管医疗卫生的官员下设了4种不同职责的医官：食医、疾医（内科医生）、疡医（外科医生）、兽医。其中食医负责调配王室贵族饮食的寒温、滋味、营养等，相当于现代的食疗师。

药食同源，药食同理，是中餐对于食物认知的一大贡献。所谓药食同源，是指药物和食物其实是同一个源头。所谓药食同理，是说口服药和食物一样，都是通过口腔进入、通过消化器官作用于人体的。古籍《黄帝内经太素》中有这样一句话："空腹食之为食物，患者食之为药物。"

对于吃调、吃疗，中餐不仅有丰富的理论，更有丰富的实践，常见的有"药膳"。所谓药膳，是指在食物性格利用的基础上，运用高超的烹饪手段，制作的色、香、味、形俱佳，具有养身防病、治疗康复作用的膳食。药膳品种丰富，包括药菜、药粥、药点、药酒、药茶等（见图6-10）。药膳寓医于食，既具有较高的保健、治疗价值，又色、香、味俱全，让食者乐于接受，展现了中餐养生性的特有魅力。

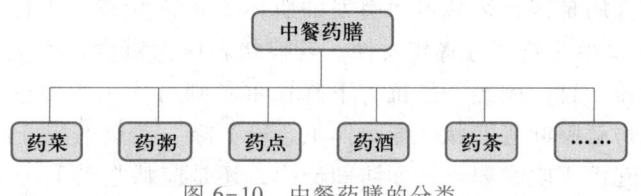

图 6-10　中餐药膳的分类

食学体系

思考题

1. 与金字塔膳食指南比较，表盘吃事指南有几个不同点？
2. 什么是吃前三辨？
3. 什么是吃中七耦？
4. 什么是吃后二验？
5. 吃病有几种分类？
6. 为什么说过食病是当今危害最大的疾病？
7. 吃调、吃疗的原理是什么？
8. 药膳主要包括哪些品种？

第三节　吃事礼俗

　　吃事礼俗既是一个国家悠久而普遍的历史文化传承，又是一个民族约定俗成的社会标准，还是一个地区言行、心理上的日常生活惯例。中餐的吃事礼俗，是中餐鲜明的外在特征之一，圆桌合欢、箸食自取、长幼尊卑有序、尊重个性需求等，体现着中华文明、中华文化、中华民族的传统价值观。

　　中华民族在长期的吃事实践过程中，形成了诸多具有中国特色的吃事礼俗。它从古至今，由上到下，成规成矩，成龙配套，具体可分为餐桌礼仪、节令食俗、特事食俗等。

　　传统的吃事礼俗可分为良俗和陋俗两个部分。对其中的良俗，我们要传承发扬；而对其中的陋俗，需要我们与时俱进，予以摒弃。

一、餐桌礼仪

　　中餐餐桌礼仪是一种礼仪在餐饮场合的呈现，包括位次礼仪、就餐礼仪、茶酒礼仪和餐具礼仪等。

（一）位次礼仪

围桌共食的餐厅布置，造就了中餐亲密火热的就餐气氛，但也易于引发无序状况。为了防止这种围坐共食造成的无序状况，中餐中制定了各种位次礼仪规矩。

在桌次、座次安排上，中餐宴会与西餐宴会有着较大的区别。在桌次上，如果宾客人数较少，或是家庭宴请，中餐宴席可以只摆一桌。同桌的座次安排则以主人的座位为中心，如果有女主人参加时，则以主人和女主人为基准，近高远低，右上左下，依次排列。如果宾客人数较多，就要分桌入座，其桌次地位的高低以距主桌位置的远近而定。一般以主人的餐桌为基准，右高，左低；近高，远低。这只是一般原则，在实际操作中，中餐座次排列还有许多细化的礼仪，如右高左低、中座为尊、面门为上、观景为佳、临墙为好、临台为上、各桌同向、以远为上等。

（二）就餐礼仪

就餐礼仪是指从客人入座到席终这一阶段的礼仪。中国的就餐礼仪源远流长，在周代已形成一套相当完善的制度，并载之于典籍。发展至今，中餐就餐礼仪仍然是大国之貌、礼仪之邦、文明之所的重要内容。中餐就餐礼仪主要表现在如下几个方面。

其一，入座时，先请客人入座上席，再请长者入座。

其二，进餐时，先请客人中尊长者动筷子，其余人才能动筷子。按中餐的习惯，菜是一个一个往上端的，如果同桌有领导、老人、客人的话，每当上来一个新菜，都要请他们先动筷子，或者请他们轮流先动筷子，以表示对他们的尊重。

其三，夹菜时，一次不要夹太多，更不要夹起菜后又放回菜盘，或在菜盘里面翻动或搅动。

其四，喝汤时不要发出声响，进餐时避免咳嗽、打嗝、打喷嚏。如果出现上述情况，要向同桌者表示歉意。

其五，嘴里有食物时不要讲话，如果必须要回复，可先用手示意，等咽下食物后再讲话。

其六，吃到鱼头、鱼刺、骨头等食物时，不要往桌面吐，也不要往地上扔，要轻轻吐到自己的碟子里，或放在事先准备好的餐纸上。

其七，尽量不要在餐桌上剔牙。如果必须要剔牙，需用餐巾或手挡住嘴。

其八，客人离席时，须向主人表示感谢。

（三）茶酒礼仪

饮茶敬酒是中餐宴会中的一项重要活动。所谓无茶不雅，无酒不欢，中餐宴饮中有着繁多的茶酒礼仪。

饮酒作为一种食现象，在中国具有悠久的历史，与礼仪形成了密切的关系。中国古代饮酒礼仪颇多，例如，主人和宾客一起饮酒时，要相互跪拜；晚辈在长辈面前饮酒，叫侍饮，通常要先行跪拜礼，然后坐入次席。在现代中餐筵席、酒会上，敬酒礼仪虽不像古代那样繁复，但是仍有一套民间公认的规矩，基本是小敬大、幼敬长，首席者为上、宾客次之；给他人敬酒时，要尊重他人的意愿，不可强行劝酒。

饮酒过程中的祝酒形式也深刻地体现着中国文化的特色。中餐祝酒形式主要有三种：第一种是致祝酒辞，一般由东道主致辞，随后客人代表致答谢辞；第二种是以诗代祝酒辞，以诗祝酒，更具文化色彩；第三种是唱祝酒歌，中国少数民族多以此种形式祝酒。

在斟酒环节，中餐也有一套相应的礼仪。作为主人，要首先为客人斟酒。酒瓶要当场打开，酒杯大小要一致。斟酒时，应从第一主宾位置开始，按顺时针方向绕餐桌依次进行。如果在座的有年长者、长辈、远道来的客人或职务较高的领导，要先给他们斟酒。主人亲自斟酒时，被斟酒者必须端起酒杯致谢，必要时，还需起身站立，或欠身点头为礼，或向主人回敬"叩指礼"。

敬茶是中国重情好客的传统美德与礼节，以茶待客是最普遍的日常生活礼仪。在大型茶话会中，或客来宾至之时，或宴会中的饮酒间隔，献上清茶一杯，都表现了中华民族好礼的精神。

茶礼是中国古代婚礼中的一种隆重的礼节。古人结婚以茶为识，并把茶看作一种至性不移的象征。因此，古时的婚礼被称为"三茶六礼"。现代中餐茶俗礼仪虽没有古时那样繁琐，茶席布置也无需奢华，但茶具要干净，座位安排要遵循长幼有序的礼节；敬茶时应双手奉上，首杯茶要敬给桌上德高望重者；分茶时要注意做到每位客人茶水水量一致，以示茶道的公正、平等；斟茶时只斟七分满即可，暗寓"七分茶三分情"之意；喝茶时讲究小口品尝，忌大口吞咽茶水。

地区不同，中餐中的茶酒礼仪也有较大差别，例如，在河南，敬前三杯酒时，客人喝主人不喝，以示好东西先给客人；而在其他地区，更多的是主人先干为敬，比客人先喝、多喝。

（四）餐具礼仪

餐具食具是一个餐系不可或缺的组成部分。餐具食具不仅是一种助食、承食的器具，也是一种礼仪的展示工具。

助食器具。筷子是中餐的"标配"。筷子古称箸、梜，通常由竹、木、骨、瓷、象牙、金属、塑料等材料制成，是华夏饮食文化的标志之一，迄今已有 3 000 余年的历史。筷子发明于中国，后传至朝鲜、日本、越南等国家。用筷子吃饭，是世界三大进食方法（筷食、叉食、手食）之一。

在中餐礼仪中，筷子有很多摆放规矩：同一餐桌上，需使用等长、同色、同质的筷子，摆放时不可一根长、一根短，一头大、一头小，更不可一根横、一根竖或者交叉摆放；在席间不使用筷子时，应将筷子对齐，放在自己的碟子上，或者放在自己杯子的右侧，不可架在公用菜盘上。

中餐对筷子的使用也有若干礼仪规范。一是不能挥筷。在餐桌上谈话，应先放下筷子。举着筷子在空中挥来舞去与人交谈，是粗鲁和缺乏教养的表现。二是不能插筷。中餐忌讳把筷子插在饭碗里，因为在中国传统礼仪中，只有在祭祀死者的时候才这样做。三是不能舔筷。用舌头去舔筷子上的食物，十分不雅，且不够卫生。四是不能敲筷。不能用筷子敲打餐桌或碗碟，中国传统习俗认为这是乞丐要饭时的举动。

承食器具。和西餐的方桌、长桌不同，中餐宴席的承食器具通常为圆桌。这种圆桌体现了中国人追求和谐、团圆、喜庆、圆满的哲学思想。举办中式宴会时，最佳桌具就是中式圆桌。

中餐早期餐用承载器具是案，即一种短腿的矮桌。使用桌椅用餐出现在宋代，经过早期的四仙桌、八仙桌的沿革，最终发展成使用圆形餐桌。圆形餐桌把亲朋好友聚在一起，和乐融融。餐桌上摆满了大大小小的圆盘，形成了中餐同餐共食的特色（见图6-11）。这种餐饮承载用具，比西餐的长桌对坐分食，让食客的举止更加亲密，让气氛更加欢快、火热。

图6-11 中餐宴饮环境

二、节令食俗

自远古开始，中华各民族都喜欢把美食与节庆、礼仪活动结合在一起。逢年过节，便是食俗文化最集中、最有特色、最富情趣的时间点。此时通过相应的食俗活动，能加强亲族联系，调整生活节律，表现人们的祈求，展示民众的审美意识。国人过年节，往往都有相配的食物，如过春节吃饺子、年糕，端午节吃粽子，中秋节吃月饼，元宵节吃元宵、汤圆等。

春节食俗。在中华民族的众多节日中，春节是最悠久、最隆重、最富有民族特色的传统节日。除夕晚上吃年夜饭，也称团圆饭，此时人们要把家中所有的好食物都摆上餐桌。年夜饭菜肴的种类不仅要多、要全，而且还有讲究。例如，年夜饭的鱼菜，宜全鱼，忌切块，有的地方还只能看不能吃，要将鱼馔摆放过年，名曰"富贵有余"。有些鱼肴种类还因谐音而讨喜，如鲢鱼，因谐音"连年有余"，所以备受欢迎。

中国地大物博，春节食俗有南、北方的差异。北方过年吃饺子，南方过年吃年糕。饺子有更岁交子之意，年糕则象征着年年高升。

元宵节食俗。元宵节是春节之后的第一个重要节日。由于北方、南方地域习俗不同，元宵节有"南方吃汤圆，北方吃元宵"的说法。汤圆与元宵的不同主要体现在于做法上：元宵是摇出来的，汤圆是包出来的。北方元宵多为甜馅，有白糖、豆沙、芝麻、山楂等类。南方的汤圆则甜、咸、荤、素皆有。

作为年节食物，元宵在宋代即已出现，最早叫"浮元子"，后称"元宵"，生意人还美其名曰"元宝"。元宵可煮可炸，寓意团团圆圆，热热火火。

二月二食俗。二月二是元宵节后的一个传统节日，是一个象征春天万物复苏的节日。农历二月初二恰逢惊蛰前后，此时蛇、蚯蚓等冬眠的动物开始活动，蛇俗称"小龙"，蚯蚓俗称"地龙"，蛇和蚯蚓开始露头，就叫"龙抬头"。

在明代，二月二有吃"熏虫"的习俗。人们摊煎饼、做熏肉、炒菜，用油烟熏死害虫并吃掉它们，以保护庄稼，祈求健康。当今在山东等地，人们喜欢在二月二吃碗龙须面讨个好彩头。在北京、天津等地区，人们有在二月二这天吃油炸糕的习俗，称为"食龙胆"。还有一些地区流行二月二吃春饼，因春饼的形状好似鳞片，因而将其称作"咬龙鳞"。

清明节食俗。清明节又称踏青节、行清节、三月节、祭祖节等，既是自然节气点，也是传统节日，兼具自然与人文两大内涵。

清明节各地食俗丰富多彩，中国古代清明节食品种类有很多，如寒食粥、寒食面、寒食浆、青稞饭及饧等。如今过清明节，江南一带有吃青团的习俗。一些地区在过清明节时，还有吃馓子的习俗。馓子是一种油炸食品，香脆精美，古时叫"寒具"。

端午节食俗。端午节是集拜神祭祖、祈福辟邪、欢庆娱乐和饮食为一体的民俗大节。吃粽子是端午节的传统习俗。相传包粽子的食俗是因纪念爱国诗人屈原而起的。屈原投江后，人们担心屈原的遗体被江鱼吃掉，便包好粽子去投喂。该食俗中充满了对屈原的崇敬情结。

由于各地饮食习惯不同，粽子形成了南北风味。从口味上分，粽子有咸粽和甜粽两大类。从馅料看，北方多为糯米、小枣，南方则有豆沙、鲜肉、火腿、蛋黄等多种馅料。

端午节吃五黄是汉族的民间风俗，流行于江南一带。原始的五黄专指黄鱼、黄瓜、黄鳝、鸭蛋黄、雄黄酒，现今随着时代的变迁和食材的变化，各地均有所演变。

七夕节食俗。七夕节又被称为乞巧节，始于汉代。七夕的习俗有很多，例如，在饺子中包有铜钱、针和红枣，传说吃到铜钱的有福，吃到针的手巧，吃到枣的早婚；用面粉制作各种甜点，用油煎炸后称其为"巧果"；吃江米条、巧芽面等。

中秋节食俗。中秋节又称拜月节。中秋节自古便有祭月、赏月、吃月饼、饮桂花酒等民俗。自周代始，每逢中秋夜都要举行迎寒和祭月活动，设大香案，摆上月饼和时令水果拜祭及供人饮食。吃月饼是过中秋节最主要的食俗。月饼最初是用来祭奉月神的祭品，用来祈盼丰收、幸福。后来人们逐渐把中秋赏月与品尝月饼结合在一起，以圆圆的月饼寄托思念故乡、思念亲人之情。

除了吃月饼，各地区还有其他食俗。每逢中秋节，江南一带特别是南京地区时兴吃金陵名菜桂花盐水鸭、桂花糖芋苗；上海地区要饮桂花蜜酒，吃鸭子；四川地区要打粑、杀鸭子、吃麻饼、吃蜜饼；潮汕地区除制作糕饼、品尝时令水果外，芋头、糍粑等也是中秋必吃的食物。

重阳节食俗。重阳节的饮食习俗源远流长，不同地区有着不同的饮食种类和习俗。重阳节食物主要有重阳糕，各地重阳糕的名称不一，河北人称"发糕""枣糕""花糕"，陕西人称"虫虫馍""案糕""枣糕"，山西人称"软米糕""花糕""油糕"等。吃重阳面主要流行于晋东南地区及五台山等地，以应重阳节祈寿的习俗。喝重阳酒也分南北，北方人喜欢饮烧酒，南方人喜欢饮米酒。重阳节吃糍粑的习俗主要流传于安徽、浙江、陕西等地，如安徽安庆地区重阳节要吃黑糍粑，又称"穿虎皮袄"。重阳佳节正值九月，是江南一带食蟹的大好季节，而在山东昌邑北部有喝辣萝卜汤的习俗，江西、浙江一些地方有重阳节吃大豆的习俗。

腊八节食俗。农历十二月初八是腊八节。腊八节喝腊八粥，是中国的普遍食俗。同是腊八粥，各地也有不同的煮法。山西腊八粥的原料以小米为主，另加豇豆、小豆、绿豆、小枣、黏黄米、大米、糯米。陕北高原的腊八粥除了用多种米、豆之外，还加入各种干果、豆腐和肉混合而煮。四川地广人稠，腊八粥的做法五花八门，甜、咸、麻、辣均有。山东"孔府食制"规定腊八粥分两种，一种是用薏米仁、桂圆、莲子、百合、栗子、红枣、粳米等熬成的，专供孔府主人及十二府主人食用；另一种是用大米、肉片、白菜、豆腐等煮成的，是供孔府里当差的人食用。

年节食俗中，除节日食俗之外，还有一部分属于节令食俗，如春分食俗、夏至食俗、大暑食俗、秋分食俗、冬至食俗。

春分食俗。春分是二十四节气中的第四个节气。春分后，气温上升，雨水充沛，阳光明媚，中国大部分地区开始进入春天。"春分吃春菜"成为此节气的重要食俗。春分时令蔬菜包括养阳气的韭菜，助长生机的豆芽、莴苣、葱、豆苗、蒜苗等。北京人在春分时节吃驴打滚、太阳糕，以求避邪祈福。扬州人有春分吃萝卜或萝卜丝馅包子、春卷的习俗，吃萝卜不但能上下通气，还能起到去疾病、解春困的功效。

夏至食俗。夏至是二十四节气中的第十个节气。自古民间就有在夏至拜神祭祖、消夏避伏、吃面条、食粽子等习俗。

"冬至饺子夏至面"这个说法在民间广为流传，中国北方每到夏至节气必定要吃面，尤其是凉面。湖南地区则兴吃夏至羹，夏至羹是用糯米粉与鼠曲草混合做成的汤丸，在当地有句谚语，"吃了夏至羹，麻石踩成坑"意即吃了夏至羹，身体会特别强壮，连石头都能踩出坑来。江苏无锡地区在夏至早上吃麦粥，中午吃馄饨，其意是"混沌和合"，希望吃过这两种食物之后，家庭四季安康人团圆。在南京，夏至这天家长要叫孩子骑坐于门槛上，吃豌豆糕以防百病。

大暑食俗。大暑是二十四节气中夏季的最后一个节气，是一年当中最炎热的时期，人们便想出各种以食降暑、补充营养的方法。在福建和广东，人们多食用烧仙草、仙草冻。民间有句俗语，"大暑吃仙草，活如神仙不会老"。在河南，有喝茯姜红糖膏茶的习俗，以达到清凉解暑的目的。在山东，大暑时兴"贴伏膘"。大暑当天除了吃饺子，还要"喝暑羊"，此时喝羊汤，对夏季出汗较多的身体尤为补益。在江南一带，有大暑食黄鳝的习俗，认为"大暑黄鳝赛人参"。

秋分食俗。秋分是二十四节气中的第十六个节气。秋分之后，天气转凉，饮食对人体的健康十分重要。古时在秋分时节，人们会用糯米粉做成面雀、团子，用细竹签串起来放在田间地头，名曰粘雀子嘴，以防麻雀来破坏庄稼。秋分这一天，有些地方民间有吃汤圆、鸡蛋的习俗。北京人还有秋分吃芋饼的习惯，芋头温软易消化，适宜秋天食用，既可当粮食，又可做蔬菜。

冬至食俗。冬至是中国二十四节气中的第二十二个节气。在中国北方许多地区，有冬至吃饺子的习俗，因为饺子有"消寒"之意，至今民间还流传着"冬至不端饺子碗，冻掉耳朵没人管"的谚语。吃汤圆也是冬至的传统习俗，在江南地区尤为盛行。在宁波的传统习俗中，番薯汤果是冬至必吃的美食之一。"番"和"翻"同音，在宁波人的理解中，冬至吃番薯，就是将过去一年的霉运全部"翻"过去。在江南水乡，有冬至之夜全家欢聚一堂共吃赤豆糯米饭的习俗。据传，疫鬼最怕赤豆，于是，人们就在冬至这一天煮吃赤豆饭，用以驱避疫鬼，防灾祛病。

三、特事食俗

特事是指人们在生活中遇到的特殊事件，如婴儿满月、婚嫁丧娶、老人做寿。中国是"食为先"的国度，人生大事少不得吃的陪伴，在这些特事中，都能见到中餐的参与。

满月食俗。古代医学水平落后，婴儿存活一个月就算渡过了一个难关。父母为了庆祝孩子渡过难关，通常会举行仪式。这个为了庆祝宝宝出生一个月而设立的酒宴，便称为"满月酒"。为了突出喜庆、祥和、热闹的气氛，满月酒的餐具、桌布多选为红色，大部分菜肴也以红色调为主，菜品中通常有鸡和鱼，象征吉祥喜庆和年年有余。在中国的一些地区，吃满月酒也称为"吃满月蛋"。主家会提前准备好染成红色的鸡蛋，送给来宾。

婚事食俗。婚礼是人生中的重要时刻，婚宴是大喜的体现，所以结婚必定大摆酒宴，以示喜庆。为了寓意喜事成双，婚宴的菜肴数目通常也为双数，以六个菜象征顺利，八个菜象征发财，十个菜象征十全十美，十二个菜象征月月幸福。在江南地区，婚宴流行八八大发席。该席由八道冷菜、八道热菜组成，八发谐音，菜肴的命名皆选用吉祥用语，以寄托对新人美好生活的祝愿，如将扣肉取名为红袍添喜庆，将红枣桂圆莲子花生羹取名为早生贵子，将上汤白果猪肚取名白头偕老等。婚宴上，新郎、新娘必须给双方老人和各位来宾敬酒，这意味着儿女对父母养育之恩的回报和对亲朋好友的感谢，意味着又一个新家庭的诞生。

寿事食俗。祝寿是中华民族敬老孝亲的典型礼仪和传统习俗。祝寿自然离不开寿宴。千百年来，中华民族演绎了不同的寿宴文化与民俗风情。

在中国民间，通常人到六十开始做寿，一般整十为大寿，此外还有过九不过十的风俗，给老人办大寿需要提前一年。其间一些特殊年龄还要办一些特别的寿宴，如66岁、73岁、84岁。为年满66岁的人做寿，称为六六寿。为父母66岁做寿，出嫁的女儿要将猪腿肉切成六十六小块，将六十六块小肉红烧后，盖在一碗米饭上，连同一双筷子一起放到食篮里，用红布遮盖，送给寿星品尝，以示祝寿。

在老人的寿宴上，还有一些传统而有寓意的食物，如寿桃、寿面、寿酒、寿糕。寿面也叫长寿面，是中国人过生日必备的吉祥物。生日吃面条，称之为"挑寿"。庆寿用的面条越长越好，寓意"长寿"，吃时要高高挑起，寓意"高寿"。再如寿酒，由于酒与久谐音，寿宴上的酒称为寿酒，取"寿久"之意。寿糕也是祝寿的必备用品，寿糕寓意"寿高"。

丧事食俗。丧事寄托着失去亲人的悲哀，丧事的举办过程中也少不得食俗参与。一些地区的丧宴为全素的豆腐宴，或者最后一道菜是豆腐，意为白事。丧宴菜肴的数目须为单数，忌双数。有些地区的丧宴上通常会有一碗羊肉，俗称羊肉袋，因羊有跪着哺乳的举动，所以用羊肉表示孝心。丧宴中，一般也会有一道菜是酸菜，酸菜酸溜溜，泪汪汪，表示以泪悼念逝去的人。

丧宴忌汤菜和粉丝之类菜肴，忌吃面条。因为面条表示延年益寿，所以一些地区的丧宴中不吃面条。另外也不能吃象征团圆的食物，如月饼和饺子。参加百岁老人的丧宴后，把碗带走，据说可以带来"寿气"，让带碗走的人也长命百岁。

四、良俗、陋俗

中餐中的食俗有良俗和劣俗之分，我们要对其进行双元性的认知，不能进行一刀切式的摒弃，也不能一味地全盘继承（见图6-12）。

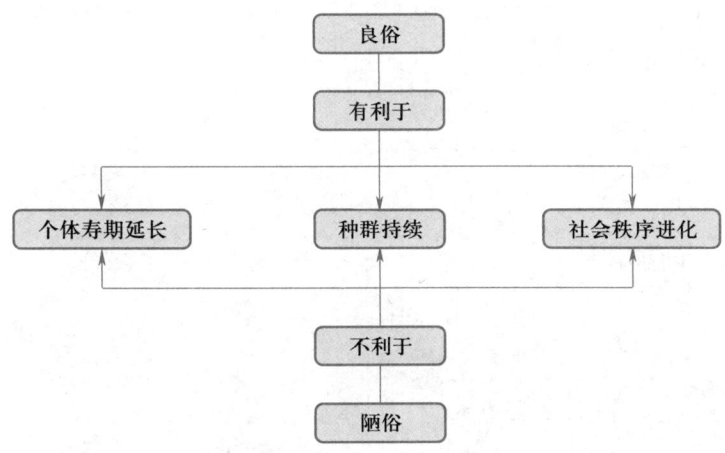

图 6-12 食俗与人类社会的关系

（一）食为良俗

中餐中的食为良俗有5个，它们是礼让、清洁、节俭、适量、健康（见图6-13）。

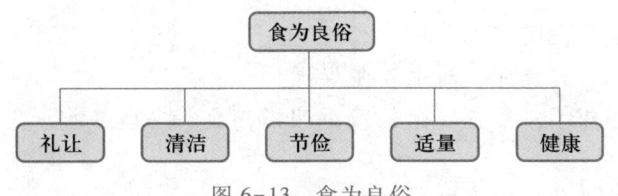

图 6-13 食为良俗

礼让。中餐食俗中涉及礼让的内容有很多，例如，座次上的长者为尊、宾客为上，入座顺序中的长者先、幼者后，敬酒礼仪中的斟酒顺序、先干为敬。中餐食俗中的礼让是儒家思想在餐桌上的体现，代表着中华民族数千年的文化传承。

清洁。清洁是中餐制作的一个重要标准，也是中餐良俗的一项重要内容。中华先贤孔子在论述饮食时，就明确提出"鱼馁而肉败不食，色恶不食，臭恶不食"等观点。食以洁为先，讲不讲食品卫生和个人卫生，是衡量中餐和从厨者是否合格的基本条件。

节俭。节俭也是中餐中的一个重量级的良俗。"谁知盘中餐，粒粒皆辛苦"，是古人对珍惜粮食、节俭食物的认知。为褒扬节俭食俗，当代也曾发起过"光盘行动"、宴请中的"四菜一汤"等多项活动。

适量。适量体现了中餐消费中对奢靡之风的反对。中餐消费中一些好的做法，多因适量而来，如多人聚会点菜时的"总人数减一"。适量点餐，适量进食，不仅为社会节约了大量物质财富，也大大有益于个体的身体健康。

健康。健康是进食的最终目标。"饭吃七分饱""一日三枣，长生不老""一口萝卜一口茶，气得大夫满街爬"……有关饮食健康的民间谚语数不胜数。近年出现的"食在医前"等理论，更是将中餐健康管理推向了一个新的高峰。

中餐良俗是食俗中值得大力发扬的部分，具有正能量导向。时代的发展不仅要求我们继承和发扬它们，还要求我们与时俱进，创造出新的、符合时代潮流的优良食俗，如图 6-14 所示的"中华餐前捧手礼"，就是为了改变浪费食物的陋俗，宣扬对食物的珍惜敬畏而创制的。

图 6-14　中华餐前捧手礼

中华餐前捧手礼说明如下。

步骤①，端坐在餐桌前，双手放在双腿上。

步骤②，伸出双手，掌心向上，双手四指相叠，搭在一起。男性右手在上；女性左手在上。

步骤③，捧起手掌，拇指搭在食指上，牢牢拢紧，形成碗状。

步骤④，吟诵或默念"粒粒皆辛苦"，同时把双手移到胸前。

步骤⑤，把双手贴在胸前放平，男性左手在外；女性右手在外。语毕，停留3秒。

步骤⑥，把双手放回双腿上，礼成。

（二）食为陋俗

食为陋俗即中餐领域的丑陋习俗，它们与食为良俗相对，是我们要摒弃的风俗习惯。食为陋俗主要表现在以下 5 个方面：浪费、奢侈、猎奇、不洁、迷信，如图 6-15 所示。

浪费。人类食物浪费的现象令人触目惊心，中餐中的浪费也很严重，长期以来

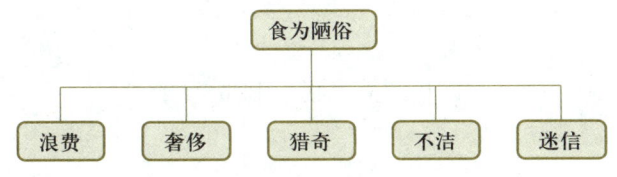

图 6-15　食为陋俗

演化成"以丰为贵"的不良习俗。中国许多宴席以"满""多""全"为标准，桌子要摆满，菜量要大，菜品要全，远远超出实际需求量，造成严重浪费。

奢侈。奢侈反映在与饮食有关的各个方面，包括对食材的过于挑剔，对就餐环境和餐具的豪华追逐，过分追求菜品的繁多、价格的昂贵及包装的贵重等。奢侈的食风不仅浪费了大量资源，而且给社会风气和人的精神品质带来了腐蚀和污染，是一种令人侧目的丑陋食俗。

猎奇。猎奇是对珍稀动植物食材的不当追求。在猎奇心理的驱使下，部分人群逐渐形成了"以奇为贵"的不良食俗，突出表现在诸多珍稀野生动植物成了人们的盘中餐。猎奇对地球环境和生物链造成了破坏，在食物数量足以供人果腹的今天，在猎奇心理的唆使下，一批批珍稀野生动植物被搬上餐桌，实在是一种可耻举动。

不洁。不洁食俗可以引发污食病泛滥。中餐中不洁的食俗表现在对食材的选择、初加工、烹饪及就餐的整个过程中。一些地区的民众间存在着在不采取可靠卫生措施的情况下生食鱼肉的习俗。至于将家畜或内脏放置发酵后生食的习惯，更是一种不洁的陋俗。此外，进入工业化社会后，在食物种养、加工过程中化肥、农药、激素、化学添加剂的滥用，都为不洁陋俗增添了新的内容。

迷信。受到长期形成的习惯偏见的影响，有些人对饮食中的某些食材成分，不从营养和元性方面进行科学解析，而是以讹传讹，抱有一种近乎迷信的理念去食用。例如，有些人迷信燕窝、鱼翅的作用，把它们当成大补的食材。其实这两种食物对人体并无特殊功效。中国民间盛行"食物相克"的说法，说某两种或几种食物同吃，会给身体带来危害，甚至危及生命。经科学实验证明，这些"相克"的食物中，绝大多数并不存在同吃危害，这是另一类饮食中的迷信陋俗。

浪费、奢侈、猎奇、不洁、迷信这五大丑陋的食俗，既有损于人类道德，又有损于人体健康。发扬良俗，摒弃陋俗，任重而道远，是中餐吃事领域的一项长期的任务。

食学待解决的问题

思考题

1. 吃事礼俗大致可以分为哪几个方面的内容？
2. 中餐为什么特别重视餐桌礼仪？
3. 使用筷子的礼仪主要有哪些？
4. 节令食俗有什么积极的意义？
5. 特事食俗指的是什么？
6. 什么是食良俗，它主要包含哪5个方面的内容？
7. 什么是食陋俗，它主要包含哪5个方面的内容？

第四节　吃事审美

对食物的鉴赏，是中餐吃事的一个有机组成部分。

中餐审美和传统审美有相同之处，也有自己的特色。相同的是，它们都有鉴赏的主体和客体，其鉴赏方法、过程和结果，都符合人类对美的认知。不同的是，中餐审美的维度更多，传统的审美只有视觉、听觉两个维度，吃事审美，则有嗅觉、视觉、味觉、触觉和听觉5个维度参与其中。在中餐审美的过程中，食物的气味、形色、味道、触感和声响共同作用于人的感受器官，因而它是人的鼻、眼、舌、口、耳全方位参与的五觉审美。

五觉审美之外，中餐审美还有一个特色，即它是一种双元审美（见图6-16）。也就是说，在审美的过程中，其反应是双元的，既有心理反应，也有生理反应。美食不仅作用于食者的精神健康，更作用于食者的身体健康，身体健康是中餐审美的重要目标之一。

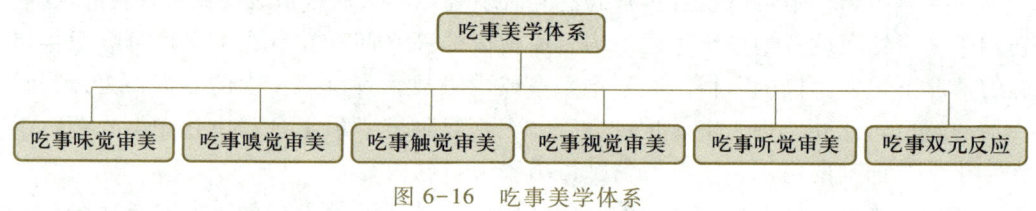

图6-16　吃事美学体系

一、美学与吃事

劳动创造了美，历史上人类最初的各种劳动都是因食而动，是为了获取食物。从这个角度说，吃审美是一种最早出现的审美活动。

（一）美源于食

在原始时代，当原始人类认知到酸涩的果实难以下咽，香甜的果实令人开颜，人类就打开了吃审美的源头。从出现时间上看，吃事审美要远远早于绘画的视觉审美和音乐的听觉审美。

在中国传统认知中，美一直和吃事相关。中国古人早早就将味觉审美、嗅觉审美放在与视觉审美、听觉审美同等的地位。撰写于春秋末年的《左传》中，提出"声亦如味"，是味觉与审美的初次碰撞，也是中国吃事美学理论的萌芽。东汉的许慎在《说文解字》一书中说："美，甘也。从羊，从大。"意思是说，美在本质上是味美（甘），美在起源上与体大的羊相关，也就是与食物相关。宋代文人将饮食烹调视为审美对象，苏东坡曾专门为猪肉烹调写过一首《猪肉颂》，使饮食有了独特的审美价值。到明清时期，文人关注物欲人生、讲究饮食艺术的风气高涨，一些士大夫将饮食生活引向艺术化，形成独特的士大夫饮食文化，出现了《随园食单》这样的食审美专著（见图 6-17）。据统计，在中国古代四大名著之首的《红楼梦》中，出现的食物有 200 余种，这些作品，将美食欣赏升华到一个新的境界。

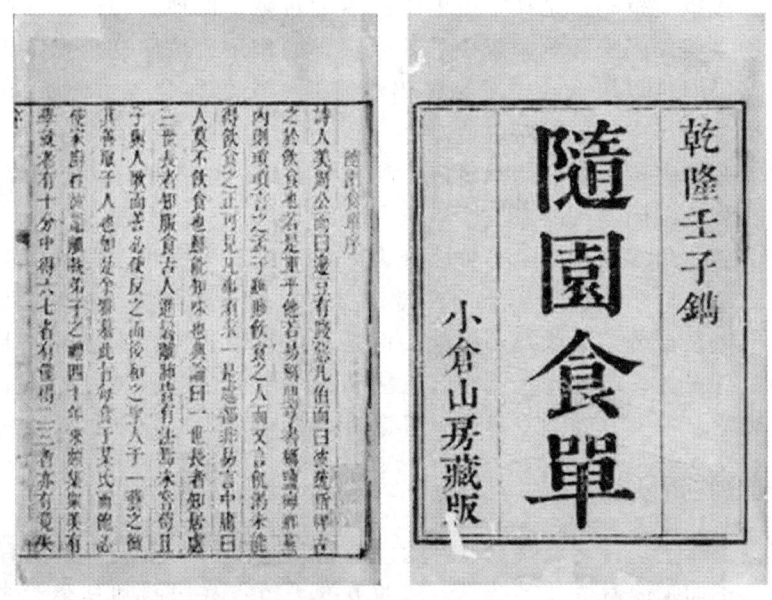

图 6-17 《随园食单》

（二）美学无吃

所谓美学无吃，是说尽管中国古代对美食的论述和记载颇多，民间也一直有美食、美酒、美食家、美食大赛等说法，但是从近现代美学的学术角度来说，并没有饮食审美的位置。

西方美学思想，从古希腊唯心主义哲学家柏拉图开始。柏拉图率先从哲学思辨的高度讨论美学问题。他认为，美和好、善、真没什么差别，都是人类的最高价值。在他的著作《对话录》中，谈到器物的美、动物的美、妇女的美，也谈到正义的美、知识和学问的美、制度的美、风俗习惯的美、心灵的美等，可就是没有谈到食物之美。现代"美学"的概念是 1750 年由德国哲学家鲍姆加登首次提出的。1750年，鲍姆加登发表了被称为学术巨著的《美学》，昭示着现代美学学科的创立。现代美学理论对艺术发展做出了很大贡献，但是不可否认，它始终存在一个致命的缺陷：它把人类对美的感受和对美的追求局限于精神范畴，局限于人的视觉和听觉的范围之内。

传统的美学理论认为，人的视觉和听觉是高级感官，具有审美功能，而其他感官都与人的生理本能相联系，是低级感官，并不能产生精神性的审美感受。人的吃事与味觉等低级感官相连，因此，美学无吃，对吃事的鉴赏未被纳入现代美学体系。

（三）审美有吃

面对"美学无吃"的状况，一些有识者纷纷提出质疑，中国民主主义革命的先行者孙中山先生曾在他的《建国方略》中指出："夫悦目之画，悦耳之音，皆为美术；然悦口之味，何独不然……"意思是：视觉审美的画作，听觉审美的音乐，都是美的艺术，为什么唯独味觉审美的美食不是这样呢？

把味觉列入审美范畴，是孙中山先生的一大贡献，但他的理论也存在明显的不足，即把食物之美局限于味觉，忽视了其他感官的作用，按照这个思路去研究吃审美，从理论上仍旧难以服众。中餐审美仍然需要一个更加完备、全面的理论支撑，方能在当代美学论坛中得到一席之地。

那么，什么是完备、全面的吃事审美呢？答案是，吃事审美应该是嗅觉、视觉、味觉、触觉、听觉共同参与的"五觉审美"。

从感官多寡的角度来看，审美可以分为单觉审美和多觉审美两种类型。绘画属于视觉的一觉审美，乐曲属于听觉的一觉审美，电影、戏剧属于视觉+听觉的二觉审美。二觉审美是传统美学认知的极限，但是，把它们套用在吃事审美上，就不够用了，因为只靠视觉、听觉两种器官，无法涵盖吃事审美的整体过程。中餐的审美应该是一种味觉、嗅觉、触觉、视觉、听觉共同参与的审美。

二、五觉吃审美

五觉审美是味觉、视觉、嗅觉、触觉、听觉共同参与的审美，是具有东方特色的审美理论。正如季羡林先生所说的，"西方的美重点在眼睛和耳朵，他们美学家研究的对象重点是音乐、绘画、雕塑，等等。中国的美则涉及眼、耳、鼻、舌、身等五官。""中国美学家不应当囿于眼睛和耳朵，而应当延伸到五官，其中最主要的是舌头。[1]"

五觉吃审美理论是中国人创建的审美理论，带有鲜明的中国特色。

（一）嗅觉吃审美

嗅觉吃审美是指在中餐吃事过程中，通过嗅觉器官来鉴赏食物。嗅觉器官即五官中的鼻子，食物的腥、膻、香、臭、异等气味，都要依靠嗅觉来辨别（见图6-18）。嗅觉还是鉴别食物质量的先锋官，提醒食者，谨慎食用馊臭食物。

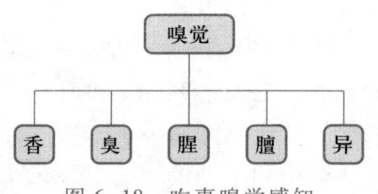

图6-18　吃事嗅觉感知

嗅觉吃审美是中餐审美中最早接触到的一个维度。未见其食，先闻其味，嗅觉是一种远程感觉。人们在生活中都有这样的体验：也许在十米八米之外，也许隔窗隔墙，看不清菜肴的颜色和形状，更领略不到美食的滋味，但那香味却已率先飘来。闽菜名菜佛跳墙的来源典故中，就有"坛启荤香飘四邻，佛闻弃禅跳墙来"的嗅觉形容。面对一桌陌生的菜肴，吃哪个不吃哪个，先吃哪个后吃哪个，菜肴散发出的气味，常是左右人们选择的先行要素之一。

人体的嗅觉接收器有7种类型，每一个嗅觉细胞内都包含一种嗅觉接收器，负责对不同气味的感知。对于同一种气味物质的嗅觉敏感度，不同的人具有很大的区别，即使是同一个人，在不同情况下的嗅觉敏锐度也会有很大的变化。环境中的温

---

① 季羡林. 季羡林生命沉思录 [M]. 北京：国际文化出版公司，2008.

度、湿度和气压等的变化，也都会对嗅觉的敏感度造成影响。嗅觉的灵敏度还与味道存在的时间长短相关。古话说，入芝兰之室，久而不闻其香；入鲍鱼之肆，久而不闻其臭。当人们在具有特殊气味的地方停留一段时间之后，对这些气味的感知能力就会降低，甚至因适应而失去感觉。上述这些，都会在很大程度上对嗅觉和审美产生影响。

和法餐等餐系比较，中餐对嗅觉的研究还处于稍显落后的位置，有待于今后在中餐研究中继续努力。

（二）味觉吃审美

味觉吃审美是指在中餐吃事过程中，通过味觉器官来鉴赏食物。味觉器官即五官中的舌头。舌头上的味蕾可以感知食物的味道，无论是甜，是酸，是苦，是咸，是鲜，都需要味觉器官来欣赏鉴别（见图6-19）。

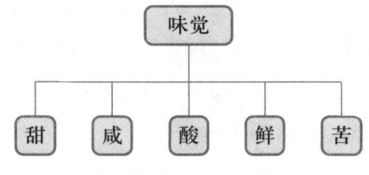

图6-19　吃事味觉感知

舌头上的味蕾大约有8万个，不同部位的味蕾对不同味道的敏感度不同，一般舌尖对甜味比较敏感，舌两侧对酸味比较敏感，舌两侧前部对咸味比较敏感，而软腭和舌根部对苦味敏感。味蕾的数量和敏感度影响着食者对味道的感知，人的味蕾数量在儿童时期最多，进入老年后，会因萎缩而减少。所以年龄对味觉敏感性有影响。据调查，60岁以下的人群味觉敏感性没有明显变化，而一旦过了60岁，对咸、酸、苦、甜4种味道的敏感度会显著降低。所以常听到一些老年人抱怨，这个吃起来没味，那个吃起来比小时候的味道差很多。其实，不一定是食物变了，而是老年人的尝味器官发生了退化。

即使是同一个人在同一个年龄段，味觉的感知度也会发生变化。味觉的敏感度会受到食物温度的影响，甜味和酸味的最佳感觉温度在35~50℃，咸味是18~35℃，苦味则在10℃感受最明显。实验证明，温度和味觉呈现一定程度的正比，温度越高，物质的挥发越快，对味道的感受程度也越高。但是，温度与味觉之间的关系也是有一定限度的，实验证明，最佳的味觉温度在10~40℃范围内，尤其在30℃时，味觉最敏感，高或低于此温度，温度对味觉的影响就减小了。不同味道在同样温度下的呈现也不一致：在0~50℃范围内，随着温度的升高，甜味和辣味的味感逐渐增强，咸味、苦味的味感依次减弱，而酸味不变；50℃以上时，味蕾对甜味的感觉明显迟钝。此外，即使是同一种味道的食物，也会因为化学结构的不同而出现不同的味道变化，例如，对于同等浓度的蔗糖和果糖，温度小于50℃时，果糖感觉较甜；温度等于50℃时，二者甜度相等；温度大于50℃时，则蔗糖感觉较甜。

某一种味道的味觉强度，还会由于其他味道的存在受到影响。例如，酸味和甜味之间存在着"相杀"的关系，二者之间的调和会使味觉强度降低并变得缓和，所以一些酸甜口的菜肴能够得到大众的认可。而酸味和咸味之间存在"相乘"关系，它们的交汇会使酸味更酸、咸味更咸。咸味和甜味之间则存在着因浓度不同而截然相反的味觉：当食盐浓度约0.5%时会增加甜度，当食盐浓度达1%时会降低甜度。所以吃西瓜时，先喝一点低浓度的盐水，西瓜尝起来会更甜。

味觉的辨别能力还会受到食者生理的影响，身体患有某些疾病或发生异常时，会导致失味、味觉迟钝或变味。

味觉吃审美在吃审美中具有举足轻重的作用，人类对食物的首要评价标准就是味道。和远程的嗅觉吃审美不同，味觉吃审美是一种近程审美。只有和食物进行近距离的接触，才能领略到它的美。

（三）触觉吃审美

触觉吃审美是指在中餐吃事过程中，通过触觉器官来鉴赏食物。中餐吃事审美中的触觉器官主要是指口腔，口腔外其他接触食物的身体部位，如拿食物时的手，由于可以感知食物的冷、热、软、硬，也属于触觉吃审美器官。在中餐吃事五觉审美中，食物的脆、嫩、酥、爽、凉、热、软、硬等，都需要通过触觉器官来感知和鉴赏（见图6-20）。

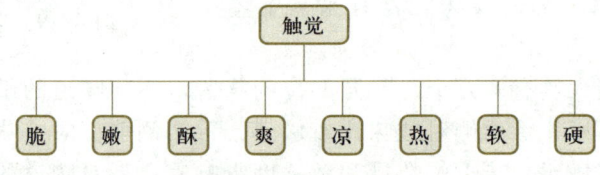

图6-20　吃事触觉感知

触觉有6种基本感觉形式，分别是触觉、痛觉、冷觉、温觉、压觉和痒觉。吃审美中的触觉感知，与这6种感觉全部相关。

口腔外触觉可以让我们提前感知食物的温度、湿度、质感等信息，让我们对即将入口的食物做出正确的应对。例如，它太烫了，应该晾晾再吃；它太软了，应该借助碗、勺来吃；它太硬了，可以借助餐刀将它切碎了再吃……而口腔内触觉在感觉上述实物质感的同时，更可以让我们充分享受食物带来的美感，如排叉的酥脆、馒头的松软、米糕的黏糯、八宝粥的黏稠、蘑菇的爽滑、狮子头的软嫩、鲍鱼的弹牙、扣肉的肥腴……

触觉吃审美是中餐吃事审美中一个重要的组成部分，许多吃审美的词汇，如爽滑酥嫩、软嫩滑爽、口感饱满、肥而不腻、肉汁四溢、外酥里嫩、酥脆满口、入口即化、回味悠长等，无不与触觉感受相关。

（四）视觉吃审美

视觉吃审美是指在中餐吃事过程中，通过视觉器官来鉴赏食物。视觉器官即五官中的眼睛。美食之美，很大程度表现在视觉上。在"色、香、味、形"的中餐传统食物评价标准中，眼睛看到的色和形占了一半，色还被排在第一位。因此在烹饪工作者手中，食物的造型、颜色及相应的配饰，如盘饰、盛器、食雕等，无不尽量求其美形、美色（见图6-21）。

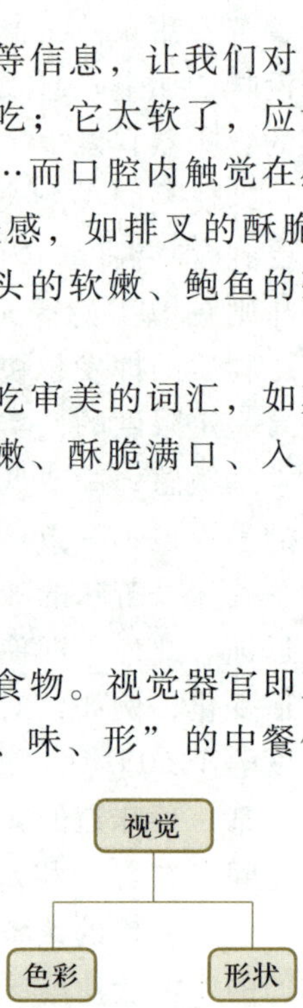

中餐的形色之美美不胜收，仅从成菜的形状来说，就有麒麟形、如意形、珊瑚形、元宝形、鸳鸯形、虎皮形、龙虎

图6-21　吃事视觉感知

形、龙舟形、菊花形、绣球形、柴把形、扇面形、灯笼形、葫芦形、书形、印形、馒头形、半球形、马鞍桥形、风车形、花朵形、宝塔形、螺旋形等。菜肴构件的形状就更多了，除了全鸡、全鸭、全鱼这样的整料外，原料还会被改刀切成段、块、片、条、丝、丁等不同形状，其中的块可以分为寸块、骨牌块、瓦块、象眼块、菱形块、斜方块、三角块、斧头块、劈柴块、棋子块、滚刀块、梳背块、扳指块、吉庆块，片可以分成柳叶片、玉兰片、长条片、象眼片、夹刀片、双飞片、蝴蝶片、佛手片、牛舌片、刨花片、斧楞片、鱼鳃片、灯影片、梳子片、指甲片、韭菜叶片、凤眼片，条可以分为笔杆条、一指条、筷子条、象牙条、凤尾条、眉毛条、麦穗条，丝可以分成麻线丝、香棍丝、火柴丝、牛毛丝、牙签丝、帘门杆丝、麦秆丝，丁可以分为指丁、黄豆丁、骰子丁、绿豆丁。再往细分还可以有粒、末、米、松、茸、蓉、糁、泥、糊等不同形状，既美观，又实用。

色彩也是视觉吃审美中的一个重要内容。中餐除了少数单一色彩的产品外，更多的是多种色彩的组配。组配包括"顺色配"即同类色的组配，也包括"花色配""异色配"等对比色的组配。

（五）听觉吃审美

听觉吃审美是指在中餐吃事过程中，通过听觉器官来鉴赏食物。美食欣赏乍看与听无缘，其实进食之美与听觉也有紧密关联。食物制作时的声音，食物自身发出的声音，口腔咀嚼食物时听到的声音，都是听觉吃审美的一部分（见图6-22）。它们会使食者精神愉悦。

听觉吃审美不仅存在于进食本身，还扩大到进食的环境。进食时环境的嘈杂或安静，会影响到食者的食欲。进餐时的背景音乐，一直是中餐

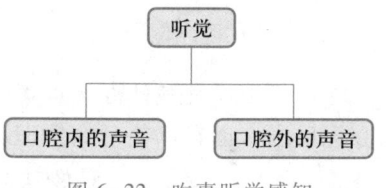

图6-22　吃事听觉感知

的热门话题。古代有"钟鸣鼎食人家"的说法，就是把美食和乐声联系在一起。在当代餐厅中，背景音乐的内容、情绪、音量、有无，都是餐饮工作者需要研究的内容。在一些高档餐饮场所，还会把由电声播放的背景音改为真人演奏，客人可以一边聆听乐人的演唱、演奏，一边大快朵颐，使美的享受倍增。

三、吃审美的权重

在中餐吃事审美中，5个审美维度既独立存在，又共同参与、相互作用，组成一个整体。例如"脆"这种口感，是触觉所感知的，但是听到食物被嚼碎的声音，便更加强化了这种感觉。反向的例子是某个菜肴的味道很好，但是其形色粗劣，气味馊臭，也会大大降低其对食客的吸引力。

吃审美需要味觉、嗅觉、触觉、视觉、听觉5个感觉器官共同参与，这并不是说，它们在五觉审美中具有同等的地位。就其重要性而言，我们可以把吃审美的5个维度分成两组：一组为吃审美的核心要素，另一组为吃审美的辅助要素。核心要素有嗅觉、味觉和触觉，辅助要素有视觉和听觉（见图6-23）。前一组的权重要重于后一组，并以味道为中心。也就是说，好吃第一，好看第二，这个顺序不可以颠倒。

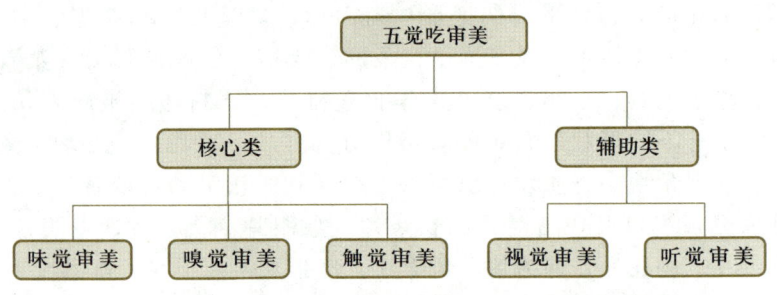

图 6-23 五觉吃审美的权重

吃审美的权重会对审美的结果产生重大影响。例如，视觉有障碍的人面对美食，只能进行四觉审美，虽然有缺憾，但他们同样可以基本体验到食物之美。又如，听障人士没有听觉，也是四觉审美，但同样也能完成食物的审美过程。但是，如果没有嗅觉，则人吃饭不香；如果没有味觉，则食物入口无味；如果没有触觉，则不辨酥、脆、软、嫩。所以说，味觉、嗅觉和口腔触觉是吃审美的核心要素，是吃审美的基础，缺了它们，吃审美就无从说起。

弄清吃审美的权重，对中餐美食制作具有十分重要的意义。当今有些餐饮工作者，尤其是年轻厨师，在创制菜品时不是以味道为先，而是将菜品的色彩、造型放到最重要的位置。其结果是投入了很多精力，菜品却得不到食客欢迎，白白费了力气。

四、双元吃审美

吃审美不仅是一种五觉审美，还是一种双元性的审美。也就是说，既有审美时的心理反应，也有审美时的生理反应，这两个反应缺一不可。

（一）吃审美的双元性

传统美学理论并不承认审美是双元的，它只承认精神审美，不承认物质审美；或只承认心理审美，不承认生理审美。其实，任何审美都有心理反应，也都有生理反应（见图 6-24）。例如，我们观看一部恐怖电影时，会紧张得浑身起鸡皮疙瘩。同样，吃审美的过程中也存在心理和生理两种反应，在鉴赏美食时，除了引起心理上的快感外，还会引起生理上的变化。只不过与音乐、绘画等听觉、视觉的审美形式相比，吃审美的生理反应更强、更直接。

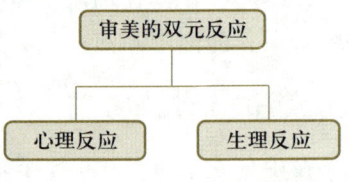

图 6-24 审美的双元反应

为什么要强调吃审美的双元性呢？最基本的原因是吃事承载着健康，健康也是一种美，从这个意义上说，吃事双元审美表现在美味享受和吃出身体健康两个方面。在吃事审美中，心理反应与生理反应不是对立的，而是统一的，这是由吃事的独特性所决定的。吃事审美的双元性与肌体的健康息息相关，生理健康也属于审美范畴，这是五觉双元吃审美理论的核心内容。

（二）五种美食家

吃审美的双元性不仅可以为美学理论增砖添瓦，更可以用来指导实践。例如，引导人们树立正确的吃审美理念，让人们分清什么才是真正的美食家。

"美食家"是近代的一个民间概念，多指那些在吃事方面见多识广，会吃、会品评吃的人。在人们的心目中，他们吃过许多众人没吃过的食物，大脑里装着许许多多有关吃的故事，因而引起了众人的膜拜。其实，这种美食家的形象是一种缺食时代的产物，只有在人们普遍为填不饱肚子发愁的时代，才会仰视他人的口福。

时代在发展，在吃健康越来越受到重视的今天，在多数人没有了食物数量和进食种类不足之虞之后，用吃审美的双元性来衡量，上述"美食家"究竟算不算得上真正意义上的美食家呢？大可存疑。因为这些"美食家"只注重领略食物之美，把对美味的品鉴放在首位，却忽视了健康长寿这个吃的根本目的。他们之中，健康状况存在问题的不在少数，有的寿命甚至不及常人。美食是一种诱惑，美食家是一种榜样。假如人们都用"广吃博闻"为美食家定性，都以这种仅仅"懂吃、会吃、会品评吃"的美食家为榜样，那实在是吃审美领域的一大憾事。

在这个追求健康的时代，我们必须为美食家做出新的定位（见表6-1）。

表6-1 美食家的分类

类别	属性		
	美食创造	美食鉴赏	
		心理	生理
美食大家	√	√	√
长寿美食家	—	√	√
烹饪艺术家	√	√	—
发酵艺术家	√	√	—
品鉴美食家	—	√	—

第一种是美食大家。他们既精通美食品鉴，且能吃出健康长寿；不仅会吃，还懂吃、会做，会创制美食。在美食鉴赏方面，他们具有全方位的能力，所以这种美食家也叫全能美食家、美食通家。当然，人无全人，这种美食通才只是人群中的极少数。

第二种是长寿美食家。他们是精通食物品鉴且坚持因食而康、因食而寿的人。他们既懂品鉴食物之美，又能吃出身体健康之美。长寿美食家的第一个标准就是要比常人更健康、更长寿，这是与传统美食家最本质的区别。长寿美食家主张美味与健康的统一，是引导当代人吃出健康长寿的楷模。因为坚守吃审美的双元标准，这类美食家又被称为双元美食家、现代美食家。

第三种是烹饪艺术家。和唱歌、画画一样，烹饪也是一种艺术，而且是一种五觉双元审美的大艺术，从事这种艺术创作的人自然也是艺术家。烹饪艺术家是精通美食烹饪工艺且形成独特风格的人，是美食创造领域的专家，当然能够跻身于美食家之列。

　　第四种是发酵艺术家。发酵艺术家是指精通食物发酵工艺且形成独特风格的人，许多因发酵而成的美食、美酒、美茶，均出自他们之手。由于他们的存在，我们才能吃到、喝到风格多样、风味别具的发酵美食。发酵艺术家是美食创造领域的专家，同样可以跻身于美食家之列。

　　第五种是品鉴美食家。品鉴美食家就是前面提到的那种只注重品味之美、忽略了健康之美的"美食家"。考虑到他们已经存在了数千年，又一直专注于食物鉴赏领域，姑且为他们保留这样一个名号。但是在双元吃审美理论下，只精于美食品鉴而缺乏吃健康目标的，充其量只是个"吃家"。品鉴美食家是一种过时的美食家，在这个日益强调健康才是美的时代，不能成为我们仰慕和学习的榜样。

思考题

1. 为什么说吃事是人类审美的源头？
2. 五觉吃审美对美学的发展带来哪些贡献？
3. 为什么味觉、嗅觉、触觉吃审美要重于视觉、听觉吃审美？
4. 什么是双元吃审美？
5. 为什么品鉴美食家不应该成为我们学习的榜样？

第五节　吃事原理

　　原理是规律中的基本规律、本质规律。从客观规律中发现原理是人类认知客观世界的一个升华、一次飞跃，中餐吃事也不例外。有关中餐吃事的原理有食化为肌原理、肌食耦合原理、食可致疾原理、食可疗疾原理和五觉审美原理。

一、食化为肌原理

　　肌为食化原理的核心内容是"人是食物的转化物"。人的肌体是由食物转化而来的，包括骨骼、血液、内脏、肌肉、大脑、皮肤、毛发等。这个转化过程需要基因、氧气、温度等因素的支持。没有食物就没有肌体，没有食物就没有生命。食化为肌原理揭示了食物与肌体之间的本质关系。

　　人从母体诞生出来，只有几斤重，成年后都增加了几十斤或上百斤，多出来的这些是从哪里来的？其实都是从食物转化而来。即便是在母体里的孕育，也是间接的食物转化，由母亲吃入的食物转化而来。人的肌体是由食物转化而来，这是食物与人的肌体之间物质形态转化的客观规律。

　　肌为食化的核心是"食脑"。食脑存在于人体腹部的神经丛，是一个远早于大脑的智慧系统，在食化为肌这件事上，头脑服从食脑才能健康长寿，反之则会威胁健康。

二、肌食耦合原理

肌食耦合原理的核心内容是"从吃事的角度看，肌体与食物的耦合度决定生命的健康寿期"。每个人的肌体都不相同，且一直处于变化中，只有根据自己肌体当时的需求，选择合适的食物和吃方法，实现食物与肌体的最佳耦合，才能吃出健康。肌食耦合原理揭示了个体健康与食物之间的本质关系。

要想吃出健康长寿，不能人云亦云，人吃亦吃。不能仅仅依靠"每天 6 克盐、8 杯水"的群体平均值的指导。每一个人的体重不同，含水量不同，如果每天都补充 8 杯水，就会有人不足，有人超量，违背肌体的实际需求，反而会威胁健康。

个体的人不是一个工厂生产的标准件，而是非标件，只有肌体与食物耦合，才能更加健康。做到肌食耦合需要遵循吃前三辨、吃中七耦、吃后二验原则。吃前三辨是指在进食前要了解自己的身体情况，了解食物的成分，了解所处的节令时间对吃的影响；吃中七耦是指在吃饭的过程中，要从数量、种类、温度、速度、频率、顺序、生熟 7 个方面把握，让它们适宜自己的身体；吃后二验是指吃完饭后，通过观察各类排出物和身体变化，检验上一餐吃得是否耦合。如此反复，不断聆听肌体的声音，不断体验校正，逐渐找到自己与食物耦合规律，才能吃出健康长寿。

三、食可致疾原理

食可致疾原理的核心内容是"不当的吃事可以导致疾病"。吃事是人类疾病的一个来源。不当的食物、不当的吃方法可以引发疾病，威胁肌体健康；正确的吃事可以预防疾病发生。食可致疾原理揭示了吃事与生病之间的本质关系。

吃事疾病主要来自缺食、过食、污食、偏食、敏食、厌食 6 个方面。长期缺少食物可导致营养不良；超过人体需求摄入食物是许多慢性病的根源；摄入不洁净食物会威胁肌体健康；长期只吃单一种类食物会导致营养失衡；长期厌食的结果也是营养不良；食物过敏是天生体质问题，同样威胁肌体健康。

上述 6 个病因中，过食问题比较容易被忽视。原始人类食物供给不稳定，形成了积极摄食储能的机制，在食物充足的今天，人类这种积极储存能量的本性失去了连续饥饿的释放场景，从而引发多种慢性疾病。

四、食可疗疾原理

食可疗疾原理的核心内容是"吃事是治疗疾病的重要形式"。通过消化吸收系统治疗疾病，是一个古老的发现与利用。吃事不仅可以治疗因食带来的疾病，还可以治疗其他病因带来的疾病，具有广泛的治疗作用。食可疗疾原理揭示了吃事与治病之间的本质关系。

食物具有温、热、寒、凉等偏性。利用食物的偏性可以调节肌体的失衡，达到治疗疾病的目的。传统概念中的药物也应纳入食物的范畴，因为二者不仅同源，而且同理：都是通过口腔吃入，都是通过胃肠作用于肌体的生存与健康，肌体内部并没有单独器官对其分区、分别处理，二者的运行机制是一样的。

五、五觉审美原理

食学原理

五觉审美原理的核心是"吃是五觉审美的过程"。吃是通过味觉、嗅觉、触觉、视觉和听觉感知的。吃审美的反应是双元的，既有心理反应也有生理反应，是美味与健康的统一。五觉审美原理揭示了吃事与审美之间的本质关系。

传统的美学理论只承认视觉、听觉的审美功能，没有把味觉、嗅觉、触觉纳入进来。人类的审美源自五觉，人类通过五官感知外界的信息，都会产生愉悦或厌恶的体验，没有高低贵贱之分。

与五觉审美原理相关的还有"双元审美"原理。美食鉴赏既有心理反应也有生理反应，吃出心情愉悦和吃出身体健康同在。传统的"美食家"只精通食物品鉴，不重视吃出健康，不应该成为学习的榜样。

思考题

1. 说说揭示吃事原理的重要性和必要性。
2. 肌为食化原理的核心内容是什么？
3. 肌食耦合原理的核心内容是什么？
4. 食可致疾原理的核心内容是什么？
5. 食可疗疾原理的核心内容是什么？
6. 五觉审美原理的核心内容是什么？

附录　专业词汇表

参考文献

［1］徐海荣．中国饮食史［M］．北京：华夏出版社，1999．

［2］姚伟钧，刘朴兵．中国饮食史［M］．上册．武汉：武汉大学出版社，2020．

［3］彭子诚，赵幸．中国湘菜大典［M］．2版．北京：中国轻工业出版社，2022．

［4］刘广伟．中国菜34-4体系［M］．北京：中国地质出版社，2018．

［5］西敏司．饮食人类学［M］．林为正，译．北京：电子工业出版社，2015．

［6］玛格丽特·维萨．饮食行为学［M］．刘晓媛，译．北京：电子工业出版社，2015．

［7］陈苏华．烹饪工艺学［M］．南京：东南大学出版社，2008．

［8］霍力，刘兴华．烹饪原料学［M］．北京：旅游教育出版社，2012．

［9］俞为洁．中国食料史［M］．上海：上海古籍出版社，2015．

［10］余桂恩，秦永丰．西餐原料与营养［M］．北京：旅游教育出版社，2022．

［11］翟昌伟，朱长征．烹饪原料初加工技术［M］．北京：中国轻工业出版社，2021．

读者意见反馈

为收集对教材的意见建议，进一步完善教材编写并做好服务工作，读者可将对本教材的意见建议通过如下渠道反馈至我社。

咨询电话　400-810-0598

反馈邮箱　gjdzfwb@pub.hep.cn

通信地址　北京市朝阳区惠新东街4号富盛大厦1座　高等教育出版社总编辑办公室

邮政编码　100029

防伪查询说明

用户购书后刮开封底防伪涂层，使用手机微信等软件扫描二维码，会跳转至防伪查询网页，获得所购图书详细信息。

防伪客服电话　（010）58582300

资源服务提示

授课教师如需获得本书配套教辅资源，请登录"高等教育出版社产品信息检索系统"（http://xuanshu.hep.com.cn/）搜索下载，首次使用本系统的用户，请先进行注册并完成教师资格认证。